虚拟现实技术专业新形态教材

虚幻引擎（Unreal Engine）基础教程

（第二版）

刘小娟　周微　主编

罗来曦　薛亚田　曾泽宇　周梦洁　张玉宝　副主编

清华大学出版社

北京

内 容 简 介

全书共 10 章，内容覆盖虚幻引擎基础、材质系统、基础地形、室外场景光照、蓝图、用户界面系统、粒子系统、物理引擎、骨骼动画和 VR 项目开发等知识。本书通过实例系统讲解了地形的基础创建方法、室外场景光照构建；重点讲解了虚幻引擎材质系统的关键技术、创建虚拟现实场景制作流程及 VR 模型动画的搭建与优化；最后解析项目打包与 VR 平台输出。本书从最基础的虚幻引擎概念到最后如何输出打包，逐一剖析，层层图解，使读者能够直观而系统地学习 Unreal Engine 5 的开发流程，并能够使用 Unreal Engine 5 完成虚拟现实项目的一整套制作流程。

本书既适合作为高等院校虚拟现实技术、数字媒体、游戏开发等相关专业的教材，也适合供虚幻引擎技术有兴趣的读者阅读参考。

图书在版编目（CIP）数据

虚幻引擎（Unreal Engine）基础教程 / 刘小娟，周微主编 . -- 2 版 . -- 北京：清华大学出版社，2025.8.（虚拟现实技术专业新形态教材）. -- ISBN 978-7-302-70035-7

Ⅰ. TP391.98

中国国家版本馆 CIP 数据核字第 2025NJ0402 号

责任编辑：郭丽娜
封面设计：常雪影
责任校对：刘 静
责任印制：杨 艳

出版发行：清华大学出版社
　　　　　网　　址：https://www.tup.com.cn, https://www.wqxuetang.com
　　　　　地　　址：北京清华大学学研大厦A座　　　　邮　　编：100084
　　　　　社 总 机：010-83470000　　　　　　　　　邮　　购：010-62786544
　　　　　投稿与读者服务：010-62776969，c-service@tup.tsinghua.edu.cn
　　　　　质量反馈：010-62772015，zhiliang@tup.tsinghua.edu.cn
　　　　　课件下载：https://www.tup.com.cn，010-83470410
印 装 者：三河市铭诚印务有限公司
经　　销：全国新华书店
开　　本：185mm×260mm　　　　印　张：17　　　　字　　数：408千字
版　　次：2022年8月第1版　2025年8月第2版　　　印　次：2025年8月第1次印刷
定　　价：89.00元

产品编号：108886-01

第二版前言

虚幻引擎(Unreal Engine，UE)作为实时 3D 图形领域的佼佼者，其技术发展迅速，并在多个领域展现出广泛的应用前景。凭借其强大的图形处理能力、灵活的编程接口和高度的扩展性，UE 成为创作者实现梦想的重要工具。

近年来，UE 的应用领域进一步拓展，对掌握该技术的人才需求持续增长。根据《虚拟现实与行业应用融合发展行动计划(2022—2026 年)》，预计到 2026 年，我国虚拟现实(Virtual Reality，VR)产业总体规模将超过 3500 亿元。这一数字不仅体现了 VR 产业的巨大潜力，也预示着 UE 作为其核心技术工具之一，将随行业规模的扩大而实现更快的发展。

本书为《虚幻引擎(Unreal Engine)基础教程》的第二版，专为 UE5(Unreal Engine 5)用户提供专业指导。UE5 提供了更逼真的视觉效果和先进的渲染技术，显著提升了场景的光影质感大大提升，画面更加细腻真实。它不仅使 VR 游戏沉浸感更加突出，而且在 VR 模拟训练、VR 电影等领域中大放异彩。相较于基于 UE4 的第一版内容，本书在继承其核心知识点的同时，全面拓展并融入了与 UE5 相关的先进内容。全书遵循学生的认知规律，旨在培养虚拟现实应用技术应用人才，通过精心编排的案例和解析，帮助读者快速掌握 UE5 的核心功能和制作特点。

随着 VR 技术的快速发展和"元宇宙"概念的兴起，UE5 的亮点表现也十分突出。它可以精准地对现实世界中的物体、系统或环境进行数字化建模。通过 UE5 构建的数字孪生模型，高度还原真实世界的物理特性、运行逻辑等，有助于在数字空间中对现实世界进行模拟、分析和优化。例如，在建筑的数字孪生应用中，UE5 可以准确模拟建筑的结构、光照、通风等情况，为建筑的优化设计提供有力支持。

我国首款 3A 级游戏大作《黑神话：悟空》正是使用 UE5 作为主要开发工具，其强大的图形处理能力使得游戏角色、场景等元素栩栩如生。无论是华丽的花果山，还是阴森的妖洞，都能为玩家带来极致的游戏体验，打造了国人心中不可替代的"西游世界"。

虚幻引擎开发者的就业前景广阔，不仅在游戏行业，而且在影视、建筑可视化、汽车设计等多个领域也有很大的发展空间。掌握相关技能的人才在就业市场上将保持较高的需求度和竞争力。

作为目前迭代的最新版本，UE5 是高等院校虚拟现实技术应用等专业的重要开发工具之一。本书汇集了来自一线的虚拟现实专业教师以及相关行业的工程师，期望把在高等院校教学中积累的教学经验，以及项目制作中积累的实战技巧分享给读者。本书以案例方式引导读者快速掌握 UE5 的使用、游戏开发的方法以及 VR 项目制作流程；通过真实的项目示例介绍 UE5 开发的实用框架，让第一次使用 UE5 开发的读者不至于面对项目时不知所措，而是能够快速、有效地掌握实用的专业技能，成为满足市场需求的专业技术人才。

本书具有以下特色。

1. 零基础入门

本书知识体系完整且实用，是针对 UE 初学者设计的教程。读者可以了解到 UE5 的基础知识及其强大功能，从而获得自我学习的途径。通过熟悉 UE5 界面基本操作，读者能够搭建简单场景，制作一些简单的互动，如昼夜交替、天光调校、材质调校等；能够使用地形工具绘制想要的开放世界；了解 UE5 的渲染特性，如灯光、后期雾等；并能够制作简单的 UI，如开始游戏（开始任务）、地图打开、退出游戏等界面；能够制作简单的过场动画。

2. 实用技能为核心

本书从当前就业市场的需求出发，在内容编写方面，力求细致全面、重点突出；在案例选取方面，强调针对性和实用性，以实用技能为核心。每章按照"职业岗位需求—课堂案例—软件功能解析—课堂练习—课后巩固提升"这一学习路径层层展开，力求通过课堂案例演练和企业项目流程解析，帮助读者深入掌握学习 UE5 的功能和制作特点；结合课堂练习和课后巩固与提升，强化读者的实际应用能力。

3. 配套资源丰富

本书提供 PPT 课件、教学大纲等教学资源供教师教学使用，同时，还提供素材文件、案例工程文件、微课视频供学生学习，以期高效掌握所学知识。

本书面向 UE5 平台游戏开发初学者、数字媒体技术的初学者、数字孪生开发人员、虚拟现实技术专业学生等，适合作为高等院校和培训机构的教学参考书。适用领域：室内设计、环境设计、工业设计、产品设计、建筑设计、工程设计、艺术设计等相关行业。

本书在编写过程中得到了赣东学院颜小英教授、江西科技师范大学胡小强教授、江西科骏实业有限公司及清华大学出版社编辑的大力支持。

本书编写团队成员来自赣东学院、江西环境工程职业学院、宜春职业技术学院、浙江纺织服装职业技术学院，以及 VR 企业。通过多校联合、校企共同开发的模式进行编写。

由于编者水平和学识有限，且书中涉及的知识内容较多，难免有错误和不足之处，恳请广大读者批评、指正，并多提宝贵意见，感谢大家。

编者
2025 年 5 月

目　录

Learn   Marketplace   Library   Twinmotion   UE5

NE VERSIONS

4.26.2
Launch

5.0.0
Early Access 2
Update

4.25.4
Install

Installed Plugins   Installed Plugins

第1章

初探虚幻引擎5

📖 导读

　　虚幻引擎是 Epic Games 公司开发的游戏引擎，广泛应用于游戏开发、影视制作、建筑可视化以及扩展现实等领域。凭借其卓越的图形表现力、灵活的开发工具和跨平台支持，虚幻引擎成为开发者创建高品质 3D 内容的首选平台。虚幻引擎 5（UE5）引入了虚拟微多边形几何体（Nanite）和动态全局光照系统（Lumen）等创新技术，实现了超高细节的渲染和实时光照效果。

✏️ 知识目标

- 了解虚幻引擎的发展历史、版本演变和应用领域。
- 熟练使用 UE5 所涉及的专业术语，如 Actor、Component 等。

💡 能力目标

- 掌握关卡设计的基本流程，如从创建关卡到添加 Actor。
- 能够独立安装 UE5、配置环境、管理项目、导入资产和应用 Actor。
- 能够正确打包项目到 Windows 平台。

📂 素质目标

- 具备自学能力，通过官方文档、教程和社区资源不断提升 UE5 的知识储备。
- 具有创造性思维，能够在关卡设计和机制上提出独特的想法。

1.1　虚幻引擎 5 基础概述

1.1.1　认识虚幻引擎5

　　虚幻引擎 5 是 Epic Games 公司旗下的第 5 代游戏引擎，于 2022 年 4 月推出完整版。它在虚幻引擎 4 的基础上引入了多项革新技术，大幅提升了实时渲染的质量和效率，一跃成为最开放、最先进的实时 3D 创作工具，使得各行各业的内容创作者能以前所未有的自由度、保真度和灵活性构建下一代实时 3D 内容和体验。

　　UE5 允许用户实现颠覆性的画面真实度，旨在帮助不同规模的团队不断突破视觉效果和交互体验的边界。通过 Nanite 和 Lumen 两项开创性功能，构建完全动态的光照效果，提供身临其境的逼真交互体验，在视觉真实度方面实现质的飞跃。想象有多大，场景就有多大，UE5 提供了必要的工具和资产，支持用户创建广袤无垠的游戏世界，供玩家尽情探索。同时，UE5 还新增了对美术创作者友好的辅助工具，并结合大幅扩容的建模工具集，减少了迭代次数，避免了循环往复，从而加快了创作过程。全新的 UE5 启动界面（见图 1-1）和用户界面设计灵动时髦，提升了用户体验和操作效率。更新后的行业模板（Template）可作为项目更实用的起始参考。迁移指南可以帮助虚幻引擎 4 的项目从早期版本平稳过渡到新版本。总的来说，UE5 比以往版本都更容易上手和学习。

图 1-1　UE5 启动界面

1.1.2　代表作品

　　随着 UE5 的推出，实时渲染技术的浪潮被推向一个新的高度。UE5 凭借其卓越的图形性能、强大的工具支持、高效的开发效率、良好的跨平台能力以及友好的商业模式，成为越来越多开发团队的首选引擎。同时，市场上也出现了越来越多由 UE5 开发的成功案例，如国产单机游戏《黑神话：悟空》，如图 1-2 所示。

　　《黑神话：悟空》是一款备受瞩目的动作角色扮演游戏，题材和故事背景取自中国古典名著《西游记》，由中国独立游戏开发团队 Game Science 使用 UE5 开发。该游戏发售仅两个月销量就已经超过 2200 万套，总收入高达 70 亿元，其美术水准在业内引起广泛关注和赞誉。该游戏通过高细节的场景设计、丰富的角色刻画、逼真的光影效果和流畅的动作设计，展现出传统中国文化与现代游戏艺术的完美融合，成为一款具有里程碑意义的作品。

图 1-2　UE5 代表作品《黑神话：悟空》

从多个维度来看，UE5 的技术特性为《黑神话：悟空》提供了强大的技术支持，而这款游戏也成为 UE5 能力的一个实际展示。作为中国文化出海的现象级产品，《黑神话：悟空》展现出了独特的行业价值，不仅在美术设计上独树一帜，还运用实景扫描技术对全国上百座名胜古迹进行精心扫描，将中国的古迹之美融入游戏中，让中外玩家在享受游戏乐趣的同时，也能领略到中国的深厚文化底蕴。这一创新举措为中国游戏产业树立了新的标杆，并在全球范围内产生了深远影响，为中国游戏产业的国际化发展开辟了新的道路。

1.1.3　获取虚幻引擎5

获取和
安装 UE5

虚幻引擎产品的商业模式相对灵活，为教育工作者、学校以及年总营收低于 100 万美元的游戏开发者或企业提供免费下载和使用权限。最常用的推荐获取 UE5 的方式通过 Epic Games 启动程序下载，也可以访问虚幻引擎的 GitHub 主页下载源代码。

UE5 对开发者所使用的计算机有一定要求，建议采用推荐的硬件配置，并按照以下内容正确部署开发环境和安装 UE5。

1. 推荐的硬件配置

为确保流畅地运行 UE5 并满足高性能开发需求，需要配置一台高性能的计算机。在配置硬件时，还要考虑各个组件的兼容性和未来升级的可能性。对于专业开发者来说，高性能的硬件投资是非常值得的，它可以显著提升工作效率和开发体验。表 1-1 列出了推荐的硬件。

表 1-1　流畅运行 UE5 的硬件配置单

硬件类型	配置要求
显卡	NVIDIA GeForce RTX 4080 / AMD Radeon RX 7900 XT
处理器	Intel Core i9 / AMD Ryzen 9 系列或更高
内存	64GB 或更高
存储	1 TB NVMe SSD + 2 TB SATA SSD
主板	与上述处理器和显卡兼容的高性能主板，并确保其支持 NVMe 存储和大容量内存
电源	900W 或更高，满足 80 PLUS 金牌认证
散热器	能够实优质的 CPU 风冷或水冷解决方案的散热器
显示器	2K/4K 分辨率，高刷新率显示器

2. 部署开发环境

在 Windows 平台上使用 UE5 开发项目时，需要提前安装 Visual Studio（简称 VS），因为虚幻引擎的核心是用 C++ 编写的，并且许多复杂功能和优化需要通过 C++ 进行开发。VS 提供了丰富的 C++ 开发工具，可以编写、编译、调试和优化 C++ 代码，能与虚幻引擎完美结合，使开发者能够快速、简单地改写项目代码，并能即时查看编译结果。因此，VS 是虚幻引擎开发项目的必备程序，其安装步骤如下。

步骤 1：访问 VS 官网，下载适用于 Windows 的 Visual Studio 2022 社区版，此版本对个人开发者免费，如图 1-3 所示。

图 1-3　下载 Visual Studio 2022

步骤 2：下载完成后，运行安装程序。在安装向导的"工作负荷"界面勾选"使用 C++ 的游戏开发"复选框，如图 1-4 所示。右侧"安装详细信息"列表中的 Windows SDK 版本根据用户的操作系统版本选择。

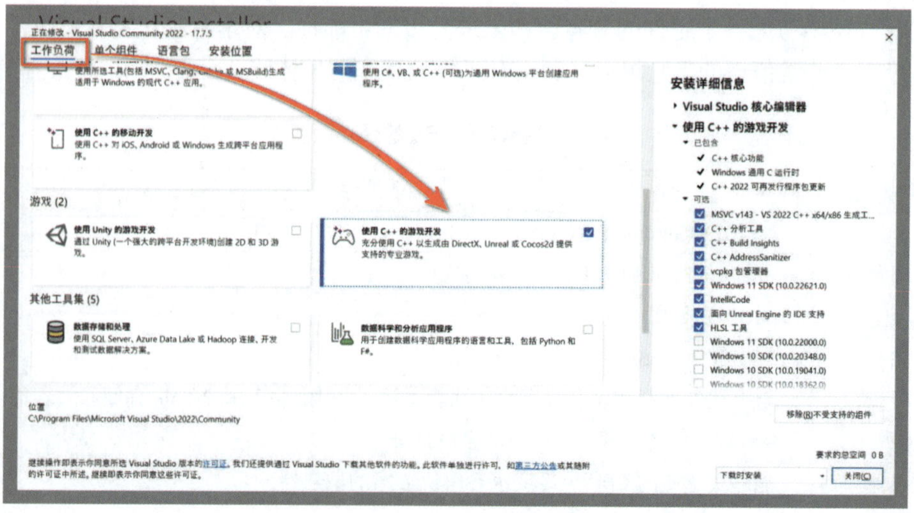

图 1-4　Visual Studio 2022 安装详情 1

步骤 3： 在左上角切换到"单个组件"选项卡，选择 4.6 版本以上的 .NET Framework SDK 组件，如图 1-5 所示。最后确认安装位置，单击"下载时安装"按钮即可。

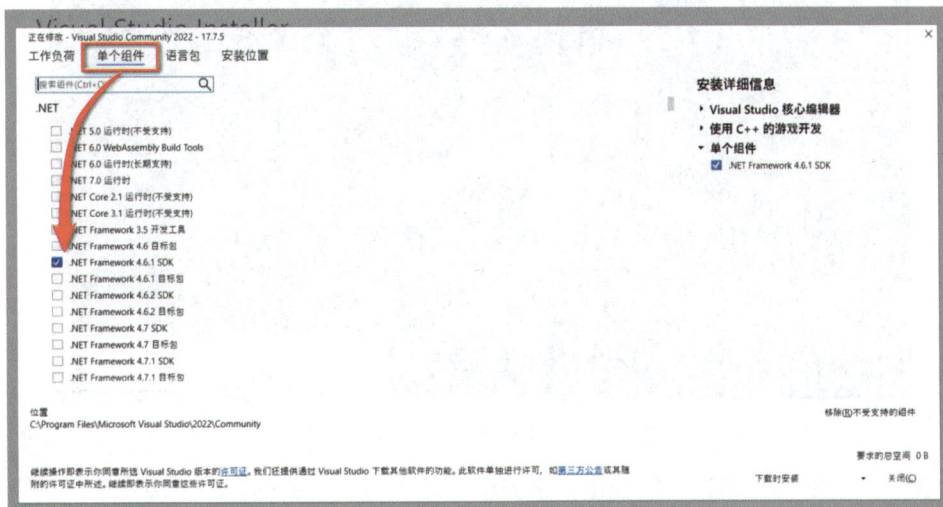

图 1-5　Visual Studio 2022 安装详情 2

3. 下载启动程序

Epic Games Launcher 是一个功能强大的集成平台，用户可以通过它下载和安装虚幻引擎的早期版本和最新版本。同时，它还支持创建新项目、打开现有项目和直接访问项目文件的功能。用户可在 Epic Games 官方网站下载 Launcher 程序，只需访问其主页，从右上角单击"下载"按钮，并按图 1-6 所示步骤完成程序安装。

图 1-6　下载并安装 Epic Games Launcher

4. 安装引擎

上述步骤完成后，启动 Epic Games Launcher，根据提示注册个人账号。登录平台，在主页左侧菜单中选择"虚幻引擎"标签，接着切换到"库"中，如图 1-7 所示。

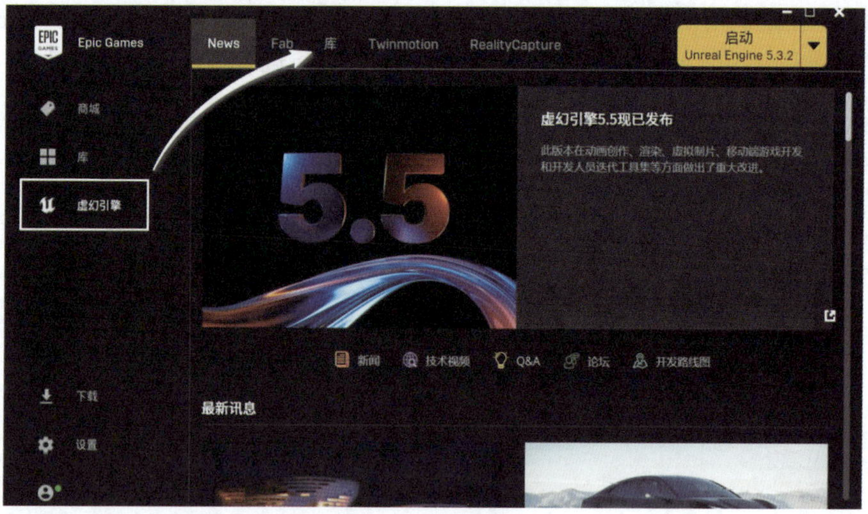

图 1-7　Epic Games Launcher 主页面

单击"引擎版本"右边的 ⊕ 按钮，下方会出现等待安装的图标，从版本字样的下拉选项中选择要安装的引擎版本，如图 1-8 所示。单击"安装"按钮，在弹出的界面中，确认安装路径，等待引擎安装完成即可。

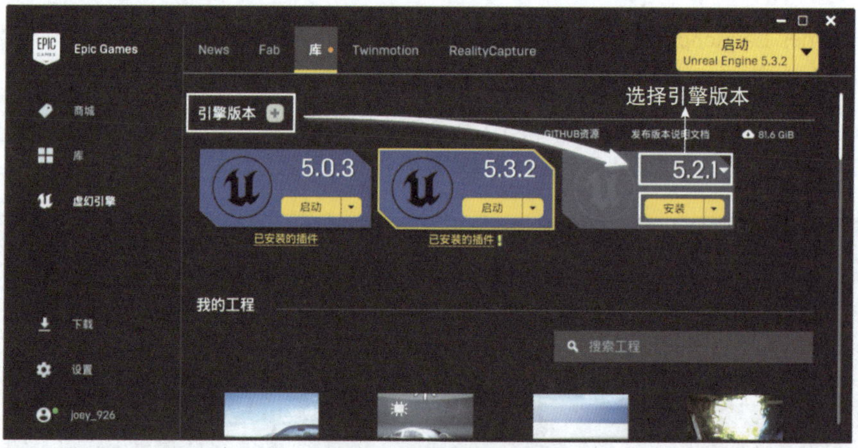

图 1-8　安装虚幻引擎

注： 本书采用虚幻引擎 5.3.2 版本进行教学，如图 1-8 中已经安装完成，单击"启动"按钮即可打开虚幻引擎。

1.2　创建首个虚幻项目

1.2.1　创建新项目

启动 UE5 后，首先进入"虚幻项目浏览器"界面。该界面允许用户选择打开已有项目或利用多种项目模板创建新项目，如图 1-9 所示。虚幻引擎提供的项目类别与模板极大

创建首个
虚幻项目

地简化了开发流程，从而加速了开发者的原型构建和创意实现过程。

图 1-9　"虚幻项目浏览器"界面

1. 选择项目类别和模板

创建新项目时，需要先在"虚幻项目浏览器"界面左侧，根据所在行业选择项目类别，如"游戏""影视与现场活动""建筑""汽车""产品设计和制造""模拟"等。根据所选项目类别，引擎将提供相应的模板，既可以是不包含任何内容的空模板，也可以是包含不同功能但可直接运行的基础模板。此处选择"游戏"类别中的"第一人称游戏"模板，如图 1-10 所示。

图 1-10　选择项目类别和模板

> **小提示**
>
> 项目开发类别不同，虚幻引擎提供的模板也不同。

2. 项目默认设置

项目浏览器右侧默认设置使用"蓝图"创建新项目，目标平台设置为桌面，质量预设为最大，勾选"初学者内容包"选项，禁用光线追踪，接着在下方设置项目位置和项目名称，单击"创建"按钮，如图 1-11 所示。等待项目加载完成后进入 UE5 编辑器主界面。

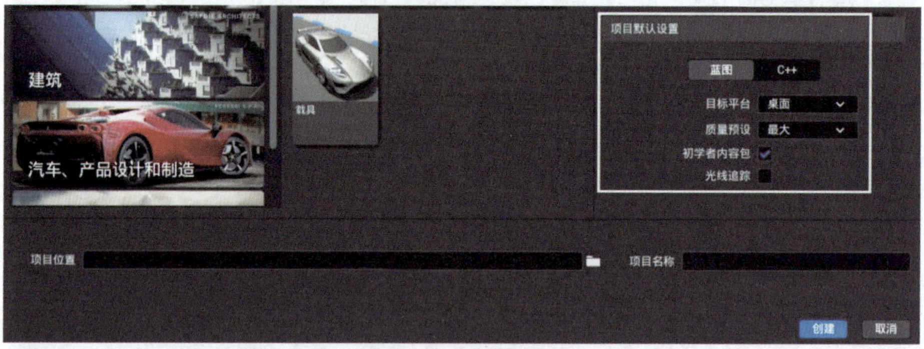

图 1-11　项目默认设置

小提示

"蓝图"是一种可视化编程工具，首次在 UE4 中引入，随后在 UE5 中得到了继续发展和完善。该工具允许开发者通过拖曳节点的方式来创建游戏逻辑，而无须编写代码。

3. UE5 主界面

UE5 的主界面构成了项目开发的核心工作环境，该界面主要由六个功能区域组成，具体分布如图 1-12 所示。

UE5 主界面介绍

AIGC 与 UE5 结合

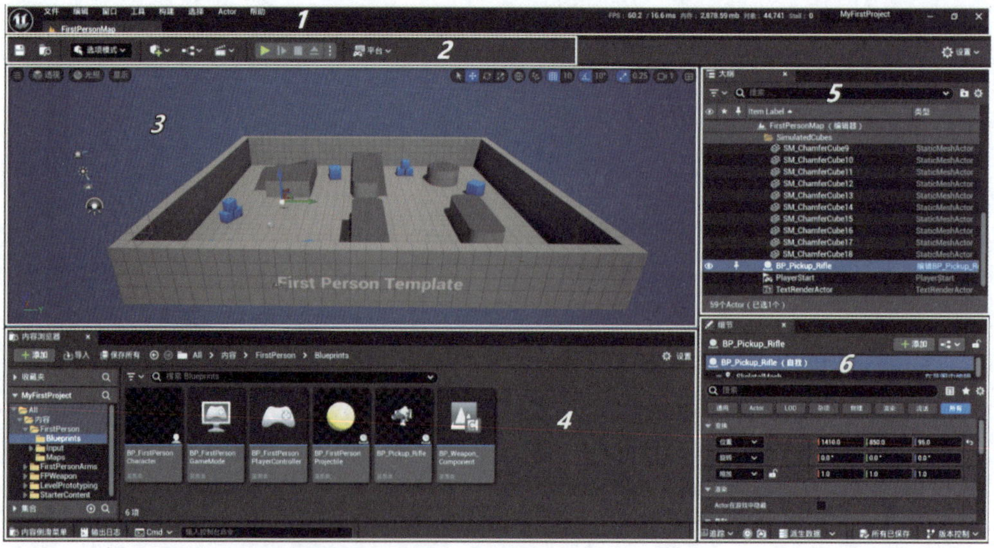

图 1-12　UE5 主界面

六个功能区域分别为：菜单栏、主工具栏、视口、内容浏览器、世界大纲和细节面板，具体说明详见表 1-2。

表 1-2　UE5 主界面说明

编　号	名　称	说　明
1	菜单栏	显示当前项目的名称，包含所有主要功能和操作的选项
2	主工具栏	提供运行项目、打开关卡蓝图和切换编辑模式等常用功能
3	视口	观察所创建的世界的窗口，有透视和正交两种类型视图
4	内容浏览器	管理和浏览项目中的所有资产，包括模型、材质、贴图、音效等
5	世界大纲	以层次化的树状图形式显示场景中的所有 Actor
6	细节面板	重要的工作区域之一，通过它调整选定对象的各种属性

1.2.2　资产导入

资产（Assets）是指项目中使用的各种资源和数据文件，是构建游戏或虚拟体验的基础元素。通常情况下，创建关卡不仅依赖引擎内置的资源，还需要导入大量由数字内容创作（Digital Content Creation，DCC）软件制作的资产，如静态网格体（Static Mesh）、骨骼网格体（Skeletal Mesh）、骨架动画（Skeletal Animation）、纹理（Texture）和音频（Audio）等。

接下来介绍导入外部资产最常用的方法，以及部分 DCC 软件导出网格体的工作流程。在此之前，建议先在内容浏览器中新建一个文件夹，用于存放导入的资产，如图 1-13 所示，目的是保持项目内容的条理性，这是开发者应当具备的基本职业素养。

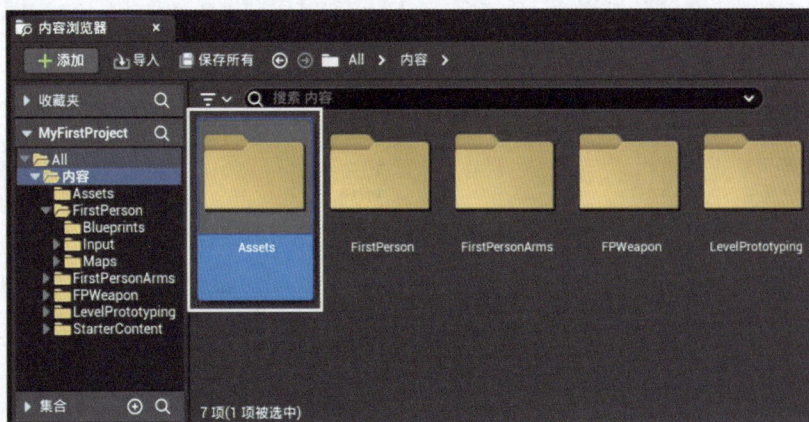

图 1-13　创建资产存放路径

资产导入

1. 使用内容浏览器导入

内容浏览器主要通过拖曳操作或使用"导入"按钮将外部资产导入项目中，具体步骤如下。

步骤 1： 双击打开新建的 Assets 文件夹，单击内容浏览器中的"导入"按钮，打开"导入"对话框，从本章附带的教学资源中选择 Xiaomi SU7.fbx 文件，接着单击"打开"按钮，如图 1-14 所示。

9

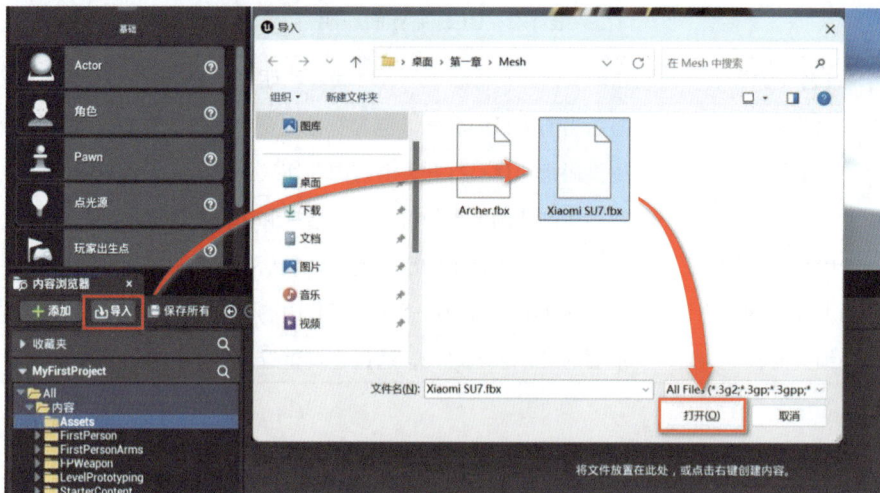

图 1-14　导入 Xiaomi SU7.fbx 文件

步骤 2：单击"打开"按钮后，弹出"FBX 导入选项"对话框。此时，引擎将自动检测导入文件的类型为静态网格体。根据具体需求，可以设置是否编译 Nanite、合并网格体、导入统一缩放，以及是否创建材质等，如图 1-15 所示。然后，单击"导入"或"导入所有"按钮，即可将静态网格体导入内容浏览器中。

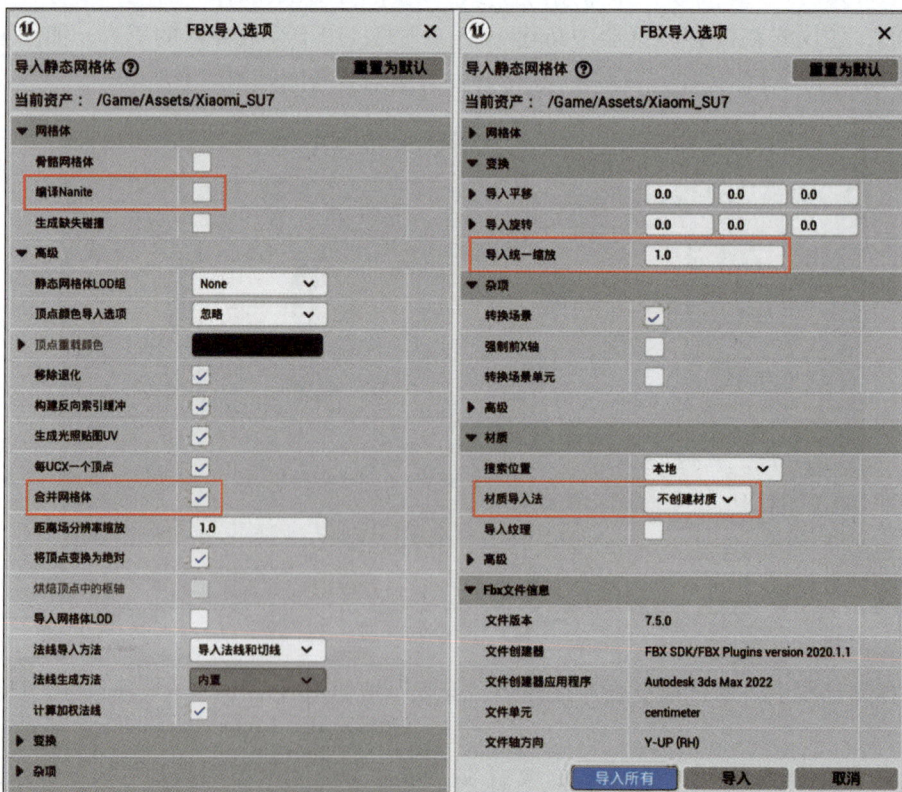

图 1-15　"导入静态网格体"选项

步骤 3：重复上述步骤，导入教学资源中的 Archer.fbx 文件。此时，"骨骼网格体"和

"导入网格体"选项将自动被勾选，如图 1-16 所示。这是因为 FBX 导入器已识别出该文件为骨骼网格体。单击"导入"按钮后，在内容浏览器中生成"骨骼网格体""骨骼"和"物理资产"类型文件。

　　步骤 4：导入角色动画资产。在虚幻引擎中，角色动画的创建依赖于骨骼数据，根据先前的步骤，选择 Animations 文件夹内的动画 FBX 文件进行导入。如图 1-17 所示，导入的动画资产会自动关联到步骤 3 中已经导入的骨骼。单击"导入"按钮后，在内容浏览器中生成"动画序列"类型文件。

图 1-16　"导入骨骼网格体"选项　　　　　　图 1-17　"导入动画"选项

　　步骤 5：继续为项目导入纹理资产。选择 Textures 文件夹内的图像文件，单击"打开"按钮即可导入纹理，如图 1-18 所示。

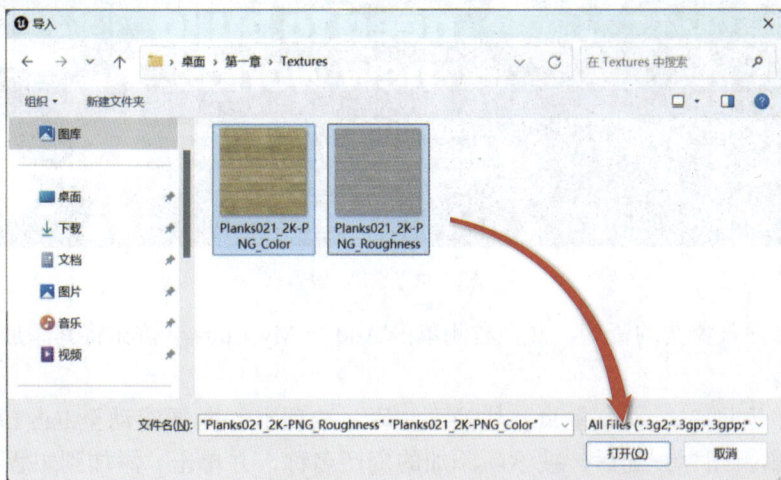

图 1-18　导入纹理资产

步骤6：确保所有导入的资产得到保存。单击内容浏览器中的"保存所有"按钮，如图 1-19 所示。随后，在弹出的"保存内容"对话框中，单击"保存选中项"按钮。

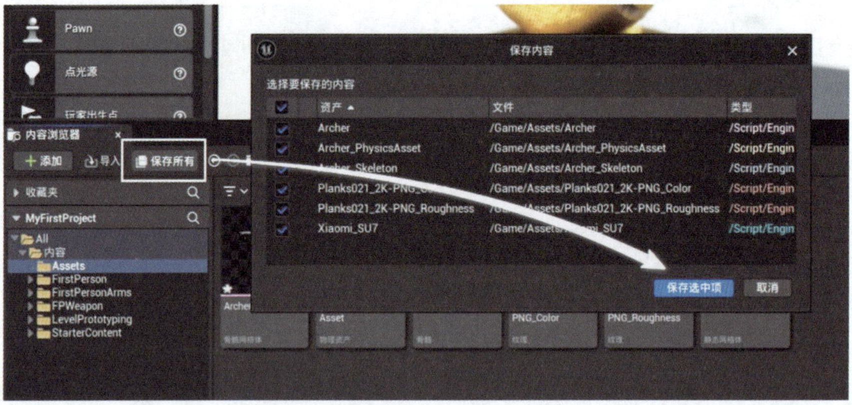

图 1-19　保存导入的资产

2. 使用 Fab Library 导入

Unreal Fab 是由虚幻商城（Unreal Marketplace）演化而来的新产品。这个全新的开放市场为开发者提供了大量高质量且实时即用的游戏素材、环境、视觉特效、音频、动画、角色和插件等内容。通过 Fab 平台，开发者不仅可以付费购买数字资产，还可以免费获取官方提供的资产，并且可以轻松地将它们添加到项目中，具体步骤如下。

步骤1：启动 Epic Games，在主页选择 Fab，单击下方的 Start exploring 按钮打开 Fab 页面，如图 1-20 所示。

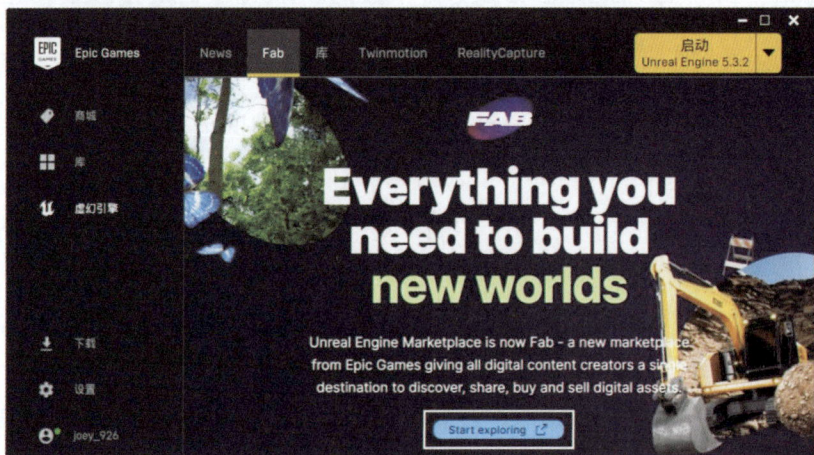

图 1-20　启动 Fab

步骤2：搜索免费的资产，并在右侧单击 Add to My Library 按钮将其添加到库中，如图 1-21 所示。

步骤3：返回 Launcher 主页，切换至"库"选项卡。向下滚动至 Fab Library 部分，单击旁边的刷新图标。随后，搜索新添加的资产名称，并单击"添加到工程"按钮，如图 1-22 所示。

图 1-21　添加资产到库

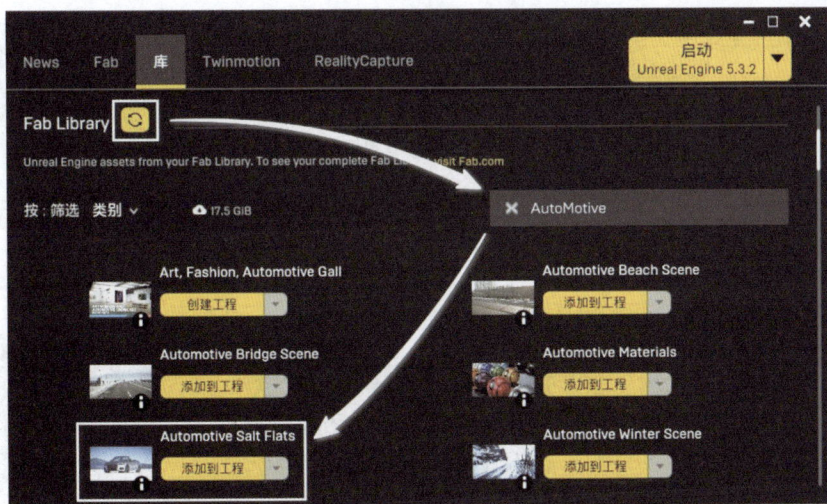

图 1-22　添加资产到工程

步骤 4：单击添加后，将弹出"选择要添加资源的工程"界面。选择希望导入的项目，再次单击"添加到工程"按钮，如图 1-23 所示。等待下载完成后，即可完成资产导入。

图 1-23　添加到工程选项设置

3. 使用 Datasmith 插件导入

虚幻引擎中的 Datasmith 插件是专为数据导入和转换而设计的高效工具。Datasmith 使非游戏行业的开发者能够将外部 3D 软件制作的资产无缝导入 UE5 中，包括模型、材质、光源、摄像机等多种元素。

Datasmith 目前采用基于文件的工作流程将资产导入 UE5 中，支持读取多种常见的计算机辅助设计（Computer Aided Design，CAD）应用程序的原生文件格式。然而，对于某些应用程序，如 3ds Max 和 SketchUp Pro，开发者需要安装特定插件，并通过该插件导出扩展名为 .udatasmith 的文件。

下面将介绍如何在 Autodesk 3ds Max 中使用 Datasmith 插件导出资产，并导入 UE5 中，详细步骤如下。

步骤 1： 访问虚幻引擎官方网站，搜索 Datasmith 进入其专栏页面，单击"获取插件"按钮跳转至下载页面，如图 1-24 所示。

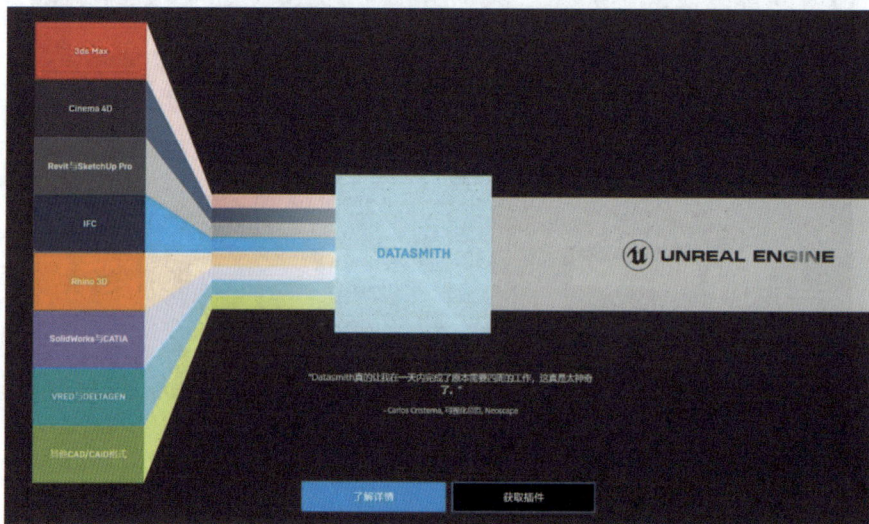

图 1-24　Datasmith 专栏页面

步骤 2： 下载适用于 UE 5.3 版本的 Autodesk 3ds Max 导出器，如图 1-25 所示。

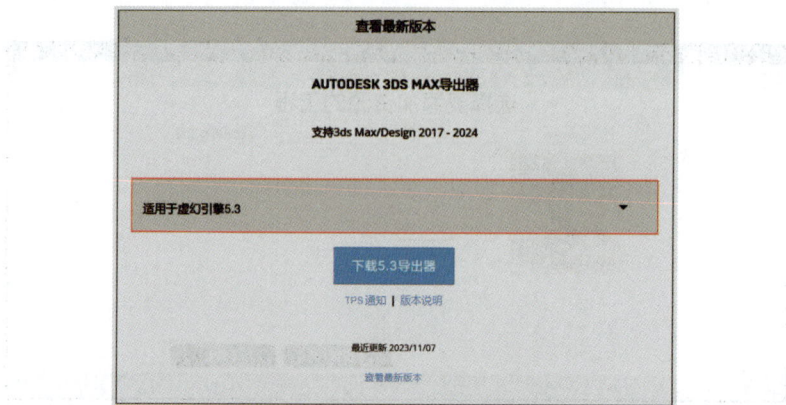

图 1-25　下载 Datasmith 插件

步骤 3： 下载完毕后，启动安装向导，并根据提示选择已安装的 Autodesk 3ds Max 版本，单击 Install 按钮，如图 1-26 所示。

图 1-26　安装 Datasmith 插件

步骤 4： 启动 3ds Max 并打开一个项目。此时，工具栏上新增了一个名为 Datasmith 的选项卡。直接单击 Export（导出）按钮，或者在选择场景中的模型后，单击 Export Selected（导出选择）按钮，弹出"导出 Datasmith 文件"对话框，在其中设置导出路径、文件名，并保存为 *.udatasmith 类型文件，如图 1-27 所示。

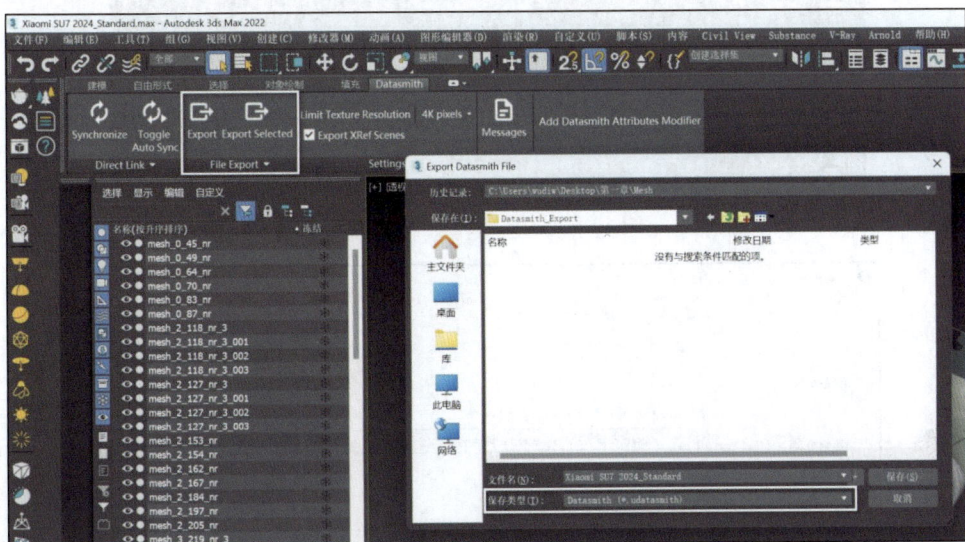

图 1-27　Datasmith 导出设置

步骤 5： 返回到 UE5 中，通过主菜单的编辑选项进行插件设置。搜索与 Datasmith 相关的插件，找到并勾选 Datasmith Importer。此时，会提示"必须重新启动虚幻编辑器，才能使变更生效"，如图 1-28 所示。

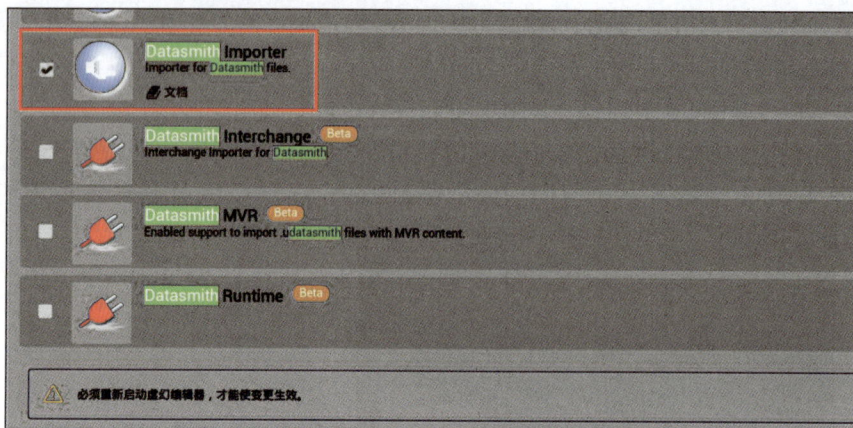

图 1-28　UE5 开启 Datasmith 插件

步骤 6： 重启引擎之后，从主工具栏的快速添加选项中单击 Datasmith →"文件导入"选项，如图 1-29 所示。随即弹出"导入 Datasmith"窗口，选择步骤 4 中导出的文件，然后单击"打开"按钮，如图 1-30 所示。

图 1-29　Datasmith 文件导入 1

图 1-30　Datasmith 文件导入 2

步骤 7： 在选择 Datasmith 内容的导入位置时，使用先前创建的 Assets 文件夹。单击"确定"按钮，弹出"Datasmith 导入选项"窗口。在此窗口中，可以选择从源文件导入的内容类型，并决定是否生成光照贴图 UV 以及设置最小 / 最大光照贴图分辨率，如图 1-31 所示。

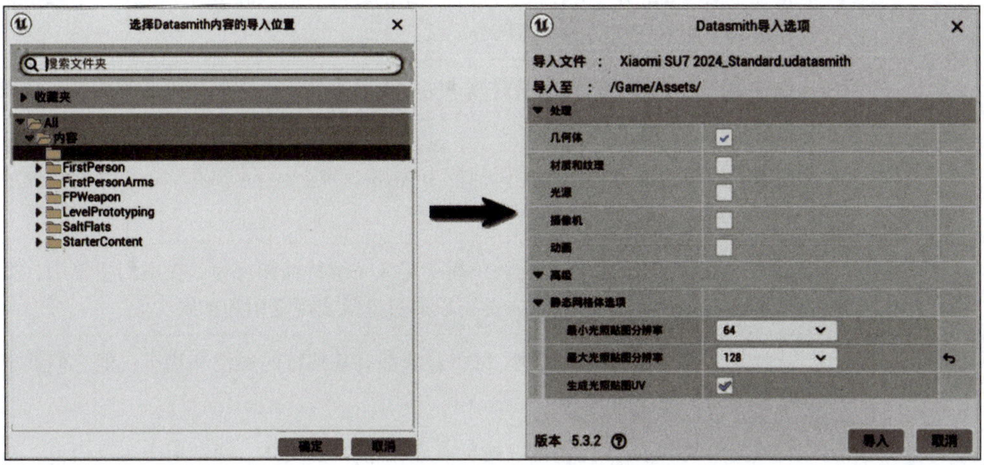

图 1-31　Datasmith 文件导入 3

步骤 8： 单击"导入"按钮，Datasmith 读取源文件，并在项目中创建新资源，最后将 Datasmith 场景放入当前关卡中。

> **小提示**
>
> 在虚幻引擎中，所有距离的度量始终采用厘米（cm）作为单位。尽管 Datasmith 能够自动调整场景比例，确保场景在虚幻引擎中的尺寸与现实世界保持精确匹配，但是建议在使用 DCC 软件创建资产时，应预先设定场景单位与虚幻引擎保持一致。

1.2.3　关卡编辑器实操

虚幻引擎提供了"工具""编辑器"和"系统"的组合供开发者用于创建游戏或应用程序，这三部分的结合是虚幻引擎强大功能的核心所在。开发者可以利用工具创建和修改内容，使用编辑器组织和管理这些内容，并依赖系统确保一切正常运行。例如，使用蓝图工具编写角色的行为逻辑，通过关卡编辑器将角色放置在场景中，然后依赖物理系统确保角色在场景中的互动是合乎物理规律的。

本小节旨在阐述掌握关卡编辑器核心功能的速成方法，鉴于其在游戏关卡构建过程中的核心地位，读者可于后续章节进一步探索其他编辑器的相关知识。

1. 相关专业术语

了解虚幻引擎的专业术语有助于更深入地使用虚幻引擎。这些术语与项目开发的各个方面相关，包括场景管理、资源管理和编程等。表 1-3 列出一些常见的虚幻引擎相关专业术语及其定义。

表 1-3　常见的虚幻引擎相关专业术语及其定义

术　　语	定　　义
世界（World）	一个广泛的概念，是项目中的整体虚拟环境，包含所有的关卡、对象和游戏逻辑
关卡（Level）	世界中的一个特定区域，通常包含特定的环境、对象和事件。每个关卡都是玩家在游戏中探索和互动的具体部分
地图（Map）	通常是指一个关卡的文件或资源，实际上是存储关卡布局和数据的文件。地图文件通常以 .umap 扩展名保存
Actor	所有可以放置在世界中的实体都称为 Actor。每个 Actor 都有移动、旋转和缩放等属性，可以是静态的或动态的
类（Class）	面向对象编程中的基本构建块，用于定义一组特性和行为。在虚幻引擎中，类创建了自定义对象（如 Actor），并可以通过继承实现复用和扩展
对象（Object）	从类定义中创建的具体实例，每个对象都有其独特的属性和状态，但它们共享类定义中的行为和功能
Pawn	特殊类型的 Actor，代表可以被玩家或 AI 控制的实体，通常用于表示角色、车辆或其他交互对象
角色（Character）	Pawn 的子类，提供了内置的动画和运动功能，通常用于表示可控制的角色
组件（Component）	Actor 的可重用功能块，允许开发者将特定功能附加到 Actor 上，形成复杂的对象
游戏模式（Game Mode）	定义游戏规则的特殊类，控制游戏的运行方式，包括游戏状态、胜利条件、玩家生成等。每个关卡可以有其自己的游戏模式
玩家控制器（Player Controller）	一个特殊的 Actor，负责处理玩家的输入并控制 Pawn，作为玩家与游戏世界之间的桥梁，管理玩家的视角、输入响应及 UI 等

2. 创建关卡

关卡是世界中的一个具体区域或环境，用户将在其中进行活动和交互。每个关卡可能代表一个特定的场景。在虚幻引擎中，关卡通常由静态网格体（Static Mesh）、骨骼网格体（Skeletal Mesh）、光源（Lights）、蓝图实例（Blueprint Instance）、粒子（Patticle）等内容构成。关卡可以是只包含几个 Actor 的小房间，也可以是一个广袤无边的城市或自然环境。

创建关卡是项目开发的基本步骤之一，以下是创建关卡的详细步骤。

步骤 1：导航至菜单栏，单击"文件"→"新建关卡"，如图 1-32 所示。

步骤 2：选择"新建关卡"命令后，引擎将弹出一个窗口，该窗口含有四个基本的关卡模板供开发者选择。选择"空白关卡"，并单击下方的"创建"按钮完成操作，如图 1-33 所示。

步骤 3：成功创建新关卡后，首要的操作是将其保存。单击主工具栏最左边的"保存"■按钮，弹出"将关卡另存为"窗口，设置关卡名称，选择存储路径，如图 1-34 所示。

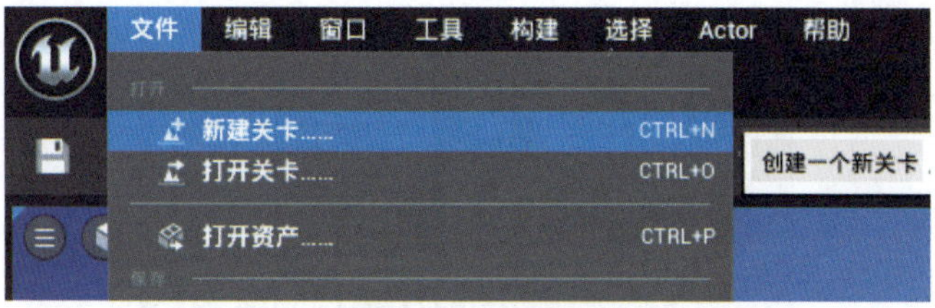

图 1-32 新建关卡

图 1-33 创建空白关卡

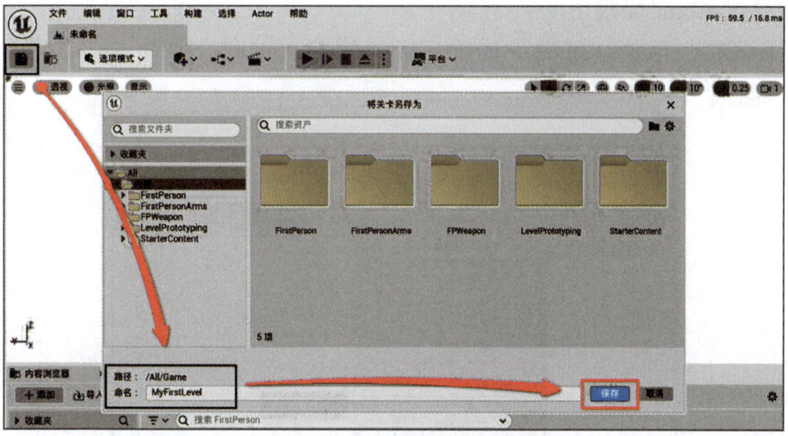

图 1-34 保存关卡

步骤 4： 关卡首次被保存时，将作为数据资产被存储在磁盘上。与此同时，在内容浏览器中选定的位置会生成一个 Map 类型的文件，如图 1-35 所示。当引擎再次启动时，双击该文件即可重新打开关卡。

步骤 5： 若要将新建关卡设定为默认关卡（即在编辑器启动时和项目运行时自动加载），先单击主菜单中的"编辑"菜单项，再选择"项目设置"命令。在"项目设置"窗口弹出后，将左侧导航栏定位至"地图和模式"部分。最后，将"编辑器开始地图"与"游戏默认地图"两项均设置为先前步骤中已保存的 Map 文件，如图 1-36 所示。

3. 在关卡中添加 Actor

往关卡中添加 Actor 的两种常见方法：使用放置 Actor 面板添加和使用内容浏览器添加。掌握这两种方法后，读者将能够熟练地在自己的关卡中添加各种 Actor（如光源、几何体等），并利用这些 Actor 来构建和丰富场景。

图 1-35　生成关卡文件

图 1-36　设置默认关卡

1）使用放置 Actor 面板

导航至菜单栏，单击"窗口"菜单下的"放置 Actor"选项，如图 1-37 所示，打开"放置 Actor"面板。

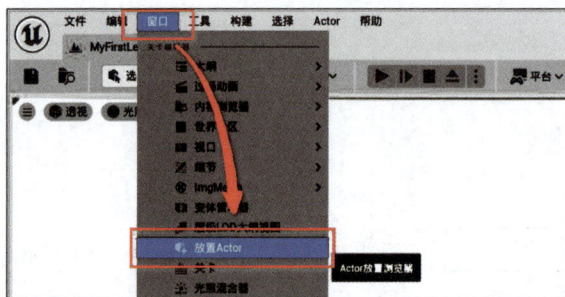

图 1-37　打开"放置 Actor"面板

"放置 Actor"面板中列出了各种 Actor 的类别，常见的包括基础、光源、形状、摄像机、视觉效果、体积等。单击选中想要放置的 Actor，并直接将其拖动到视口中，如图 1-38 所示。

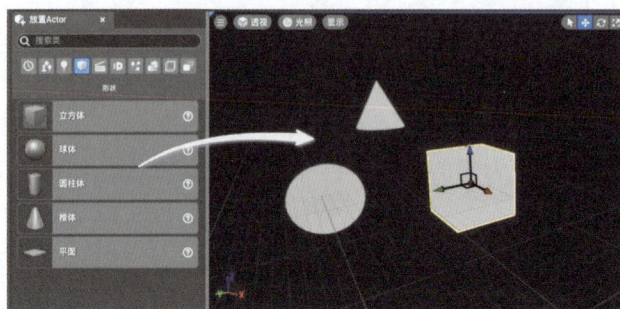

图 1-38　使用"放置 Actor"面板放置 Actor

2）使用内容浏览器

内容浏览器不仅能够用于管理和编辑资产，还能够将 Actor 放置到视口中。如图 1-39 所示，操作方法同样是按住鼠标左键进行拖动。

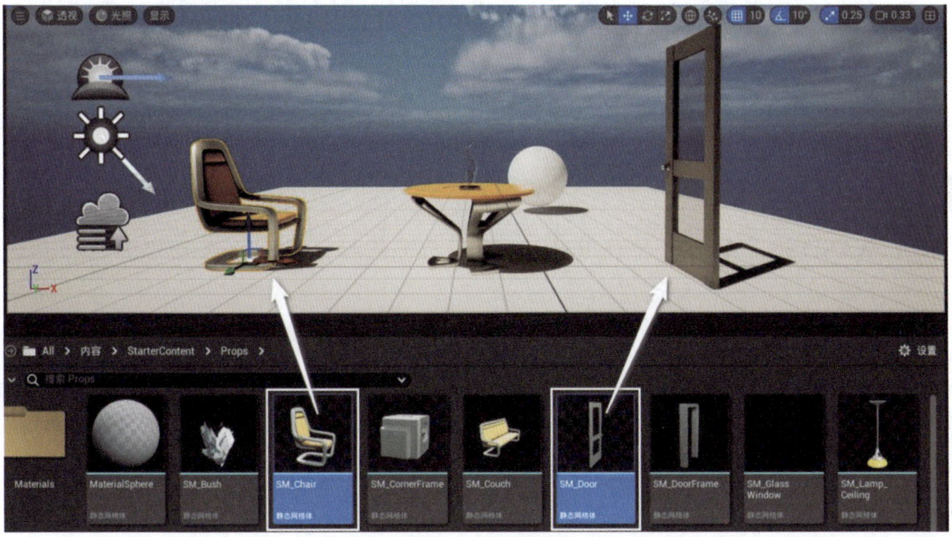

图 1-39　使用内容浏览器放置 Actor

4. 视口导航

视口导航是进行关卡设计和场景创建的基础技能。借助键盘、鼠标以及视口工具，开发者能够自如地在三维空间内进行移动、旋转和缩放操作，选择和操控 Actor，并更改显示选项等。对于视口的操作按键，使用 LMB、RMB、MMB 三种缩写，分别代表鼠标左键、右键和中键。

1）标准操作

表 1-4 所列出的操作表示未激活其他按键的情况下，在视口中单击并拖动鼠标光标时触发的默认行为。它们也是唯一可以用来导航正交视口的功能按键。

表 1-4　视口标准操作

功能按键	透视视口	正交视口
LMB+ 拖动	前后移动摄像机，并左右旋转	创建一个区域选择框
RMB+ 拖动	旋转视口摄像机	平移视口摄像机
LMB+RMB+ 拖动	上下移动摄像机	缩放视口摄像机
F	将摄像机聚焦在选定对象上	

2）游戏风格操作

对于那些习惯了在计算机上玩射击游戏的用户来说，使用 WASD 键会显得非常自然。游戏风格操作的功能按键如表 1-5 所示，这些功能仅在透视视口有效。默认情况下，必须按住 RMB 才能使用游戏风格操作，同时组合 WASD 键来执行视口导航。

表 1-5　游戏风格操作的功能按键

功能按键	说　　明	功能按键	说　　明
W	将摄像机向前移动	E	将摄像机向上移动
S	将摄像机向后移动	Q	将摄像机向下移动
A	将摄像机向左移动	Z	缩小摄像机（增大视角）
D	将摄像机向右移动	C	放大摄像机（减小视角）

小提示

　　使用 WASD 键导航时，按住 RMB，既可以将鼠标滚轮向上滚动以加快移动速度，也可以向下滚动以减慢移动速度。

3）Maya 风格操作

UE5 编辑器提供了与三维制作软件 Maya 相同的视口移动、旋转和缩放功能，这使熟悉 Maya 的开发者能够更快地适应 UE5。对于不熟悉这些操作的读者，可以参考表 1-6 中提供的按键操作说明。

表 1-6　Maya 风格操作

功能按键	说　　明
Alt+LMB+ 拖动	将摄像机围绕一个目标点旋转
Alt+RMB+ 拖动	将摄像机朝向一个目标点缩放
Alt+MMB+ 拖动	沿着鼠标移动的方向追踪摄像机

5. 编辑 Actor 属性

下面首先讲解调整 Actor 的位置和尺寸，随后探索如何为网格体（Mesh）应用材质。

1）变换 Actor

Actor 的变换通常涉及以下三个主要属性。

- 位置（Location）：描述 Actor 在三维空间中的位置，通常用世界坐标或局部坐标表示。
- 旋转（Rotation）：描述 Actor 的朝向，通常用欧拉角（Pitch、Yaw、Roll）表示。
- 缩放（Scale）：描述 Actor 的大小，通常用 X、Y、Z 比例因子表示。

UE5 编辑器配备了一套工具，专门用于调整 Actor 的变换属性，这些工具位于视口右上角的工具栏上。变换工具集主要包含移动、旋转和缩放工具，通过按下键盘上的 W、E、R 键来激活相应的工具，如图 1-40 所示。

　　当 Actor 被选中时，编辑器右侧的细节面板会展示其所有属性，开发者也可以在这里手动输入位置、旋转和缩放的数值，如图 1-41 所示。

2）应用材质

首先，在关卡视口或大纲视图中选中需要应用材质的网格体。然后，打开细节面板并

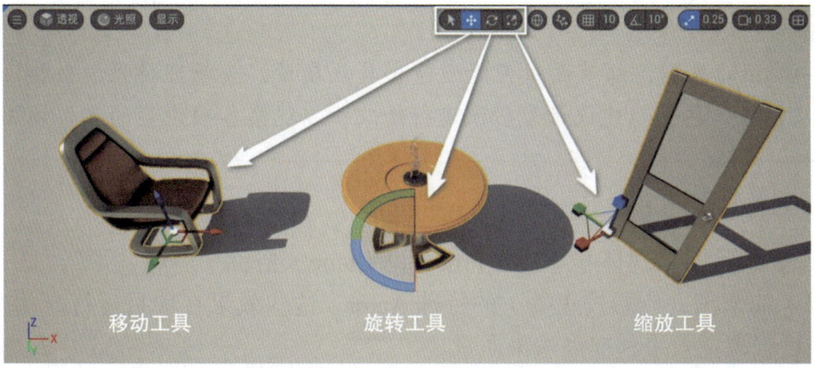

图 1-40　激活 Actor 变换工具

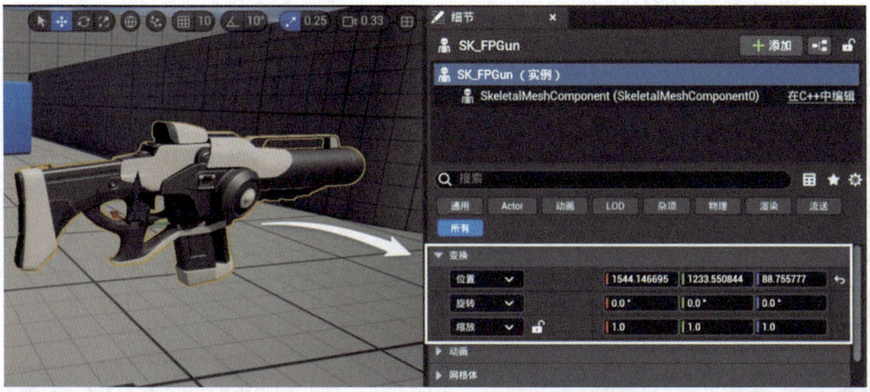

图 1-41　手动输入 Actor 的变换数值

定位到材质（Materials）部分，单击材质插槽旁边的下拉箭头以展开菜单。从菜单中选择已创建的材质，或者直接在内容浏览器中选中材质，使用鼠标将其拖放到材质插槽上以实现覆盖，如图 1-42 所示。应用材质后，关卡视口会实时更新，显示新的材质效果。

图 1-42　应用材质

> **小提示**
>
> 　　根据 Actor 的类别，细节面板可能还包含其他属性，如物理特性、碰撞检测、可见性设置以及标签信息等。建议读者尝试进行修改，以观察各项设置的具体效果。

6. 添加后期处理体积

　　在 UE5 中，后期处理体积（Post Process Volume）俗称"后期盒子"，是一种用于控制后期效果（如模糊、色彩校正等）的特殊 Actor。这些效果在项目运行时动态应用到场景中，旨在增强视觉效果和提高渲染质量。

　　添加"后期处理体积"的操作非常简单，只需在放置 Actor 面板中将其选中并拖曳至场景中即可，如图 1-43 所示。

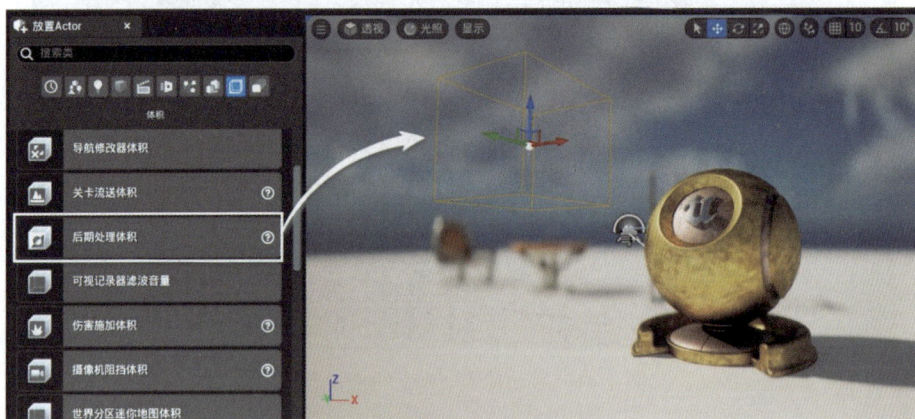

图 1-43　添加"后期处理体积"

　　确保"后期处理体积"选项处于选中状态，然后打开"细节"面板，勾选"无限范围（Infinite Extent）"选项，后期处理体积将影响整个场景。若未勾选该选项，则所有自定义的后期效果将仅限于体积内部区域，且只有在玩家进入该体积时才会触发效果。

　　借助后期处理体积为场景增添景深效果。具体参数如图 1-44 所示，相应的效果展示如图 1-45 所示。

图 1-44　景深参数设置

图 1-45　景深效果展示

此外，还可以调整后期处理体积的其他参数，如亮度、对比度、色彩饱和度等，以获得更加符合场景氛围的视觉效果。

> **小提示**
>
> 过度使用后期处理体积可能会对项目性能产生一定影响。因此，在调整这些参数时，请务必关注项目的运行状况，确保在提升视觉效果的同时，不会牺牲流畅性。

7. 运行项目

至此，我们已经创建了一个基础的关卡。导航至主工具栏，单击"运行"按钮以在编辑器中运行项目。通过 WASD 键控制摄像机移动，利用鼠标调整视角，并尝试在关卡周围移动。

1.2.4　打包项目

在项目交付至用户前，必须确保项目已进行正确的打包（Package）操作。项目打包过程中，虚幻引擎会对特定源代码进行编译。一旦代码编译完毕，所有必需的资源将被转换成目标平台兼容的格式。接下来，编译好的代码与转换后的资源将整合成一组可发布的文件，如 .apk、.exe 安装包。

以下是 UE5 打包项目到 Windows 平台的详细步骤。

步骤 1： 确保计算机系统已经安装了适用于 Windows 平台的 Visual Studio 和相应的 Windows SDK。

步骤 2： 导航至 UE5 的主工具栏，单击"平台"按钮展开下拉菜单，列出了引擎能够支持的所有平台。然后选择 Windows 平台，并在子菜单中选择二进制文件配置为"开发"版或"发行"版，如图 1-46 所示。

图 1-46　UE5 打包项目

小提示

　　"开发"版包含调试信息，便于开发者执行调试与测试工作，通常应用于内部测试及开发阶段。相对地，"发行"版经过性能优化处理，已去除冗余的调试信息与日志记录，适用于产品正式发布。

　　步骤 3：单击"打包项目"选项，弹出一个选择目标路径的对话框，如图 1-47 所示。一旦项目打包成功，编译好的文件将被保存在此目录中。

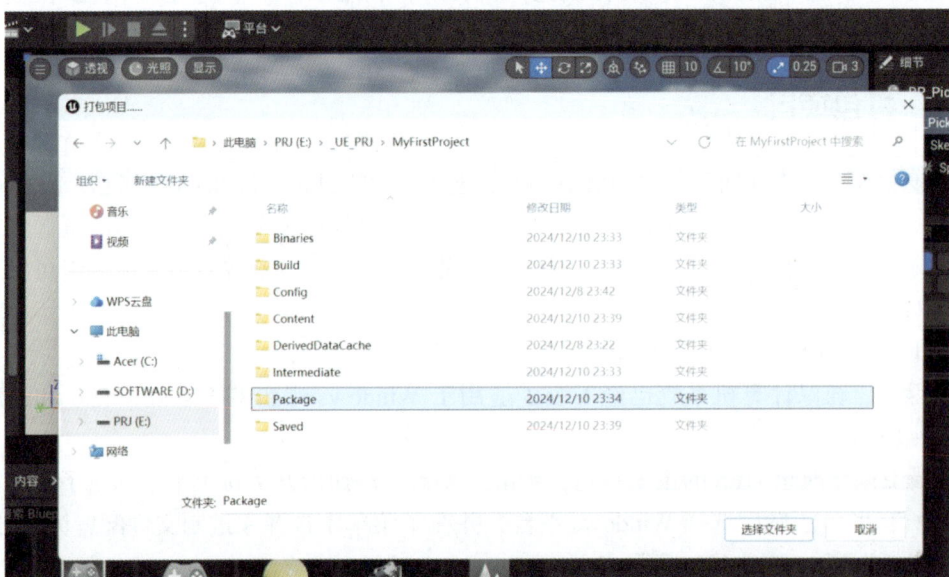

图 1-47　设置项目打包路径

步骤4：确定了目标路径后，UE5 开始打包项目。同时，编辑器右下角会弹出一个状态指示器以显示打包的状态，如图 1-48 所示。

状态指示器配备了一个"取消"按钮，用于终止打包进程。此外，通过单击"显示输出日志"链接，可以弹出"输出日志"窗口，如

图 1-48 打包项目状态指示器

图 1-49 所示。该窗口提供了额外的输出日志信息，在项目打包失败的情况下，若需探究失败原因或寻找可能揭示潜在漏洞的警告信息，这些日志就尤为关键。

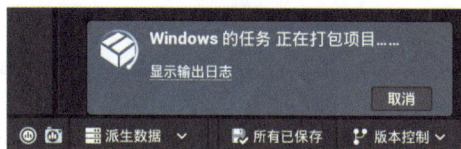

构建成功 (BUILD SUCCESSFUL)

图 1-49 输出日志信息提示构建成功

步骤5：项目打包完成后，导航至步骤 3 中指定的路径便可以查看到打包好的文件，如图 1-50 所示。双击文件启动程序进行测试或开始游戏体验。

双击启动

图 1-50 成功打包的文件

小提示

在规范化的项目开发流程中，对项目进行打包可能需要进行一些额外的高级设置。例如，启用压缩文件包、剔除未使用资产、设置文件图标、添加数字签名以及嵌入版权信息等。这些均可以在项目设置中进行设置。

◆ 本 章 小 结 ◆

　　本章为初学者提供了关于 UE5 的全面入门指南。从虚幻引擎的发展历程、版本演进以及应用范围开始，逐步深入探讨 UE5 的专业术语、用户界面布局以及关卡设计的基本流程。通过介绍《黑神话：悟空》这部代表作品，展示了 UE5 在实际游戏开发中的应用和影响力。在实践操作方面，详细讲解了创建首个 UE5 项目的步骤，包括创建关卡、外部资产导入、关卡编辑器使用以及项目打包等环节，以帮助读者掌握 UE5 的基础操作流程，为进一步深入学习奠定了坚实基础。

◆ 巩固与提升 ◆

1. 导入和管理资产

　　要求：练习将外部资产导入 UE5，并进行规范组织管理。导入静态网格体、骨骼网格体、动画和纹理资产；将导入的资产分类并放置到适当的内容浏览器文件夹中。

2. 创建基本关卡布局

　　要求：在一个新关卡中创建一个简单的场景布局。添加光源、地面、墙体、道具和一些简单的障碍物；更改光源的类型和颜色，应用更多的材质；使用变换工具调整 Actor 的大小和位置。

第 1 章
素材文件

第2章

材质系统

📖 导读

　　从广义上讲，材质（Material）是指涂覆于网格模型表面，用以塑造其视觉表现的"涂料"。从技术层面来看，材质决定了网格模型与光线的交互方式以及在渲染过程中呈现的视觉效果。它详尽地描绘了模型表面的每一个细节，包括颜色、反射率、粗糙度、透明度、折射率和自发光强度等。虚幻引擎提供了一套基于物理渲染（Physically Based Rendering，PBR）的先进材质系统，用于创建和编辑材质。该系统通过模拟真实世界材料的光学特性，提供了一种高效且直观的工作流程，不仅简化了材质的创建过程，还提升了最终渲染图像的质量与一致性，能够轻松模拟现实世界中的各种表面效果，如金属、木材、玻璃、水等。

✏️ 知识目标

- 理解材质、纹理与着色器的基本概念。
- 理解材质的核心属性及其对视觉效果的影响。

💡 能力目标

- 掌握材质编辑器的操作方法，涵盖节点连接及属性设置。
- 掌握常用材质表达式节点的使用方法。
- 掌握通用主材质和玻璃材质的制作方法。
- 掌握材质函数和材质参数集的运用方法。
- 掌握高级材质制作技术，熟练使用纹理贴图来增加材质的细节。

📁 素质目标

- 具备材质优化的意识，能够在视觉效果与性能之间找到平衡。
- 探索和应用新型材质效果，开发独特的视觉风格，提升项目的艺术价值。

2.1 材质基础

2.1.1 材质、纹理与着色器

在 UE5 中，纹理、着色器、材质密切配合，共同决定了物体表面的视觉效果。材质通过引用和组合各种纹理，定义了物体的外观属性。着色器通过计算这些属性，最终实现了物体的渲染效果。理解它们之间的关系，能够帮助开发者更好地运用 UE5 的 PBR 材质系统，创造出令人惊叹的视觉效果。

1. 纹理

纹理用于增加物体表面的细节，通常是 JPG、PNG 或 TGA 等格式的图像文件。虚幻引擎支持导入标准尺寸的纹理，但这些尺寸边长必须是 2 的 N 次幂，例如，1×1、2×2、4×4、16×16、32×32、…、1024×1024、2048×2048、4096×4096 像素，如图 2-1 所示。在默认设置下，UE5 编辑器能够处理的最大纹理尺寸为 8192×8192 像素。

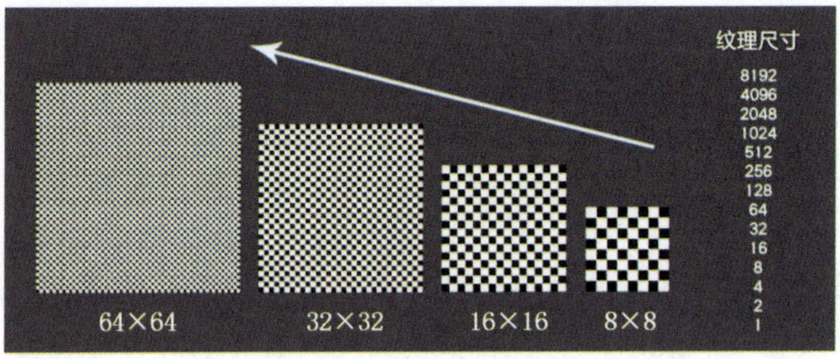

图 2-1 纹理尺寸

> **小提示**
>
> 纹理尺寸可以是非正方形的，例如，64×256、512×128、1024×2048、16×1024 像素等。因此，纹理制作的标准是确保图像的边长为 2 的 N 次幂，边长不必等比，但等比更佳。

纹理作为资产，从外部导入虚幻引擎后，被应用于材质的各个属性，以赋予表面细节和颜色信息。例如，颜色贴图决定了物体的基础颜色；法线贴图增添了表面的微小细节；粗糙度贴图控制了表面的反射特性和光泽度。项目开发时，会使用多种不同类型的纹理来制作材质，如图 2-2 所示。

> **小提示**
>
> 在计算机图形图像和游戏开发领域，"纹理"和"贴图"常常被交替使用。纹理是广义的图像数据；而贴图是一个具体的过程，是指应用于特定渲染效果的过程。

为了实现资产的高效迭代和规范管理，通常会采用特定的命名方式来区分不同类型的纹理。如表 2-1 所示，采用"T_"作为前缀来命名纹理，其中 T 是 Texture 的缩写。合理的资产命名规范和管理方式能够显著提升工作效率，这是从业者应具备的基本职业素养。

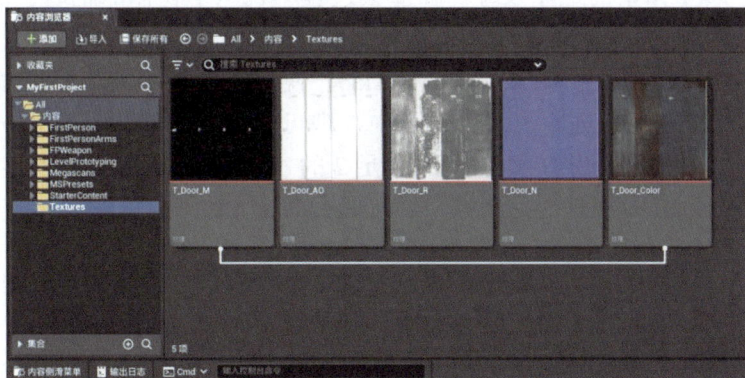

图 2-2　常用纹理类型

表 2-1　常用纹理的命名规范

纹理类型	名　称	命名规范
基础颜色贴图	Base Color/Albedo	T_BaseColor 或 T_Albedo
粗糙度贴图	Roughness	T_Roughness
法线贴图	Normal	T_Normal
环境光遮蔽贴图	Ambient Occlusion	T_AmbientOcclusion
金属度贴图	Metallic	T_Metallic

注：以上仅为参考，并非绝对。

当纹理导入 UE5 后，若纹理尺寸符合 2 的 N 次幂标准，那么引擎将自动生成"多级渐进式纹理（MipMap）"。双击"纹理"打开纹理编辑器，在"细节"面板中检查自动生成的 Mip 数量，如图 2-3 所示。

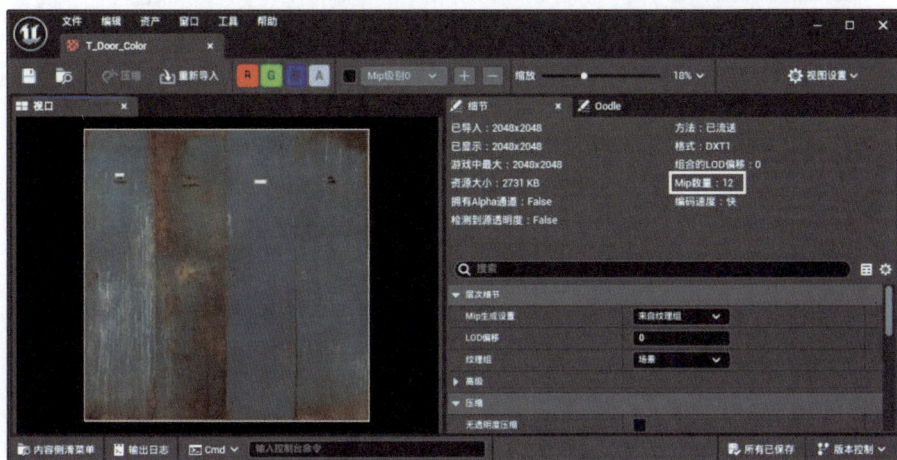

图 2-3　查看纹理的 Mip 数量

　　MipMap 是一种用于优化纹理渲染效果和提高视觉质量的技术，每个 MipMap 层级都是原始纹理的缩小版。通常情况下，MipMap 会从原始尺寸开始，每次将尺寸减半，直到达到 1×1 像素的最小尺寸。在渲染过程中，基于物体的距离、视角和屏幕分辨率，UE5 会自动选择最合适的 MipMap 层级进行渲染。远处的物体使用较低分辨率的 MipMap，近处的物体使用高分辨率的 MipMap。使用这项技术不仅可以显著降低 GPU 的负荷，而且可以避免在远距离渲染过程中纹理可能出现的摩尔纹（Moire Pattern）闪烁现象。如图 2-4 所示，当纹理边长不满足 2 的 N 次幂时，材质将产生摩尔纹闪烁现象。

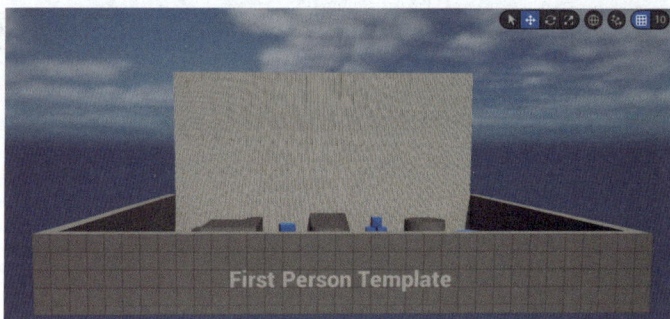

图 2-4　摩尔纹闪烁现象

2. 着色器

　　着色器是运行在 GPU 上的程序代码，通过计算光照和材质属性来决定每个像素的最终颜色。在 UE5 中，着色器使用高级着色语言（High-Level Shading Language，HLSL）编写，并封装成"节点（Node）"，便于在名为"材质编辑器（Material Editor）"的可视化图表中使用，如图 2-5 所示。

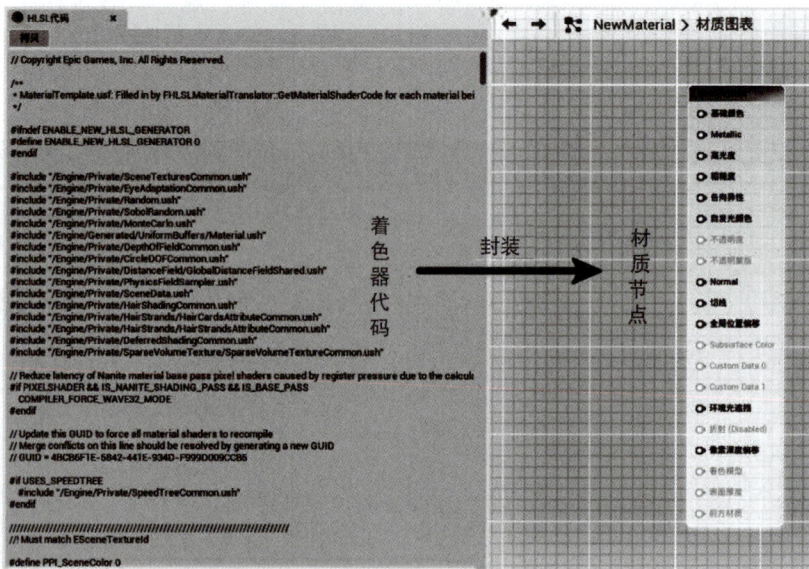

图 2-5　着色器代码

3. 材质

材质作为桥梁，将各种纹理和属性组合在一起，创建出复杂的视觉效果。虚幻引擎中的材质是一种资产，可以通过内容浏览器创建新材质，具体步骤如下。

步骤 1：在内容浏览器中的空白处右击，在弹出的菜单中选择"材质"选项，如图 2-6 所示。

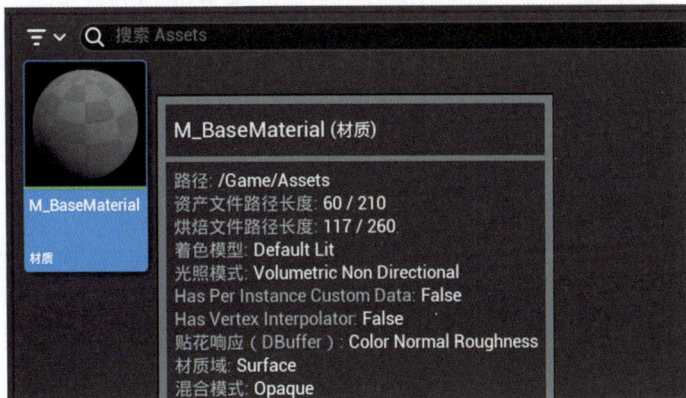

图 2-6 创建新材质

步骤 2：采用"M_"字符作为前缀，赋予材质唯一的描述性名称，如图 2-7 所示。

图 2-7 材质命名

2.1.2 材质编辑器操作指南

材质编辑器是一个基于节点的图形界面工具，简化了创建着色器的过程，使该过程变得直观易懂，无须依赖传统的代码编程。开发者通过在编辑器内创建可视化的脚本节点（即材质表达式），并进行连接即可实现材质制作。这些节点封装了 HLSL 代码片段，专门用于实现特定的功能。通过这种方式可以轻松地将着色器应用到场景中的各种物体上，甚至还可以与粒子系统、蓝图系统结合使用。

材质编辑器
的操作基础

1. 材质编辑器界面

通过双击"材质资产"打开材质编辑器，材质编辑器界面主要由七个功能区域组成，包括菜单栏、工具栏、视口面板、细节面板、材质图表、控制板面板和统计信息面板，具体分布如图 2-8 所示。

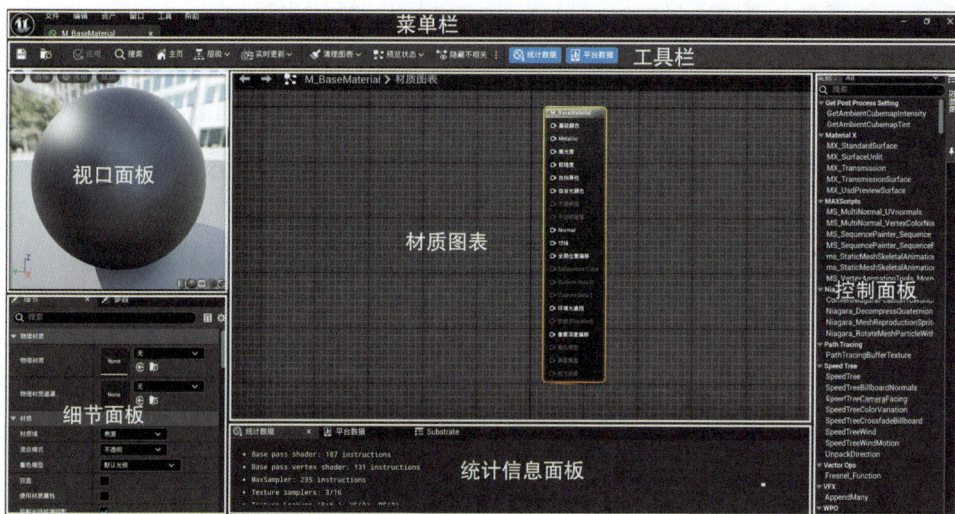

图 2-8　材质编辑器界面

在制作材质的过程中，材质图表（Material Graph）起着至关重要的作用，它是完成大部分工作的重要区域。每个新建的材质都默认包含一个主材质节点（Main Material Node），这个节点集成了所有控制材质外观的输入属性，如图 2-9 所示。

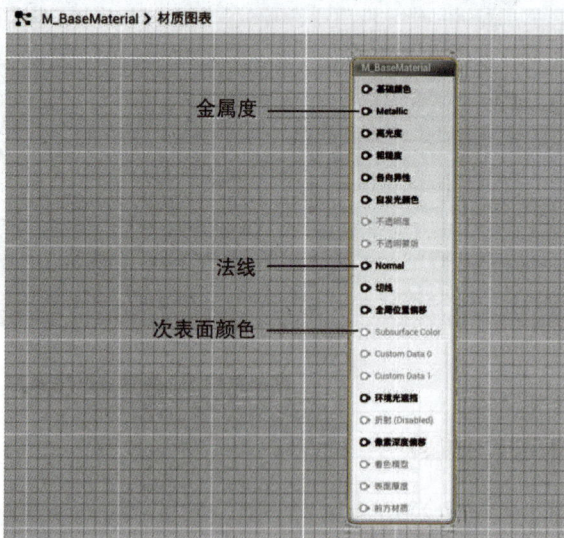

图 2-9　主材质节点

2. 材质属性设置

选中主材质节点，细节面板将展示当前材质的全部属性。这些属性决定了材质能够实现的效果、与光线的交互方式以及与底层像素的混合方式。默认情况下，主材质节点有一些输入接口呈现白色，表示已启用；而其他呈现灰色，表示不可用。

如图 2-10 所示，有三个重要属性可以控制材质输入的启用。

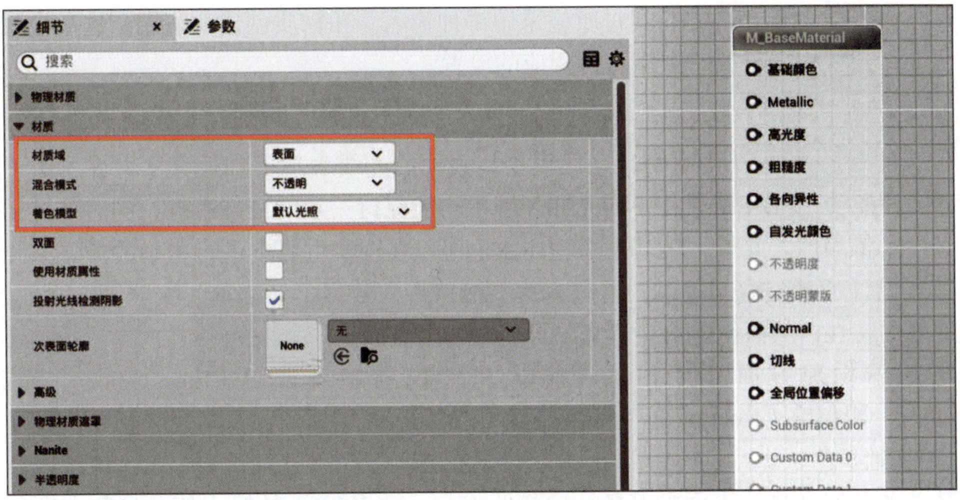

图 2-10 材质的三个重要属性

（1）材质域（Material Domain）：定义了材质的应用对象类型，默认应用于标准的 3D 表面，还可用于延迟贴图、体积、后期处理、用户界面等。

（2）混合模式（Blend Mode）：决定了材质与背景的混合方式，影响透明度和渲染效果，默认为不透明材质，光线无法穿透。

（3）着色模型（Shading Model）：定义了材质与光线的交互方式，默认为标准光照模型，适用于大多数情况。

以上三个属性决定了在主材质节点上启用哪些输入。在图 2-10 中，不透明度（Opacity）显示为灰色，这是因为当前材质的不透明混合模式不支持透明度调整。如果需制作某种透明材质（如玻璃），那么应将混合模式更改为"半透明（Translucent）"，则"不透明度"输入被启用，同时部分已启用的输入将变为不可用状态，如图 2-11 所示。

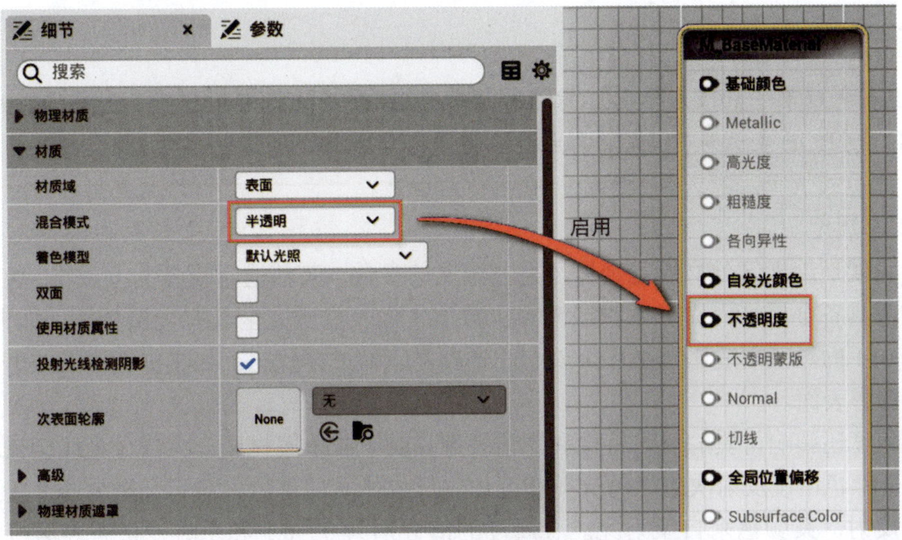

图 2-11 材质开启半透明混合模式

因此，开发者不必猜测各类材质应采用哪种输入。在材质创建的初期，这三个属性都至关重要，建议根据材质的类型进行相应的设置。

3. 主材质节点输入属性

UE5 的材质遵循 PBR 原则，这使得物体表面的光线表现更贴近真实世界，而不是仅依赖于直观感受。PBR 材质在不同光照环境下均能保持一致的良好表现，同时降低了数值的复杂性和依赖性。此外，其基于物理的数值可以在现实世界中进行精确测量。因此，主材质节点设计了多个输入接口，通过向这些接口传入数据（如常量、纹理等），可以设定材质的表面特性，从而创造出接近无限可能的物理表面。

与基于物理方面直接相关的输入属性包括基础颜色（Base Color）、金属度（Metallic）、粗糙度（Roughness）和高光度（Specular）。

1）基础颜色

基础颜色定义物体表面的基色，它接收 Vector3（RGB）的输入值，且每个颜色通道的数值会自动限制在 0~1。如图 2-12 所示，分别将基础颜色数值设置为 1、0.3 和 0.05，材质将展现从白色到灰色，再到趋近于黑色的渐变效果。此外，可以通过纹理来提供更复杂的颜色变化。

图 2-12　基础颜色输入

小提示

当颜色以单一数值表示时，意味着它的 RGB 分量值均为该数值。例如，若颜色数值为 1，则 RGB 表示为 [1,1,1]，即红色、绿色和蓝色三个通道的值均为 1，结果为白色。

2）金属度

金属度是用于区分材质是金属还是非金属的参数，其值通常设置为 0 或 1。数值 0 代表材质不具备金属特性，如木材或塑料；数值 1 代表材质完全具有金属特性，如铜或金；而介于 0~1 的数值则适用于描述金属与非金属之间的过渡状态，如模拟因腐蚀或磨损导致的金属裸露表面。

金属度还影响材质的反射特性和颜色表现。对于非金属材质，大部分光线会被材质表面吸收，颜色由漫反射决定，与光照相互作用形成材质的基色；对于金属材质，主要表现为镜面反射，其颜色来自反射光。金属度的值分别为 0、0.5 和 1 时，材质表面所呈现的反射变化效果如图 2-13 所示。

图 2-13　金属度输入

此外，还可以使用纹理控制金属度，同一材质的不同区域可以分别呈现金属或非金属的特性，如图 2-14 所示。

图 2-14　使用纹理控制金属度

3）粗糙度

粗糙度控制材质表面的光滑程度，它影响着反射在材质表面上的清晰度，即表面看起来是尖锐还是模糊。粗糙度值的范围同样在 0~1，值越接近 0，表示材质表面越光滑，反射越清晰，适用于金属、镜子、水面等需要清晰反射的物质；相反，值越接近 1，表示材质表面越粗糙，反射越模糊，适用于表面不规则的物质，如石头、混凝土和布料。在金属度为 1 的条件下，粗糙度值分别设定为 0.01、0.5 和 0.95 时，材质表面所呈现的反射变化效果如图 2-15 所示。

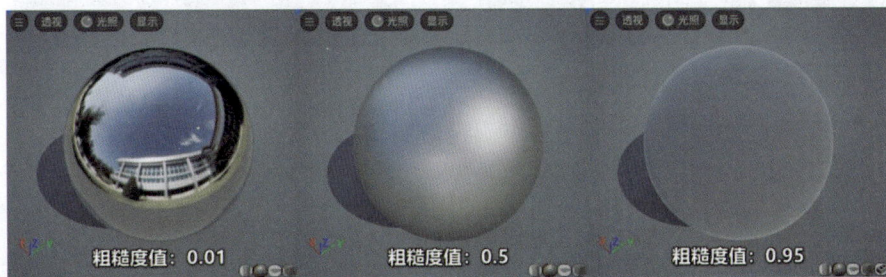

图 2-15　粗糙度输入

粗糙度通常使用灰度贴图来控制，以增加材质表面的物理细节。贴图上的深色区域会使材质表面呈现出镜面般的光滑效果，而浅色区域则显得较为粗糙，且反射度相应较低。如图 2-16 所示，使用噪波贴图可以控制材质表面光滑和粗糙区域的分布。

图 2-16　使用噪波贴图控制粗糙度

小提示

　　在设定粗糙度参数时，通常不推荐将其设置为 0 或 1。因为粗糙度为 0 代表着材质表面完全无瑕疵，这在现实世界中极为罕见，几乎所有物质的表面都存在一定程度的微观不平整；而粗糙度为 1 则意味着材质表面完全没有反射光泽，在自然界中，几乎不存在完全没有反射特性的物质，即便是最粗糙的表面也会有某种程度的反射。

　　4）高光度

　　高光度是衡量材质表面反射光线强度的指标，其值域同样介于 0~1，用以界定表面的反光能力。数值 0 代表材质完全不反光，而数值 1 则意味着完全反光。高光度的默认值为 0.5，这大致相当于 4% 的反射率。对于大多数材质而言，默认值 0.5 通常是准确的。

　　在金属度值为 0、粗糙度值为 0.01 的条件下，高光度值分别设定为 0、0.5 和 1 时，材质表面所呈现的反射环境光照强度的变化效果如图 2-17 所示。

图 2-17　高光度输入

　　上述四个输入属性与 PBR 着色工作流程密切相关。关于主材质节点其他输入属性的释义详见表 2-2。

表 2-2　主材质节点其他输入属性的释义

输 入 属 性	释　　义
自发光颜色	指材质在没有外部光照的情况下，模拟自身发光的效果。自发光可以是单一的颜色，也可以是复杂的图案，常用于表现霓虹灯、LED 显示屏幕、科幻元素、魔法符文等效果

输入属性	释 义
不透明度	此输入需要先启用材质半透明混合模式，控制材质的透明程度。其值的范围在 0~1，值为 0 表示完全透明，材质本身不可见；值为 1 表示完全不透明，无法透过材质看到后面的物体。常用于制作玻璃、水、窗帘、薄纱等需要部分或完全透明效果的材质
不透明度蒙版	此输入类似于不透明度，但仅限在材质为遮罩混合模式时使用。通过遮罩贴图将材质分为完全透明和完全不透明两种状态，而不会出现半透明的效果。广泛用于制作需要清晰边界的材质，如树叶、铁丝网等
法线	接收输入法线贴图，用于模拟物体表面的细节与凹凸感
各向异性	指光线在材质表面反射时，反射的强度和方向会受到材质表面的微观结构的影响，具有方向性的分布。输入值的范围通常为-1~1，其中 0 表示没有方向性反射。广泛用于模拟拉丝金属、毛发等
切线	各向异性的方向由此输入决定，允许通过纹理或向量表达式来控制
全局位置偏移	此输入允许开发者在渲染过程中动态修改网格体顶点的位置，广泛用于创建材质动态效果，如波浪、树叶随风摆动等
次表面颜色	只有在材质着色模型为次表面（Subsurface）时才启用。此输入允许开发者为材质添加一种颜色，以此模拟光线通过表面时的颜色变化
环境光遮挡	接受输入预先烘焙好的环境光遮蔽贴图，用于模拟真实世界中光照效果，能够增强物体之间的接缝、角落和其他细节区域的阴影效果，从而增加场景的深度感和真实感
折射	用于模拟材质表面的折射率，适用于玻璃、水等材质，光线在穿过时会发生折射
像素深度偏移	用于调整物体表面像素深度，允许开发者在不改变几何形状的情况下，通过此输入来修改渲染时的深度值，如表面细节的合并、边缘柔化等

4. 材质表达式节点

材质表达式节点构成了材质编辑器的基础，负责处理各类数据，包括纹理采样、颜色调整、数值运算等。每个节点都具备独特功能，并能通过"输入"和"输出"端口与其他节点相连，形成一个材质网络，从而创造出复杂的视觉效果，如图 2-18 所示。

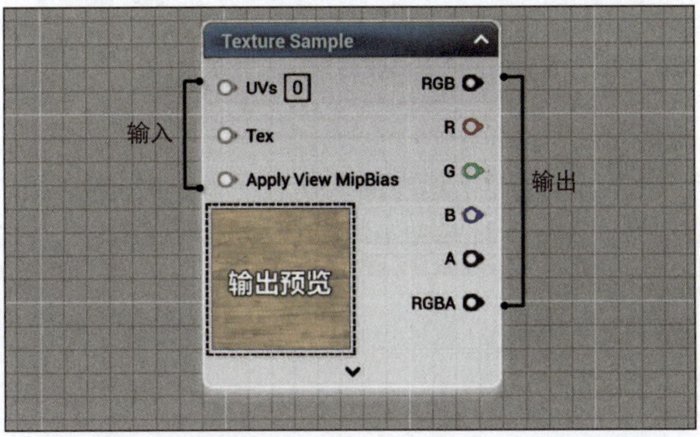

图 2-18　材质表达式节点

1）创建材质节点

创建材质节点主要有以下两种方法。

（1）通过在图表面板按下 Tab 键或右击，弹出一个上下文菜单，然后输入节点名称以搜索并添加相应的节点到图表面板，如图 2-19 所示。

图 2-19　创建材质节点方法 1

（2）通过控制面板中的材质节点列表，单击相应的节点并进行拖放，将其放置在图表面板上，从而创建一个新的材质节点，如图 2-20 所示。

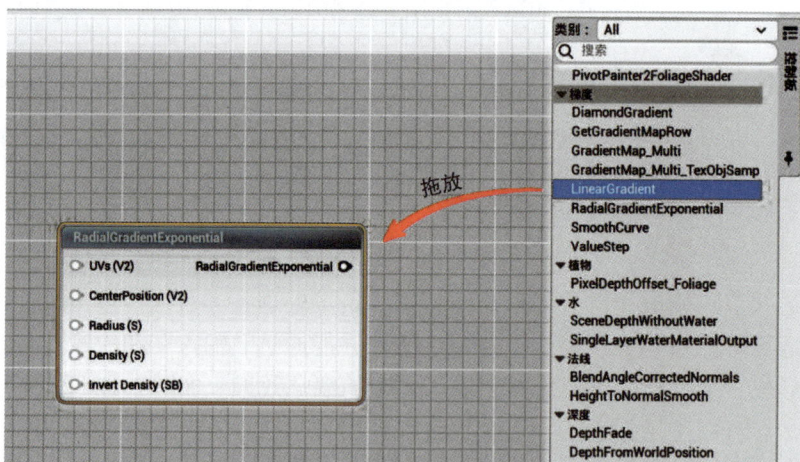

图 2-20　创建材质节点方法 2

2）节点的基本操作

通过选中并拖动节点，可以轻松地在图表面板中调整其位置，从而便于组织材质网络。单击节点的输出端口，拖动连接线至另一个节点的输入端口，即可建立连接并完成数据传递，如图 2-21 所示。

右击，在弹出的菜单中允许执行额外操作，例如，断开节点连接、转换为参数以及开始预览节点等，如图 2-22 所示。

图 2-21　连接材质节点

图 2-22　节点右键菜单

当每个节点被选中时，其属性和数值均可在细节面板中进行调整，如图 2-23 所示。在特定情况下，这些数值也可直接在图表面板中的节点上进行编辑。

图 2-23　材质节点属性

若在细节面板或节点上已预先设定数值，则通过输入引脚传入的数据将取代这些数值。如图 2-24 所示，左侧的 Add 节点执行了加法运算并输出数值 3。然后，两个数值为 3 的常量节点被连接至 Add 节点的输入引脚 A 和 B，最终输出结果为数值 6。

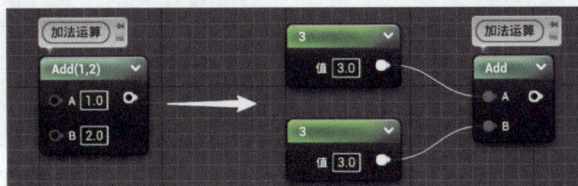

图 2-24　节点输入覆盖数值

材质节点的属性不仅限于数值，还包括切换开关和下拉菜单，这些用于控制节点特定功能的启用或禁用，以及调整节点的运算方式。如图 2-25 所示，左侧的 StaticSwitch 节点通过一个布尔值来控制输入，使其为 True 或 False；中间的 ComponentMask 节点提供了一组切换开关，用于决定哪些通道可以被输出；右侧的 ViewProperty 节点配备了一个下拉菜单，允许用户选择节点输出的视图属性。

图 2-25　材质节点的属性类别

3）节点的组织与管理

选定一组节点后，按下 C 键即可为这些节点添加注释框，便于阐释功能或逻辑，如图 2-26 所示。注释框支持调整大小和颜色，以确保在复杂材质中易于辨识。此外，还可以利用对齐工具，使节点排列整齐，从而提高材质网络的可读性，如图 2-27 所示。

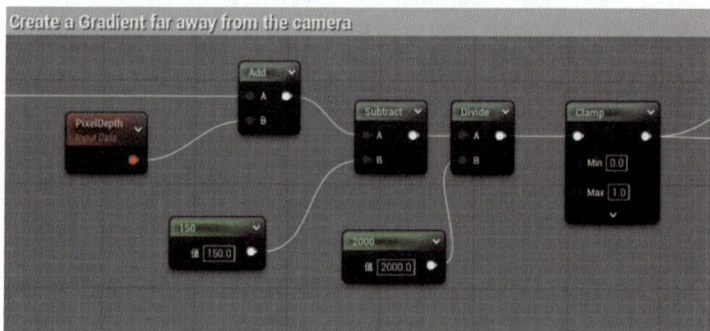

图 2-26　材质节点注释框

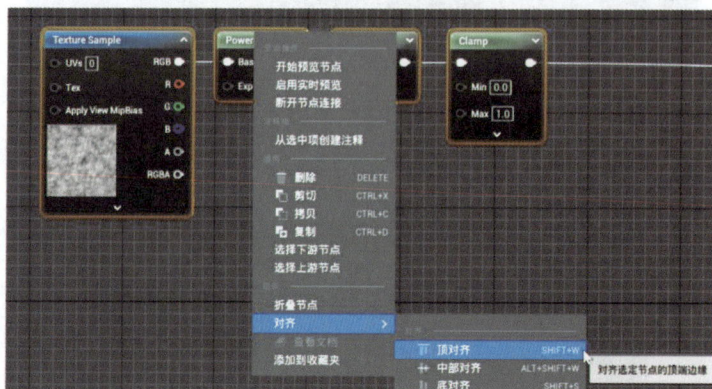

图 2-27　材质节点对齐工具

5. 材质编译和应用

完成材质的制作后，需要将材质网络的最终输出数据连接到主材质节点的输入属性上。单击"材质编辑器"工具栏上的保存 或"应用"按钮来执行材质的编译，如图 2-28 所示。一旦材质编译完成，就可以直接将其应用于关卡中的 Actor。

图 2-28 材质编译和应用

对于简单的材质，编译过程可能仅需几秒；然而，对于复杂的材质，可能需要几分钟甚至更长时间。为了便于用户深入了解材质的性能特征，特别是在开发大型项目或需要跨平台发布时，材质编辑器的"统计数据"面板提供了一系列关于材质复杂度和性能开销的信息，如图 2-29 所示。这是优化材质的重要工具。

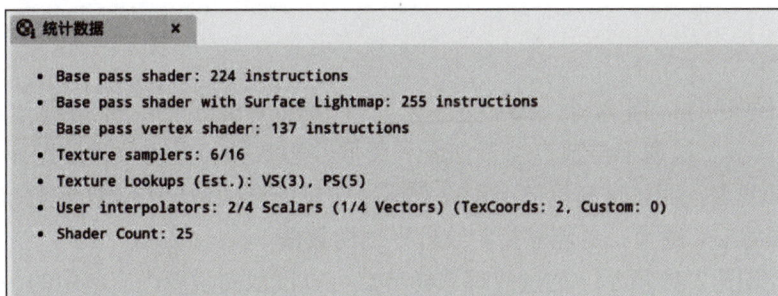

图 2-29 材质统计数据

2.1.3 常用材质节点参考

材质节点能够输出一个或多个特定值，或者在接收一个或多个输入后执行特定的运算并输出结果。以下列出一些基础的材质节点，并提供示例参考。这些节点按照功能类别进行分类，旨在帮助初学者迅速掌握材质节点的应用。

1. 常量节点

常量（Constant）节点输出单一的浮点值（Float）。这是最基础最常用的节点之一，适用于简单场合，如调节粗糙度。除此之外，常量节点还包括输出双通道、三通道和四通道的节点，具体如下。

- Constant2Vector：输出一个二维向量，用于修改 UV 坐标。
- Constant3Vector：输出一个三维向量，用于表示 RBG 颜色。
- Constant4Vector：输出一个四维向量，用于表示 RGB 颜色和 Alpha 通道。

示例 1：如图 2-30 所示，三维常量节点的值为 [0.15,1.0,0.25]，与"纹理采样"节点相乘，用于对纹理进行着色；二维常量节点的值为 [0.5,2]，与"纹理坐标"节点相乘，用于修改 UV 坐标的平铺值；而单一常量节点的值为 0.35，用于控制材质的粗糙度。

图 2-30　常量节点示例

小提示

通过在材质编辑器的图表面板中依次按 1、2、3、4 键并单击，可以快速地创建上述四个常量节点。

2. 纹理相关节点

在使用纹理时，通常会用到纹理采样（Texture Sample）和纹理坐标（Texture Coordinate）节点。纹理采样节点负责加载和读取纹理数据，是将纹理贴图添加到材质编辑器中的关键节点；而纹理坐标节点则以双通道向量的形式输出 UV 纹理坐标，使得材质能够利用不同的 UV 通道，并能够指定纹理平铺的数值。

示例 2： 如图 2-31 所示，通过纹理采样节点可以读取初学者内容包中的一张基础颜色贴图和法线贴图。接着，将纹理坐标节点连接至纹理采样节点的 UVs 输入端口，同时设定 U 和 V 的平铺值为 2.5，以此来增加纹理的平铺密度。

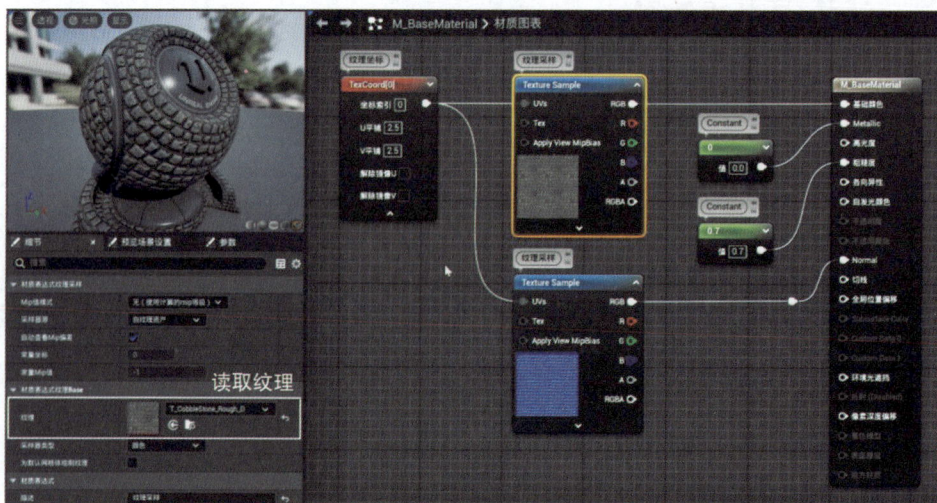

图 2-31　纹理采样和纹理坐标节点示例

3. 参数类节点

某些材质表达式属于参数（Parameter）类节点，这意味着此类节点能够在"材质实例"和"蓝图代码"中被动态访问和数值修改。参数类节点应通过命名赋予其唯一的标识，以便识别每一个特定的参数。如果同一个材质中存在两个名称相同且类型相同的参数，它们将被视为同一个参数。因此，修改其中一个参数时，另一个参数也会相应改变。常用的材质参数类节点见表 2-3。

表 2-3　常用的材质参数类节点

节点名称	说　明
标量参数（ScalarParameter）	此节点输出单个浮点值
向量参数（VectorParameter）	此节点输出值与四维常量完全相同
纹理采样参数（TextureSampleParameter2D）	此节点与纹理采样节点完全相同
静态开关参数（StaticSwitchParameter）	此节点接收两个输入，并且在参数值为 True 时输出第一个输入的值，否则输出第二个输入的值

示例 3：如图 2-32 所示，将单一常量转换为标量参数。

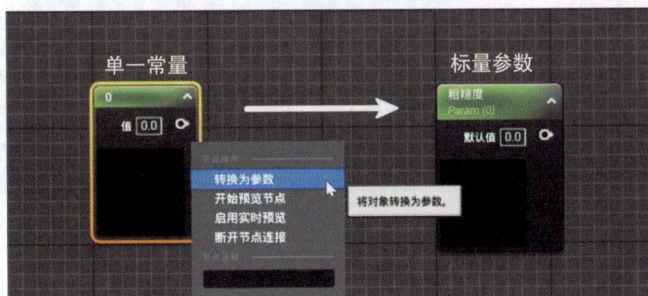

图 2-32　单一常量转换为标量参数

示例 4：如图 2-33 所示，将二维、三维、四维常量转换成参数后均为向量参数。

图 2-33　常量转换为向量参数

示例 5：如图 2-34 所示，将纹理采样转换为纹理采样参数。

图 2-34　纹理采样转换为纹理采样参数

示例 6：如图 2-35 所示，静态开关参数控制使用"贴图"或"基础颜色"输入至主材质节点。由于默认值未勾选，因此节点执行 False 端口输入。

图 2-35　材质静态开关参数示例

4. 数学运算节点

数学表达式能够对一个或多个输入参数进行数学运算，包括但不限于四则运算、线性插值、限制值域、绝对值计算以及比较和条件判断等。

示例 7：如图 2-36 所示，将两个常量分别输入 Add、Subtract、Multiply、Divide 节点进行简单的加减乘除运算。

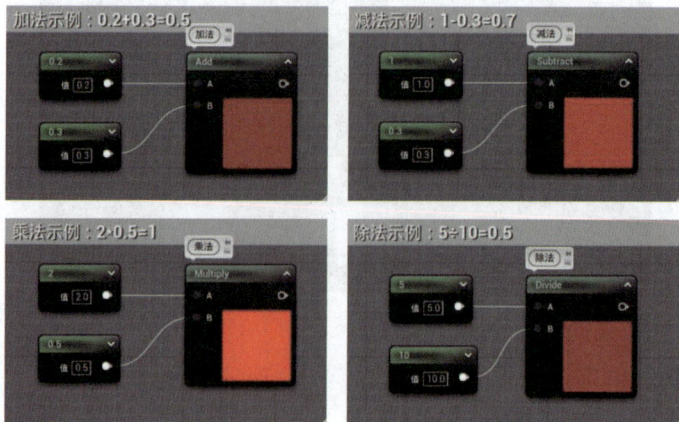

图 2-36　材质四则运算示例

示例 8：如图 2-37 所示，将两张贴图输入线性插值（LinearInterpolate）节点，并以 Alpha 值作为遮罩参数进行过渡。当 Alpha 值为 0 时，采用 A 输入；当 Alpha 值为 1 时，采用 B 输入；当 Alpha 值介于 0~1 时，输出 A 和 B 输入之间的线性插值结果。

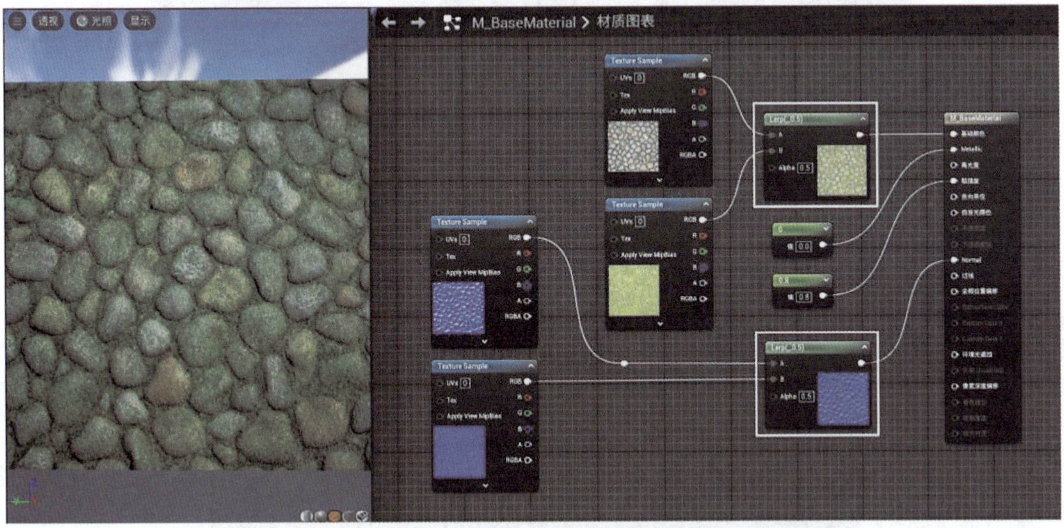

图 2-37　材质线性插值示例

示例 9：如图 2-38 所示，将双通道的常量输入 Min 和 Max 节点进行比较，分别取最小值和最大值。然后，将这些输出结果输入 if 节点进行条件判断，根据条件选择输出结果。由于图 2-38 中材质预览呈现白色，可知判断结果为 A<B，因此输出指定值 1。

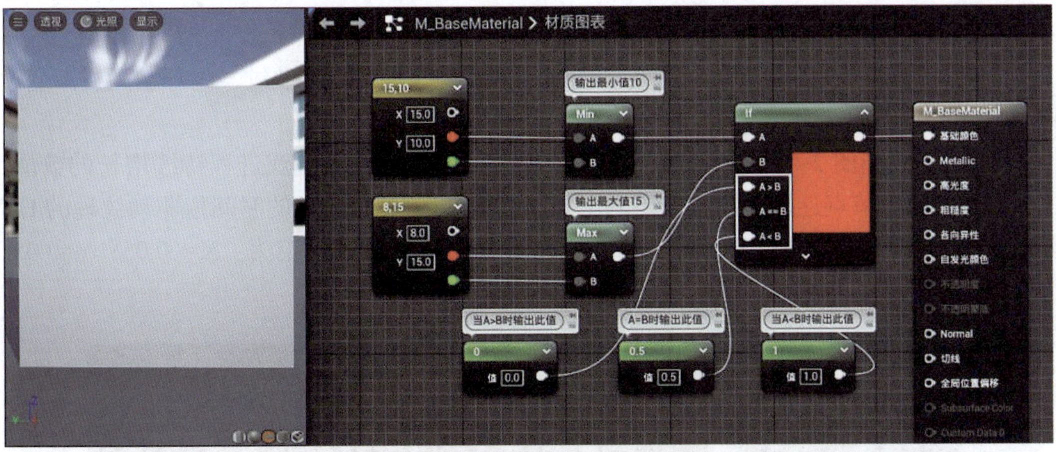

图 2-38　材质比较和条件判断示例

5. 向量操作节点

追加向量（AppendVector）与分量蒙版（ComponentMask）是常用的向量操作节点，它们主要用于组合位置、合成颜色以及通道提取等操作。

示例 10：如图 2-39 所示，将标量 R 和 G 输入 AppendVector 节点，组合成一个二维向量。再追加一个标量 B，形成一个 RGB 颜色向量。

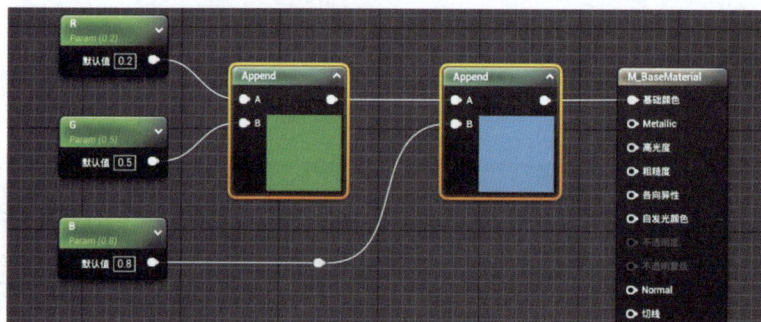

图 2-39　AppendVector 节点示例

　　示例 11：如图 2-40 所示，使用 ComponentMask 节点提取纹理坐标的 U 通道和 V 通道，以便实现更灵活的参数控制。

图 2-40　ComponentMask 节点示例

6. 时间相关节点

　　与时间相关的材质节点特别适用于创建动态材质效果，如水波纹、闪烁动画或渐变过渡等。这些节点通过时间变量来驱动材质的动态变化。

　　示例 12：如图 2-41 所示，时间（Time）节点输出一个随游戏进程持续增长的数值，平移（Panner）节点连接至纹理节点的 UVs 输入端口，利用输入的时间值驱动纹理的 UV 坐标产生平移效果。在此示例中，Panner 节点的 Speed 参数设定为：X=−0.05；Y=0.05，意味着纹理会以每秒 0.05 个 UV 单位的速度朝右上方移动。

图 2-41　Time 和 Panner 节点示例

示例 13： 如图 2-42 所示，正弦（Sine）函数周期性地产生介于 [–1,1] 区间内的正弦波值，通过 Time 节点的输入实现连续的波形振荡输出。然而，由于颜色值不能为负数，因此通过乘以 0.5 再加上 0.5 的操作，将这些值映射到 [0,1] 的范围内。在此示例中，材质的基础颜色将连贯地呈现白色与黑色之间的过渡效果。

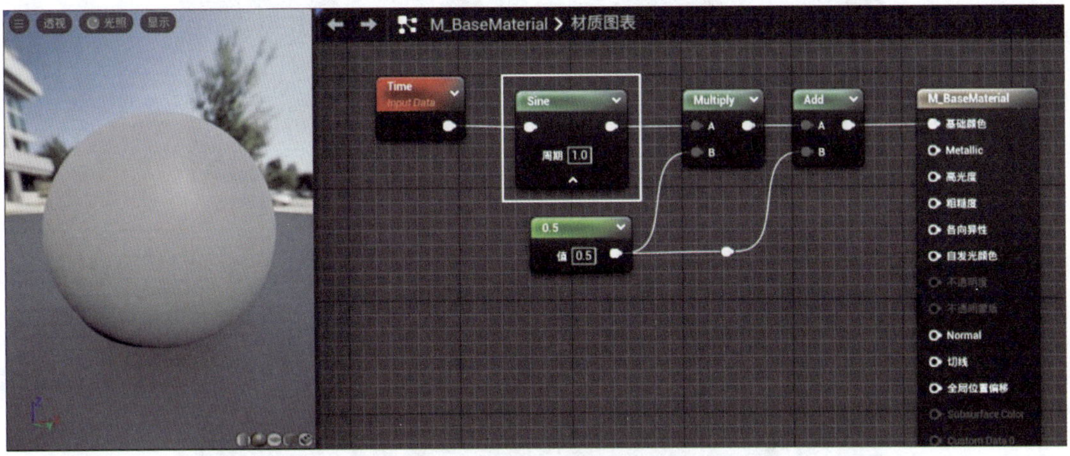

图 2-42　Time 和 Sine 节点示例

7. 材质参数集合

材质参数集合（Material Parameter Collection，MPC）是一个全局性的参数存储解决方案，它允许开发者在一个集中的位置定义"标量"或"向量"参数，并在多个材质中复用这些参数。这种机制适用于在项目运行期间需要实时调整材质参数的场景，如动态调整风力强度、环境湿度、天空的全局色调等。

材质参数集合与材质一样，属于独立的资产类别，可以在内容浏览器中按照以下步骤来创建并应用。

步骤 1： 在内容浏览器中，右击空白区域，从材质的子分类下选择"材质参数集"，如图 2-43 所示。

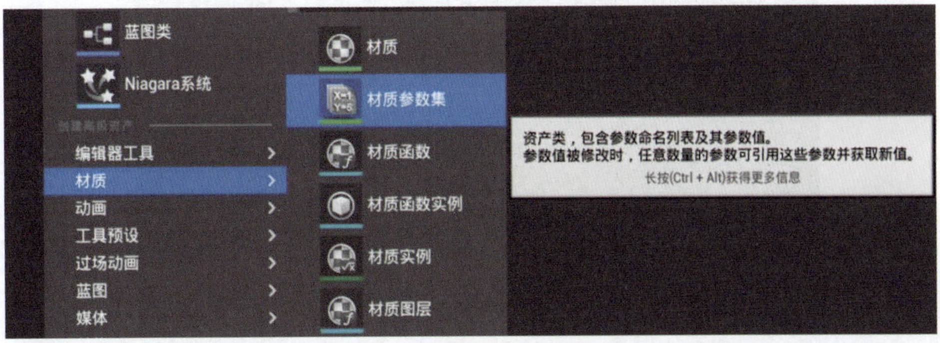

图 2-43　创建材质参数集合

步骤 2： 创建后，重命名材质参数集合，为其赋予一个独特的名称。这里命名为 MPC_GlobaMaterialParameters，如图 2-44 所示。

图 2-44　重命名材质参数集合

步骤 3：双击"资产"打开材质参数集合控制面板，显示标量参数和向量参数。添加一个标量参数，并将其命名为 GlobaIntensity，设置默认值为 1。然后，添加一个向量参数，命名为 GlobaColor，并将其默认值设定为白色，如图 2-45 所示。

图 2-45　为集合添加标量参数和向量参数

步骤 4：打开一个材质，在图表中搜索 CollectionParameter 节点并创建出来。然后，在属性面板指定新建的材质参数集合资产，并选择输出的参数，如图 2-46 所示。

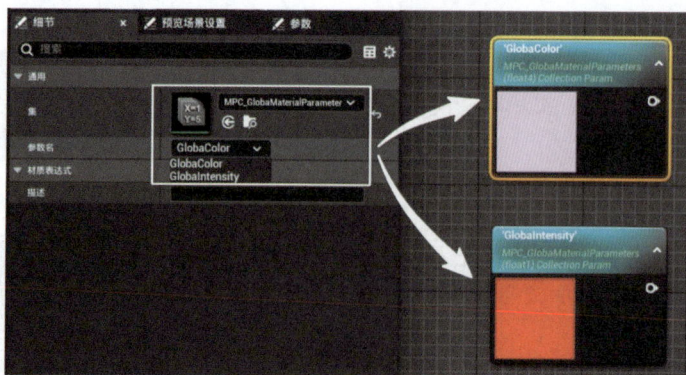

图 2-46　添加材质参数集合节点

步骤 5：利用材质参数集合节点取代现有的标量参数和向量参数，或与它们进行运算，如图 2-47 所示。尝试将材质参数集合添加到其他材质中，当调整参数时，所有引用这些参数的材质会同步更新。

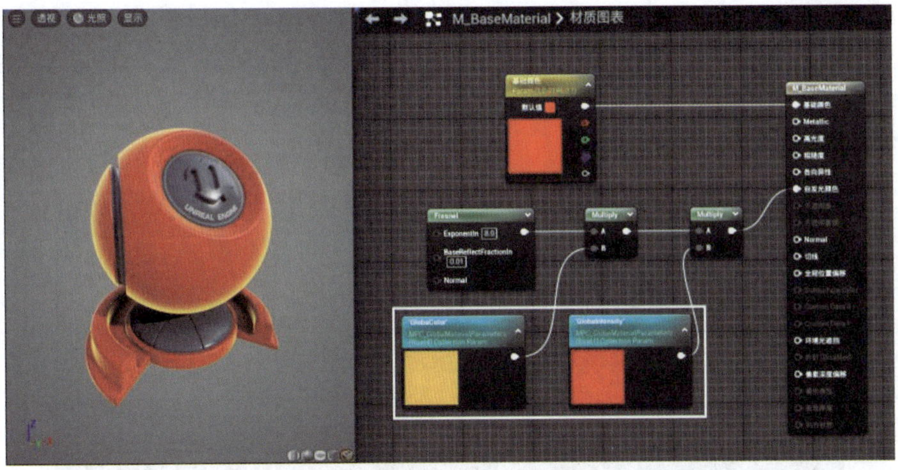

图 2-47　应用材质参数集合

8. 材质函数

材质函数（Material Function）是一组可复用的节点网络，能够在多个材质中被调用。它提供了一种模块化的方法来处理复杂的材质操作。通过构建材质函数封装常用操作，可以迅速地在不同的材质中复现相同的效果。当需要更改某一特定效果时，只需更新材质函数本身，而无须对每个材质单独进行修改。

材质函数属于独立的资产类别，必须在内容浏览器中创建。按以下步骤制作一个控制 UV 移动、旋转和缩放的材质函数，并将其应用于材质。

步骤 1：在内容浏览器中，右击空白区域，从材质的子分类下选择"材质函数"，如图 2-48 所示。

图 2-48　创建材质函数

步骤 2：创建材质函数后，将其命名为 MF_ControlUV，如图 2-49 所示。

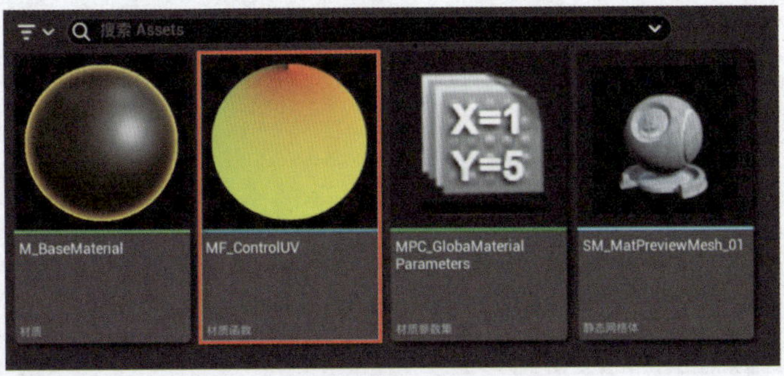

图 2-49　重命名材质函数

51

步骤 3：双击打开材质函数，在图表中创建四个 FunctionInput 节点，这些节点将用于控制 UV 的缩放和偏移。通过细节面板，将它们分别命名为 Scale_X、Scale_Y、Offset_X 和 Offset_Y，前两者设置默认值为 1，后两者设置默认值为 0。所有输入类型都设置为"函数输入标量"，如图 2-50 所示。

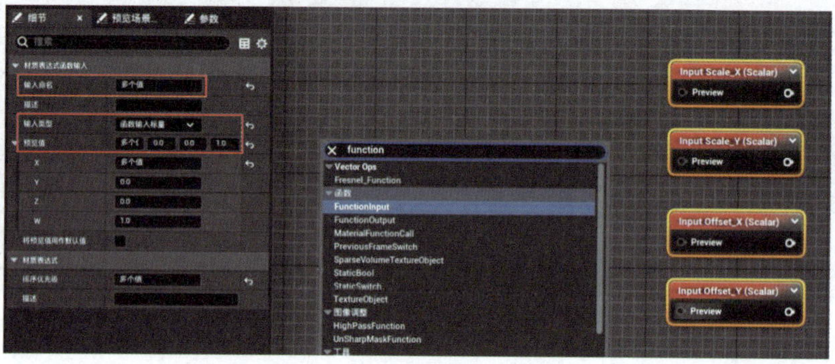

图 2-50　创建函数输入参数

步骤 4：创建两个 Append 节点，分别将控制缩放和偏移的输入参数整合成一个双通道的二维向量。随后，创建一个纹理采样节点，将其与缩放通道进行乘法运算，再将所得结果与偏移通道相加，如图 2-51 所示。

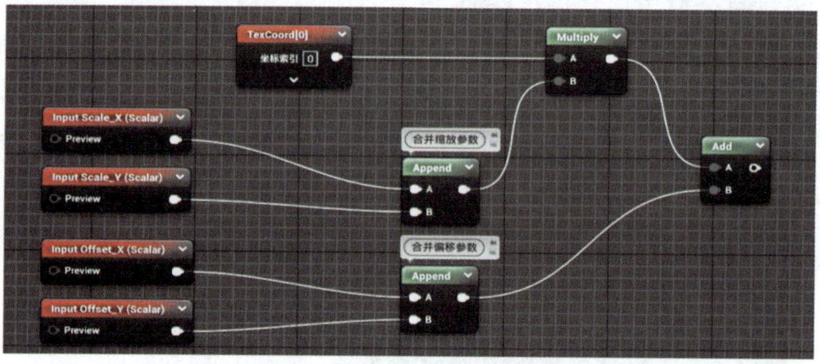

图 2-51　实现 UV 缩放和偏移功能

步骤 5：创建一个 CustomRotator 节点，赋予函数旋转 UV 的功能，并将步骤 4 产生的输出连接到该节点的 UVs 输入端口。接着，将缩放通道除以 2 后再与偏移通道相加，所得结果作为旋转中心输入 CustomRotator 节点，如图 2-52 所示。

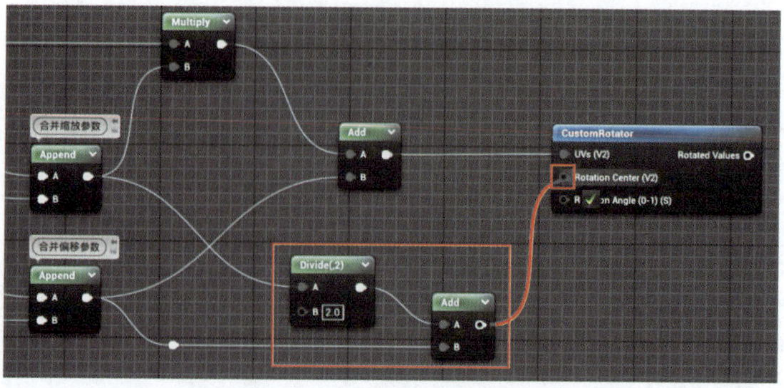

图 2-52　实现 UV 旋转功能

步骤 6：再次创建一个 FunctionInput 节点，将其命名为 RotationAngle，输入类型设置为"函数输入标量"，默认值设置为 0，如图 2-53 所示。

图 2-53　创建旋转角度标量参数

步骤 7：将 RotationAngle 节点除以 -360，可以确保输入正值时，UV 坐标将沿顺时针方向旋转。将输出结果连接至材质函数的输出节点，如图 2-54 所示。编译并保存材质函数，完成材质函数的制作。

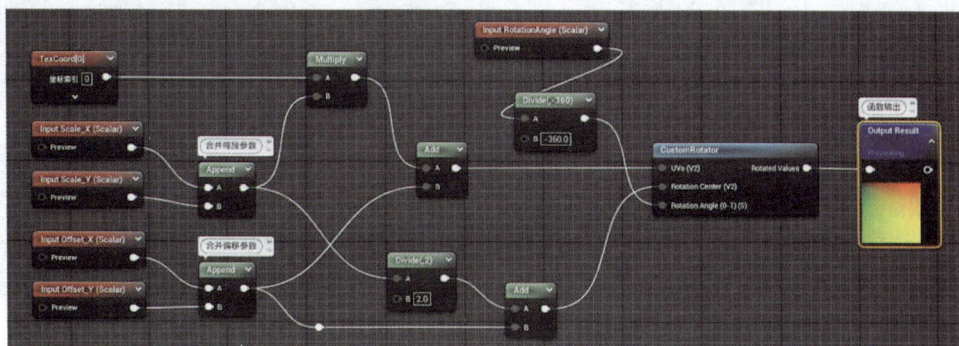

图 2-54　最终材质函数网络

步骤 8：打开一个材质，在图表中搜索并创建一个 MaterialFunctionCall 节点。指定刚创建的材质函数，并将其连接到纹理采样节点的 UVs 输入端。同时，创建新的标量参数并输入函数中，如图 2-55 所示。

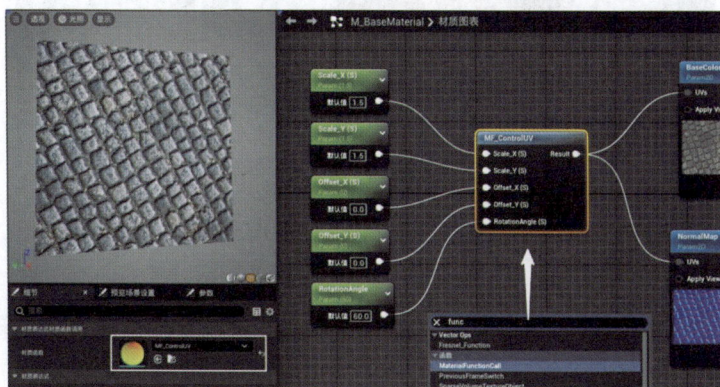

图 2-55　应用材质函数

2.1.4 材质实例

在 UE5 中，材质实例（Material Instance）是现有材质的一种派生版本，它允许开发者通过修改预先设置的参数来自定义材质的外观，而不需要直接更改原始材质。由于材质实例不需要重新编译材质，因此在性能和开发效率上都有显著优势。

创建、编辑以及应用材质实例的具体步骤如下。

步骤 1：创建一个基础材质，将其命名为 M_BaseMaterial。在该材质中，添加贴图并将其转换为参数，然后将这些贴图连接至主材质节点的"基础颜色"和"法线"。接着，导入制作好的材质函数 MF_ControlUV，并将其连接至贴图的 UVs 输入端。此外，创建七个标量参数，分别用于控制金属度、粗糙度以及 UV 的移动、旋转和缩放，如图 2-56 所示。

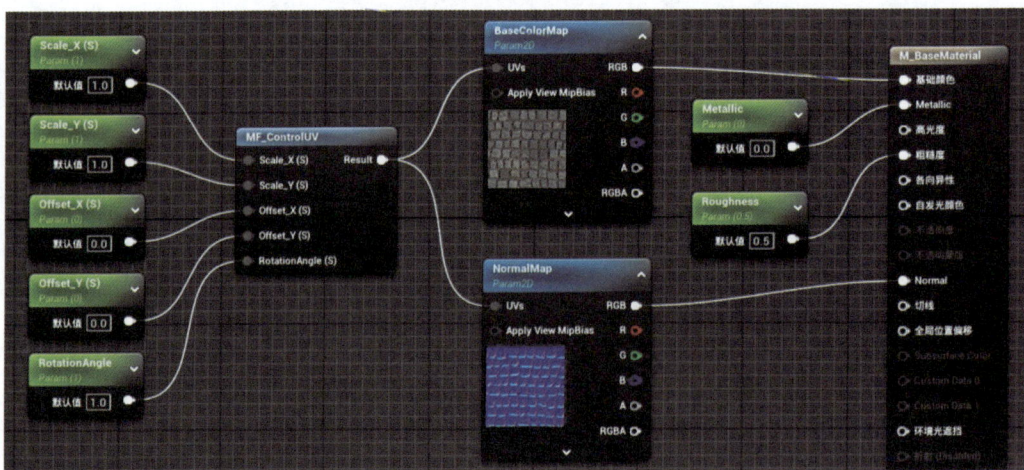

图 2-56　制作基础材质

步骤 2：回到内容浏览器，右击制作好的基础材质，在弹出的菜单中选择"创建材质实例"选项。建议以 MI_ 作为前缀来命名材质实例，如图 2-57 所示。

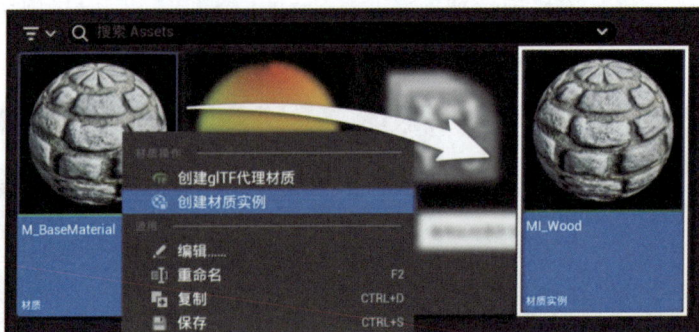

图 2-57　创建材质实例

步骤 3：将材质实例赋予场景中的 Actor 后，双击它以打开材质实例编辑器。在这里，可以查看所有在基础材质中预先定义的参数。激活这些参数，并将原有的贴图更换为木纹贴图，然后调整其他相关参数。保存所做的修改，观察材质效果，如图 2-58 所示。

图 2-58　编辑材质实例

材质实例继承主材质的属性，其优势主要在于能够更改材质外观，同时又避免了重新编译的过程，这一特性可以广泛应用于项目的各个方面。例如，基于"道具"可以快速生成多个具有不同外观的变体，或者通过材质实例快速测试材质效果。

如图 2-59 所示，尝试创建多个材质实例，并调整不同的纹理与参数，赋予场景中的 Actor，以熟练掌握材质实例的应用。

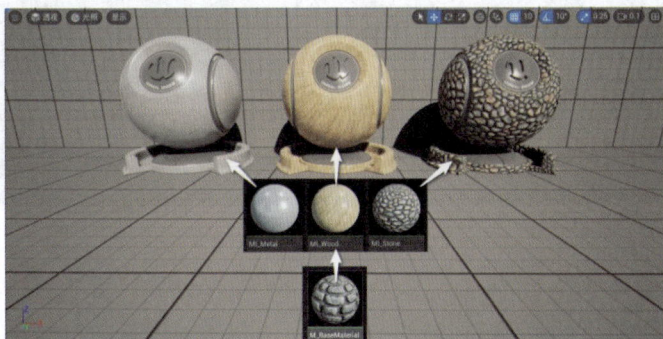

图 2-59　应用材质实例

2.2 材质实战案例

制作通用
主材质

2.2.1　制作通用主材质

本案例旨在构建一个可扩展且功能强大的通用主材质。其设计理念在于提供灵活的调节选项，包括对纹理的亮度、饱和度、对比度和色调进行调整，以及表面细节的混合处理。此外，还支持 UV 坐标的移动、旋转和缩放功能。在特定情况下，可以选择是否启用颜色输入或采用纹理输入。通过生成材质实例，能够快速制作多样化的材质以适应项目需求。准备工作如下：

- 从本章附带的教学资源中导入纹理资产；
- 在内容浏览器中创建一个材质并命名为 M_MasterMaterial。

1. 设置基础颜色

本案例的核心在于基础颜色输入节点的逻辑。在设计过程中，必须融入可调节的参数，并深入考量材质表面的混合细节，以满足不同材质类型的需求，具体步骤如下。

步骤 1：双击打开材质，创建一个纹理采样节点，读取贴图 T_BaseColor，然后将其转换为纹理参数并命名为 BaseColorMap。

步骤 2：创建三个标量参数，分别命名为 BaseColor Brightness、BaseColor Contrast、BaseColor Saturation，将它们的默认值均设为 1；再创建一个向量参数，命名为 BaseColor Tint，其默认值设为白色。

步骤 3：将以上四个参数与 BaseColorMap 分别进行 Multiply、Power、Desaturation 运算，如图 2-60 所示。

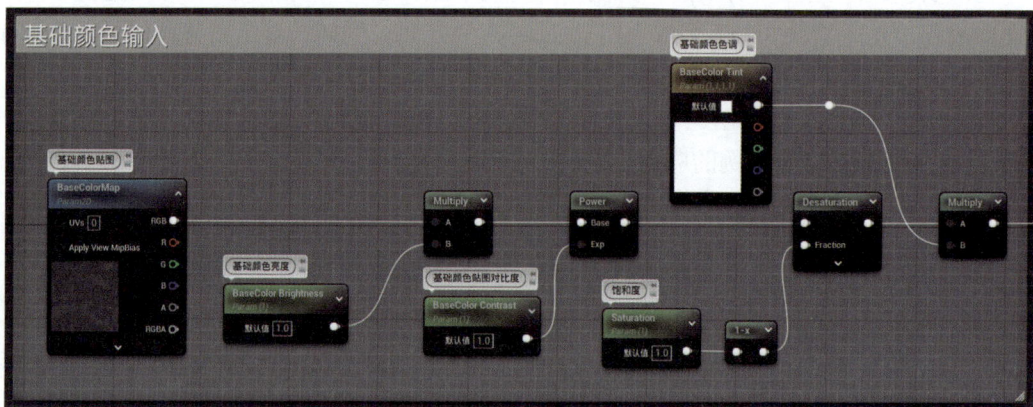

图 2-60　基础颜色输入 1

步骤 4：创建一个名为 Enable BaseColor 的静态开关节点，其默认值设置为 False，用于决定基础颜色采用贴图输入还是纯颜色输入。当输入为 True 时，连接一个默认值为 1（白色）的向量参数；而当输入为 False 时，则连接步骤 3 的节点分支，如图 2-61 所示。

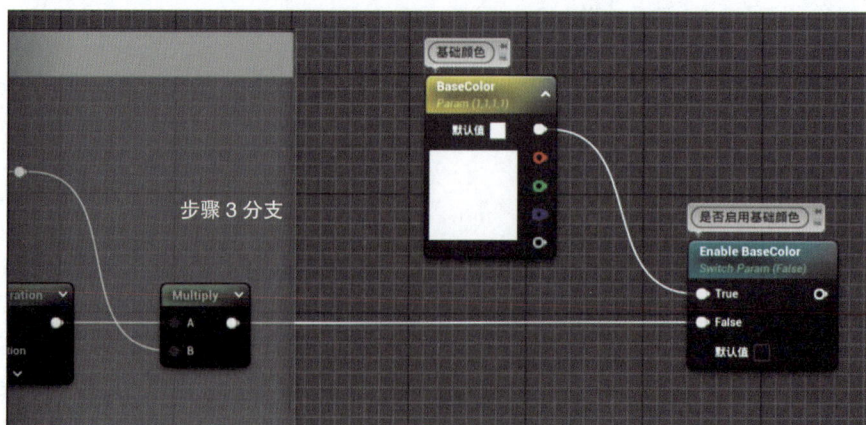

图 2-61　基础颜色输入 2

步骤 5：创建一个纹理采样节点，读取贴图 T_Dirt，并将其转换为参数并命名为 DirtMap。此贴图旨在展现材质表面混合的污垢效果。

步骤 6：创建两个标量参数 Dirt Brightness 和 Dirt Contrast，并将它们的默认值均设为 1，分别与 DirtMap 进行 Multiply 和 Power 运算。这两个参数用于调整 DirtMap 的亮度和对比度。

步骤 7：创建标量参数 Dirt Min 和 Dirt Max，并将它们的默认值分别设置为 0 和 1。使用 Lerp 节点执行线性插值运算，将 Drirt Min 连接 A 输入，Dirt Max 连接 B 输入，DirtMap 作为过渡遮罩连接 Alpha 输入，以此计算出 DirtMap 的输出强度。同时，定义一个向量参数 DirtColor，用于设定混合污垢的颜色，并与步骤 4 的节点分支执行线性插值运算，如图 2-62 所示。

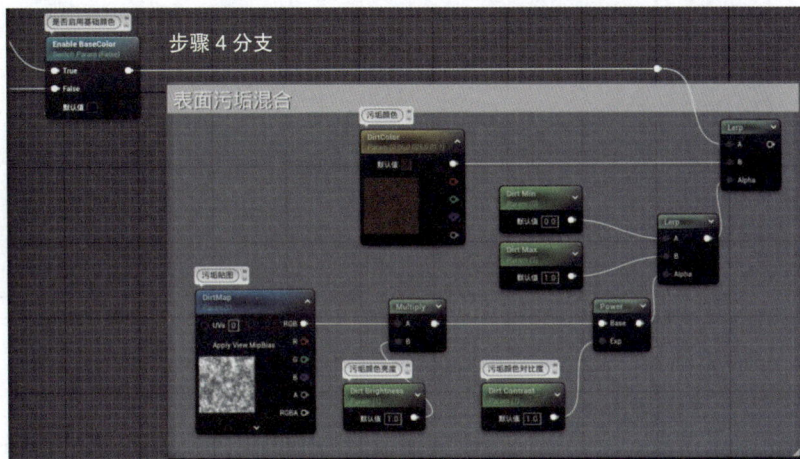

图 2-62　基础颜色输入 3

步骤 8：创建一个名为 Enable Dirt 的静态开关节点，并将其默认值设置为 False，该节点的功能是控制污垢混合功能的开启。

步骤 9：将步骤 4 的节点分支连接至 Enable Dirt 节点的 False 输入端，而步骤 7 的分支则连接至 True 输入端。最后，将输出结果连接至主材质节点的"基础颜色"输入端口，如图 2-63 所示。

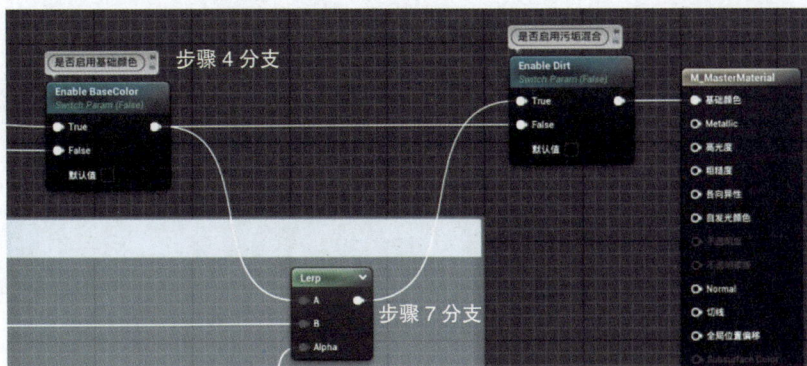

图 2-63　基础颜色输入 4

2. 设置高光度

高光度输入节点的逻辑与基础颜色基本一致，具体步骤如下。

步骤 1： 创建一个纹理采样节点，读取贴图 T_Specular，然后将其转换为纹理参数并命名为 SpecularMap。

步骤 2： 创建两个标量参数 Specular Brightness 和 Specular Contrast，用于调整 SpecularMap 贴图的亮度和对比度。

步骤 3： 创建一个名为 Enable BaseSpencular 的静态开关节点，用于决定高光度输入是基于贴图还是标量参数。最后，将输出结果连接至主材质节点的"高光度"输入端口，如图 2-64 所示。

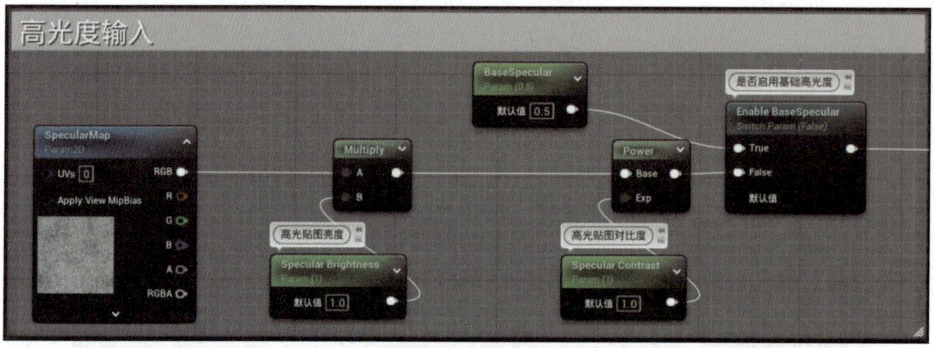

图 2-64　高光度输入

3. 设置粗糙度

粗糙度输入节点的逻辑与高光度保持一致，但为了在材质表面营造出瑕疵效果（例如痕划），这里选择在粗糙度输入节点的逻辑分支中混合一张表面瑕疵贴图，并通过静态开关节点来控制其激活时机，具体步骤如下。

步骤 1： 创建一个纹理采样节点，读取贴图 T_Roughness，然后将其转换为纹理参数并命名为 RoughnessMap；其余部分与高光度输入一致，执行复制节点，修改参数名称，如图 2-65 所示。

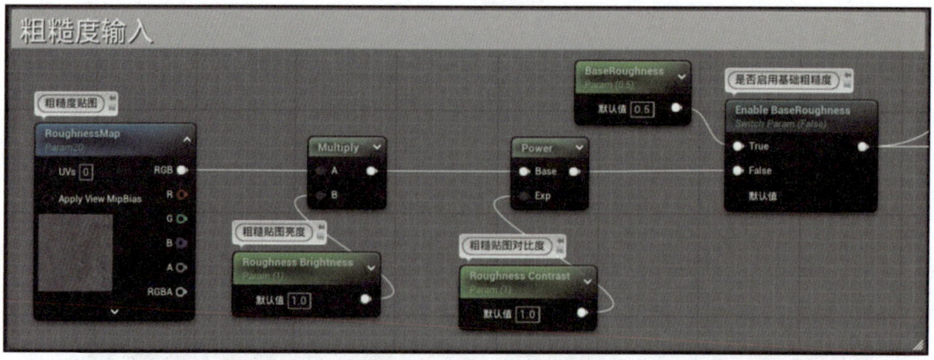

图 2-65　粗糙度输入

步骤 2： 创建一个纹理采样节点，读取贴图 T_SurfaceImperfection，然后将其转换为纹理参数并命名为 ImperfectionMap。

步骤 3： 创建两个标量参数 Imperfection Brightness 和 Imperfection Contrast，用于调整 ImperfectionMap 的亮度和对比度。

步骤 4：创建两个标量参数 Imperfection Min 和 Imperfection Max，用于执行线性插值运算，以获得瑕疵贴图的输出强度。这一过程的节点逻辑与"基础颜色"的表面污垢混合功能一致，如图 2-66 所示。

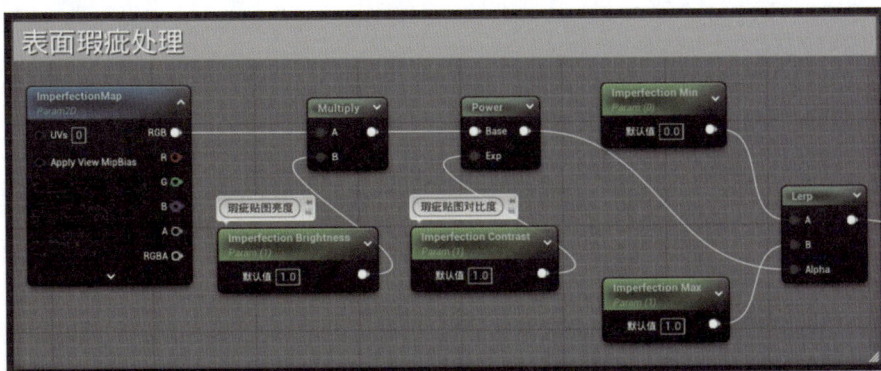

图 2-66　表面瑕疵处理

步骤 5：创建 Lerp 节点，将表面瑕疵节点分支连接至 A 输入，粗糙度节点分支连接至 B 输入。创建标量参数 Imperfection Blend，默认值设置为 0.5，连接 Lerp 节点的 Alpha 输入端。再创建一个静态开关节点，命名为 Enable Imperfection，用于决定是否开启表面瑕疵混合功能。最后，将输出结果连接至主材质节点的"粗糙度"输入端口，如图 2-67 所示。

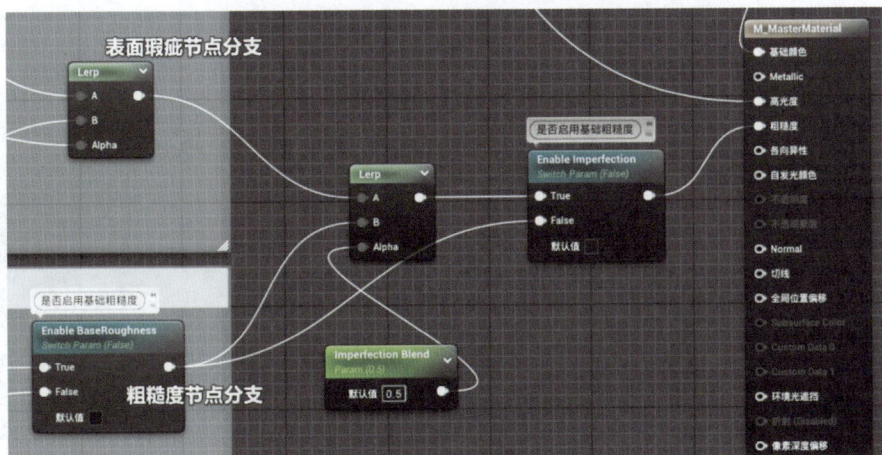

图 2-67　粗糙度混合表面瑕疵输入

4. 设置法线

法线输入部分相对简单，因为法线通常只采用贴图输入，这里只需设计调整法线强度的功能即可。UE5 材质编辑器内置了一个名为 FlattenNormal 的材质函数，可以利用它快速实现法线强度的调整，具体步骤如下。

步骤 1：创建一个纹理采样节点，读取贴图 T_Normal，然后将其转换为纹理参数并命名为 NormalMap。

步骤 2：在材质图表中查找并创建 FlattenNormal 节点。

步骤 3： 创建一个名为 Normal Intensity 的标量参数，其默认值设为 1，并执行"1−X"运算后连接至函数节点。最后，将输出结果连接至主材质节点的"法线"输入端口，如图 2-68 所示。

图 2-68　法线输入

5. 设置金属度

金属度输入与高光度相同，可以通过标量参数或贴图进行调节。至此，通用主材质的大部分功能已经完成。接下来，复制高光度输入的节点，将贴图更换为 T_Metallic，并相应地修改参数名称，如图 2-69 所示。

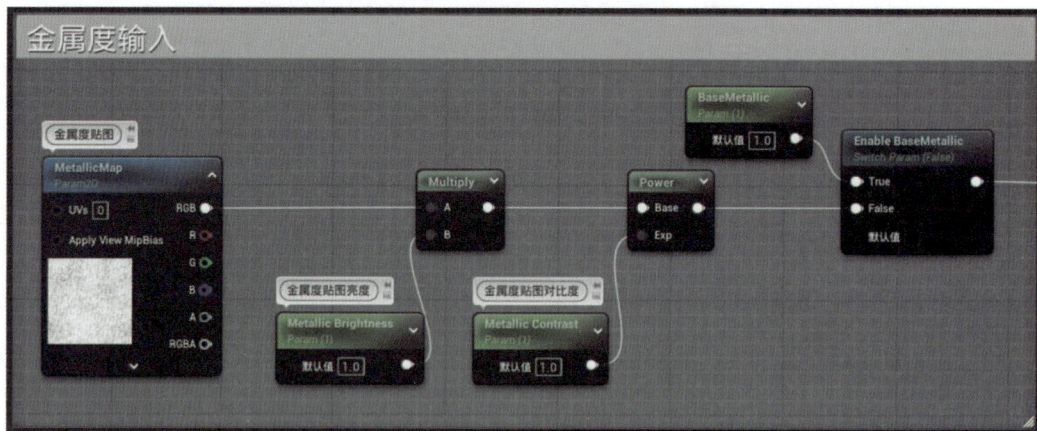

图 2-69　金属度输入

6. 设置 UV 控制

UV 控制功能通过应用 2.1.3 小节中制作的材质函数 MF_ControlUV 来实现，具体操作步骤如下。

步骤 1： 创建材质函数 MF_ControlUV，将其连接至"基础颜色贴图""高光度贴图""粗糙度贴图""法线贴图""金属度贴图"节点的 UVs 输入端；创建五个标量参数，用于控制 UV 的移动、缩放以及旋转，并将这些参数连接至函数节点的输入端，如图 2-70 所示。

图 2-70　常规贴图 UV 控制

步骤 2：为"污垢贴图"和"瑕疵贴图"添加 UV 控制功能，如图 2-71 和图 2-72 所示。

图 2-71　污垢贴图 UV 控制

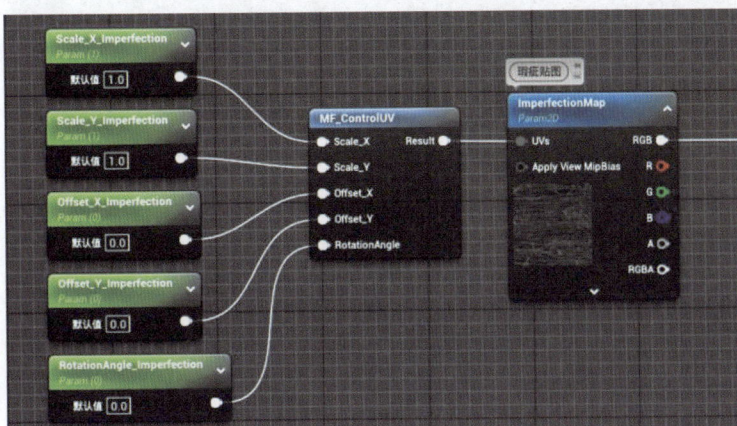

图 2-72　瑕疵贴图 UV 控制

小提示

在默认设置中，控制 UV 缩放的参数应设定为 1，而控制移动和旋转的参数则应设定为 0。

7. 参数分组与材质应用

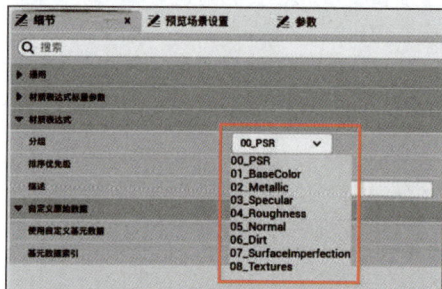

图 2-73　材质参数分组

通用主材质的制作已经完成，接下来将对所有参数进行分组，以便使材质实例的参数更清晰、易读，从而提高工作效率。在材质参数节点的细节面板中，存在一个名为"分组"的选项，用于设定参数的分组名称，如图 2-73 所示。

基于通用主材质，创建材质实例。尝试替换纹理贴图并调整参数，制作出不同类型的材质效果，如图 2-74 所示。

图 2-74　通用主材质应用示例

2.2.2　制作玻璃材质

在 UE5 中，制作玻璃（半透明）材质需要将材质的混合模式设置为半透明，以实现其效果。玻璃材质通常具备透明度、折射和反射等特性，并且遵循菲涅尔（Fresnel）效应。本案例的目标是制作一个颜色可调节且性能开销较小的玻璃材质。

以下是制作玻璃材质的步骤。

准备工作：在内容浏览器中创建一个材质，命名为 M_Glass。

1. 设置材质属性

选中主材质节点，在"细节"面板中将材质的"混合模式"更改为"半透明"，勾选

制作
玻璃材质

"双面"选项，将"光照模式"调整为"表面半透明体积"，并启用"折射光线检测阴影"功能，如图 2-75 所示。

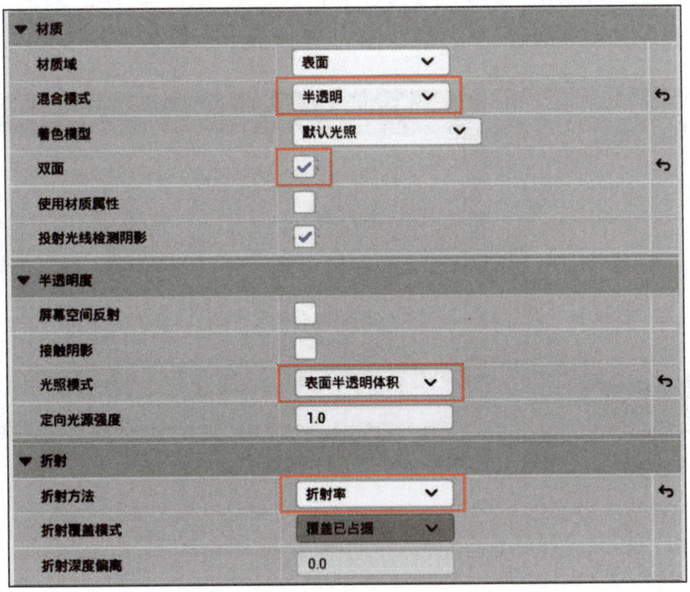

图 2-75　设置材质属性

2. 设置基础颜色

步骤 1：创建两个向量参数，分别命名为 EdgeColor 和 CenterColor。它们用于定义玻璃材质的边缘和中心颜色。

步骤 2：创建 Lerp 节点并执行线性插值计算，将边缘颜色连接至 A 输入端，中心颜色连接至 B 输入端，如图 2-76 所示。

步骤 3：利用 Fresnel 节点，可以实现材质表面从中心到边缘的渐变过渡效果。该节点的参数 Exponent 负责调节菲涅尔效应的强度，较大的数值会使效果更显著地集中在边缘；而参数 BaseReflectFraction 则用来设定基础反射率，它决定了整个表面反射的强度，如图 2-77 所示。

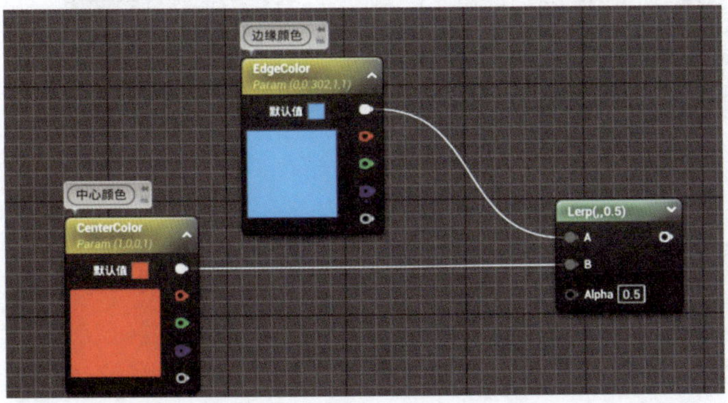

图 2-76　设置材质边缘颜色和中心颜色

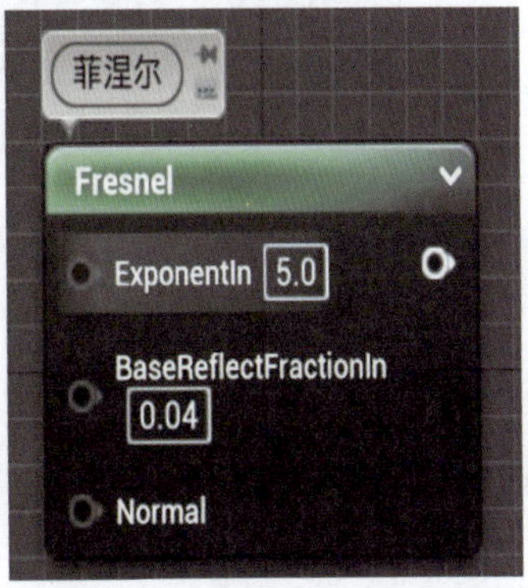

图 2-77　菲涅尔节点

63

步骤 4： 创建两个标量参数，分别命名为 MaskRatio 和 MaskContrast，默认值分别设置为 0.05 和 1.5。

步骤 5： 使用 MaskRatio 参数与 Fresnel 节点进行除法运算，然后将输出结果用于 Power 运算，其中 MaskContrast 作为指数输入至 Power 节点，如图 2-78 所示。

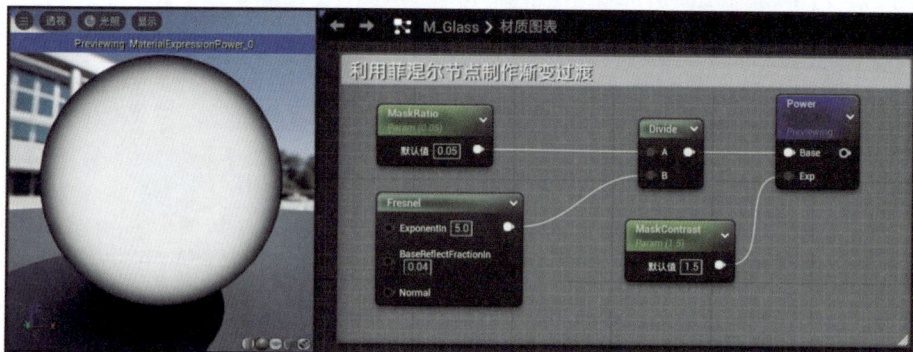

图 2-78　设置材质表面颜色的渐变过渡

> **小提示**
>
> 通过右击节点，可以开启节点预览功能，从而在视窗中查看该节点的输出结果。

步骤 6： 先将步骤 5 的输出结果连接至步骤 2 中 Lerp 节点的 Alpha 输入端，然后将 Lerp 节点连接至主材质节点的"基础颜色"输入端，如图 2-79 所示。

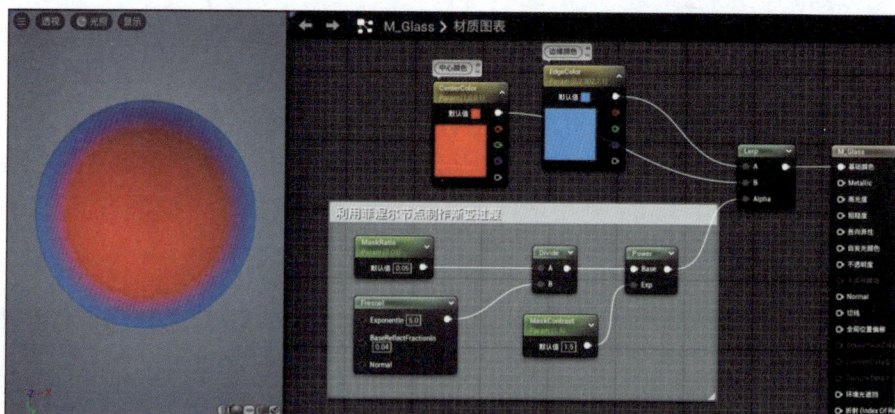

图 2-79　设置基础颜色

3. 设置不透明度

创建 Fresnel 节点并连接至主材质节点的"不透明度"输入端口。创建两个标量参数，用于控制菲涅尔的指数和基础反射率，如图 2-80 所示。

4. 设置折射率

折射率（Index of Refraction，IOR）是物理学中的一个重要参数，用于衡量光线从一种介质进入另一种介质时发生折射的强弱。

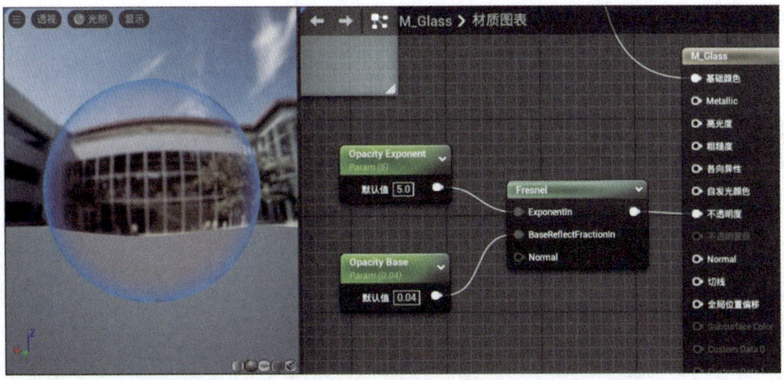

图 2-80　设置不透明度

在现实世界中，玻璃的折射率一般为 1.5~1.9。为此，首先创建了两个标量参数，分别命名为 Refraction Min 和 Refraction Max，并将它们的默认值设定为 1.5 和 1.9，以分别代表最小和最大折射率。然后，创建 Lerp 和 Fresnel 节点，用以混合折射率参数，其中 Fresnel 节点作为过渡遮罩，连接至 Lerp 节点的 Alpha 输入端。最后，将输出结果连接至主材质节点的"折射"输入端口，如图 2-81 所示。

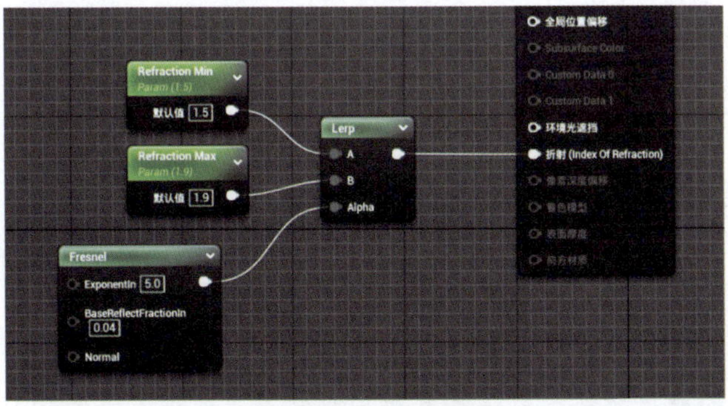

图 2-81　设置折射率

5. 设置金属度、高光度和粗糙度

金属度、高光度和粗糙度这三个属性仅需通过简单的标量参数控制即可。金属度的默认值设置为 0.1，高光度的默认值设置为 0.5，而粗糙度的默认值则设置为 0.01，如图 2-82 所示。

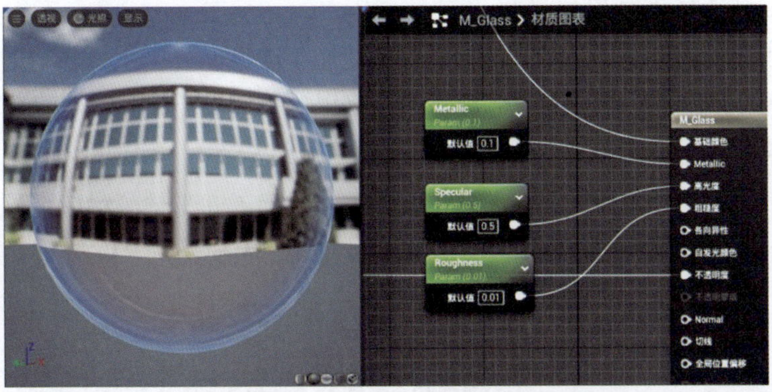

图 2-82　设置金属度、高光度和粗糙度

至此，玻璃材质的制作已经完成。接下来，基于此材质创建材质实例，并将其赋予场景中的 Actor。尝试调整相关参数，观察材质效果的变化，如图 2-83 所示。

图 2-83　玻璃材质效果

◆ 本 章 小 结 ◆

本章作为 UE5 材质系统的学习指南，旨在深化读者对材质、纹理和着色器基本概念的理解，并掌握运用材质编辑器创造材质效果的技巧。内容涵盖了材质系统的基础知识、材质编辑器的操作方法、材质的核心属性、常用材质表达式节点的应用、材质实例化技术以及如何制作通用主材质和半透明材质。通过理论与实践相结合的教学方法，指导读者高效地制作出多样化的材质效果，以满足各种项目需求。通过本章的学习，读者能够进一步学习高级技术打下坚实的基础，同时能够更自信地应对未来复杂的设计挑战。

◆ 巩固与提升 ◆

1. 制作通用主材质和玻璃材质

要求：利用所提供的贴图资源，制作一个能用于项目的通用主材质和玻璃材质。导入纹理、创建材质表达式和应用函数；将材质参数规范整理，并进行合理的分组。

2. 制作不同类型的材质

要求：请自行寻找合适的贴图资源，制作至少三种不同类型的材质，例如，粗糙的墙面、破损的金属、光滑的木板等。基于通用主材质创建材质实例，并调整参数。

第 2 章
素材文件

第 2 章
工程文件

第3章

基础地形创建

📖 **导读**

地形（Landscape）系统模块是 UE5 内置的强大地形编辑工具，可用于创建基于巨大地形的世界场景，并为场景创建山脉、峡谷、不同起伏或倾斜的地面。地形系统还提供一系列工具，使用户可以轻松修改地形形状和外观，优化户外地形组件，并在多种设备上维持正常的运行帧率。本章将通过完成一个森林山地的案例带领读者学习并实践基础地形的创建。

✏️ **知识目标**

- 认识 UE5 的地形编辑工作流程。
- 理解地形的概念，理解地形 Actor 与地形组件基本概念的关系。
- 理解地形 Actor、地形组件、地形分段和细节级别的关系。

💡 **能力目标**

- 熟练使用地形编辑器管理、雕刻并绘制地形地貌。
- 熟练掌握地形材质的制作方法与植被的绘制方法。

📂 **素质目标**

- 具备良好的自主学习和沟通能力。

3.1 地 形 概 述

3.1.1 地形Actor

创建一个地形意味着在 UE5 的当前关卡创建一个地形 Actor。地形 Actor 与其他 Actor 一样，可以在世界大纲视图被选中（见图 3-1）。在关卡编辑器的"细节"面板中修改其属性参数，以实现为当前地形指定材质、设置细节级别（Level of Detail，LOD）参数等操作，如图 3-2 所示。

图 3-1　世界大纲视图

图 3-2　Landscape 的"细节"属性面板

3.1.2　地形组件及其分段

1. 地形组件

地形由多个组件构成，在创建时地形组件的大小和细节就确定了，它们是 UE5 的可视化计算单元、渲染基本单元和碰撞基本单元。地形组件的特征是每一个组件都呈现为正方形，且大小相同。由于每个地形组件的高度数据信息都存储在单个纹理中，共享顶点在每个组件中被复制并存储，因此每个组件中的四边形数量都是有意义的，如图 3-3 所示，在两个相邻组件边缘上存在共享顶点。

2. 地形分段

地形分段是地形（Level of Detail，细节级别）计算的基本单元。如图 3-4 所示，每个地形组件可以分为 1（1×1）或 4（2×2）个子分段。使用 4（2×2）子分段可以得到与分段为 1（1×1）的组件 4 倍大小相同的高度图。通常使用分段较少的组件可以获得更好的运行性能。每个地形组件分段大小决定了 LOD 对 UE5 运行的影响。当组件分段大小的数值提高时，相同体量的地形所包含的组件数量降低，运行消耗也随之降低。

图 3-3　相邻组件边缘的共享顶点

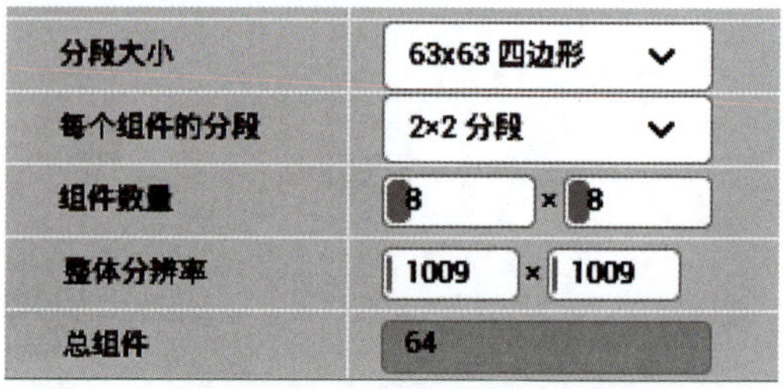

图 3-4　每个组件分段数

地形 Actor 采用了颜色编码的方式，如图 3-5 所示，整个地形的边缘用黄色显示，每个组件的边缘用浅绿色显示，如果每个组件的分段设置为 2×2 分段，其子分段边缘用中绿色显示，单独的地形四边形组件用深绿色显示。通过不同颜色显示，用户可以较好地分辨不同地形组件的作用。

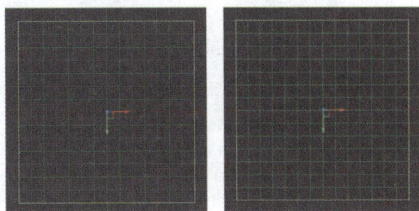

图 3-5　1×1 分段地形与 2×2 分段地形

3.1.3　细节级别

细节级别（LOD）技术根据模型节点在显示环境中所处的位置和 LOD 画面大小，决定网格物体渲染的资源分配。通过降低非重要物体的面数和细节数，突出重要物体的面数与细节数，从而获得更加高效的渲染运算。地形不仅允许使用大量 LOD，还能够实现平滑的 LOD 过渡。随着 UE5 地形的 LOD 0 数值从 0 调整至 1，模型面数会相应减少，如图 3-6 所示。

图 3-6　地形的 LOD 0 变换效果

3.2　山地峡谷地形的编辑

创建地形

3.2.1　创建地形

创建一个新的户外地形，具体步骤如下。

步骤 1：选择新建项目类型为"游戏"，模板类型为"第一人称游戏"。山地峡谷地形属于体量较大的户外地形。在创建首个地形前，读者需先新建一个第一人称游戏项目。本案例中虽可使用其他项目模板，但使用第一人称模板能更方便地完成地形的相关操作，如图 3-7 所示。

图 3-7　新建第一人称游戏项目模板

步骤 2： 选择项目存储位置并为其设置一个合适的项目名称。如图 3-7 所示，将项目名称设置为 Forest_pro，然后单击"新建项目"按钮以创建项目。

步骤 3： 新建项目并加载编辑器后，会看到如图 3-8 所示界面，场景内已经设有第一人称游戏的模板场景模型与其他 Actor。本项目不需使用第一人称游戏模板的默认场景，所以依次单击左上角"文件"→"新建关卡"命令以新建关卡（快捷键为 Ctrl+N），并在新关卡模板（New Level Template）中选择"默认关卡"。

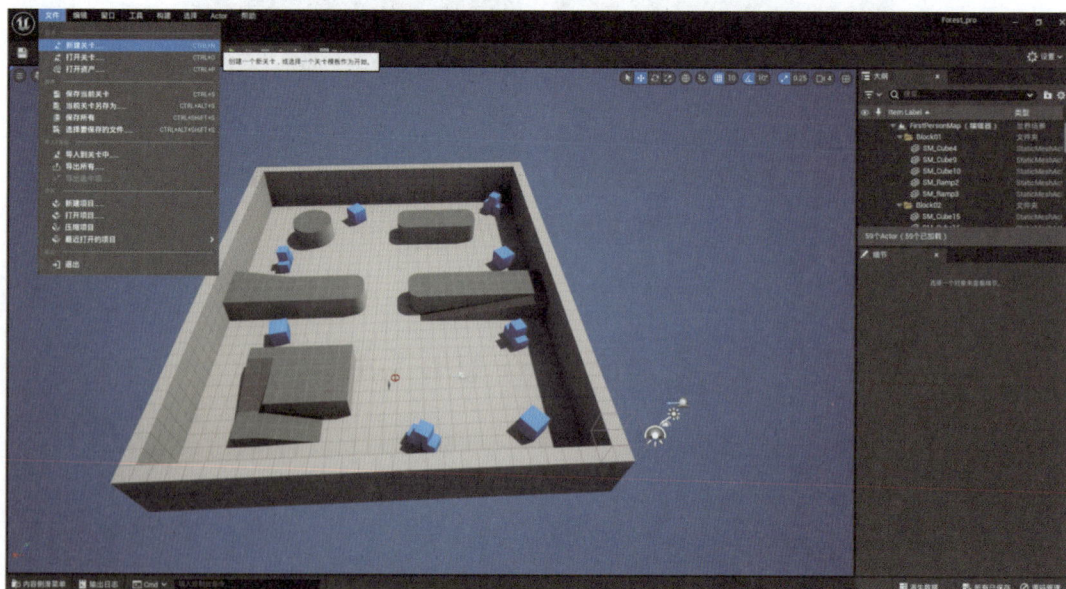

图 3-8　新建关卡

步骤 4： 要使用 Landscape 创建户外地形，不需要使用默认关卡中的地板网格模型，新建关卡后可以在关卡视窗中选择地板网格，按删除（Delete）键将其从关卡中删除。关卡初始设置完毕后，可获得如图 3-9 所示的界面。

小提示

用户可将玩家出生点（Player Start）沿 Z 轴上移至合适位置，以确保在运行关卡时玩家出生视角不会在新建地形下方。

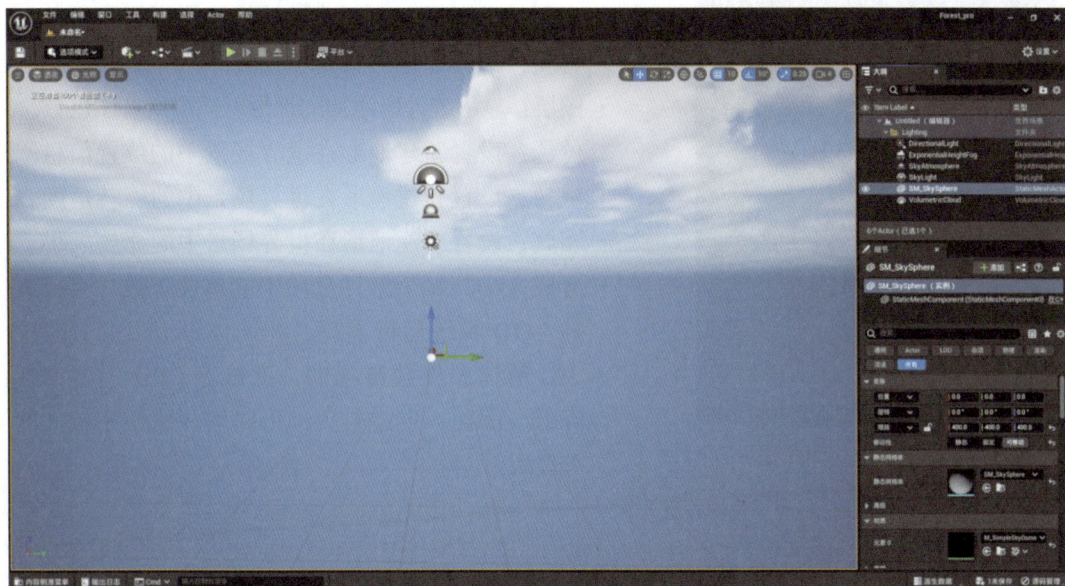

图 3-9　初始设置完毕的关卡视图

步骤 5： 正式开始新建地形操作，单击“选项模式”下拉菜单中的“地形”选项（快捷键为 Shift+2），如图 3-10 所示。

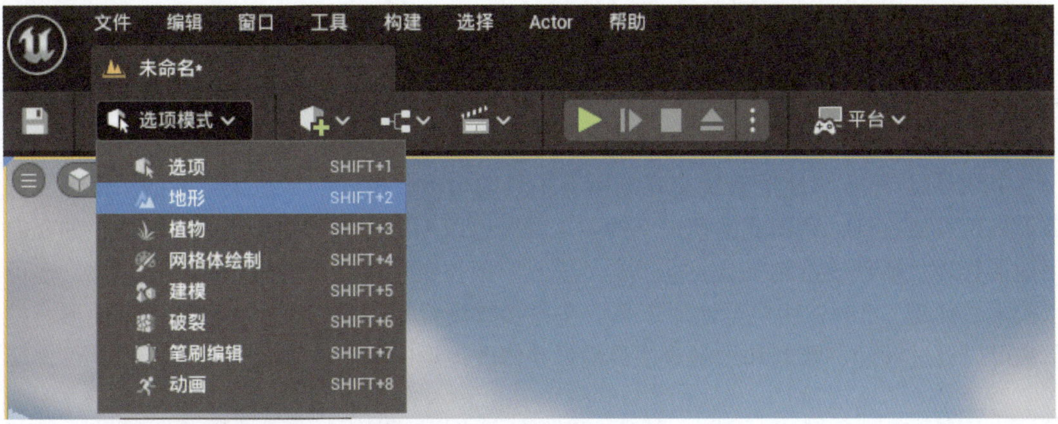

图 3-10　选择“地形”选项

步骤 6： 选择地形模式后，将自动前往“管理”模式标签。如果当前关卡中不存在其他地形 Actors，系统将提示用户创建一个，在新建地形面板可以设置新建地形选项参数。如关卡已包含一个或多个地形，在管理模式的“重设大小”命令下可以修改现有地形及其

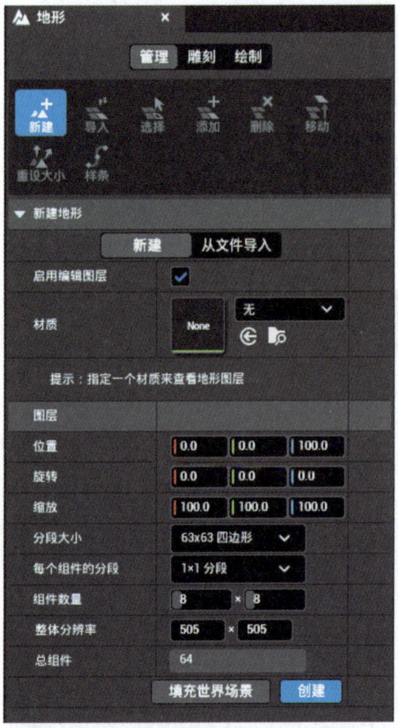

图 3-11　新建地形面板的默认参数

组件。如图 3-11 所示，用户可以在新建地形面板中编辑各选项具体参数。本小节所创建的"森林峡谷案例"地形参数设定如图 3-12 所示。

新建地形面板中的部分选项与其对应功能如下。

- 新建：在关卡中新建一个地形 Actor。
- 从文件导入：通过导入地形高度图创建地形。
- 启用编辑图层：启用非破坏性地形图层与样条。
- 材质：为新建地形指定材质。
- 图层：显示统计所添加的地形材质中所有图层数。
- 位置：设置新建地形在世界场景中的位置信息。
- 旋转：设置新建地形在世界场景中的旋转角度。
- 缩放：设置新建地形在世界场景中的缩放大小。
- 分段大小：每个组件分段中的单位总数，直接影响 LOD 系统运行消耗。相同体量地形的分段越大，整体组件数量越少，意味着 CPU 运行消耗降低。因此，创建较大地形时需注意使用较大的分段尺寸。

小提示

随着地形组件数量的增加，关卡构建时间和运行性能均会受到较大影响。因此，在创建大型户外场景时，推荐将每个分段的大小数值设置为 63×63，该尺寸能较好地平衡关卡性能和场景尺寸。在此例中，我们设置的地形尺寸不需要过大，在地形设置中使用如图 3-11 所示的选项参数即可。

步骤 7：完成地形创建后，主视窗可以预览新建的地形。与其他 Actor 一样，地形 Actor 同样可被移动、旋转和缩放，如图 3-13 所示。

步骤 8：地形工具有管理（Manage）、雕刻（Sculpt）和绘制（Paint）三种模式。如图 3-14 所示，用于与地形系统交互的所有工具均可在"模式"下拉菜单中的"地形"选项下方工具架找到，利用此类模式下的各工具可以不同方式与地形互动。因此，如要启用地形管理、雕刻或绘制工具，需单击"模式"下拉菜单并从菜单中选择对应选项，也可以按下快捷键 Shift+2 切换至地形工具。在各参数设置完毕后即可直接创建基础地形，接下来可以通过管理、雕刻和绘制等工具编辑并修改地形的形状与外观。

操作小技巧

常用的地形编辑操作及快捷键如下。

- Ctrl+ 鼠标左键：可用作选择地形组件。

图层			
位置	0.0	0.0	100.0
旋转	0.0	0.0	0.0
缩放	100.0	100.0	100.0
分段大小	7x7 四边形		
每个组件的分段	2×2 分段		
组件数量	32	×	32
整体分辨率	449	×	449
总组件	1,024		
	填充世界场景	创建	

图 3-12　森林峡谷案例的地形创建参数

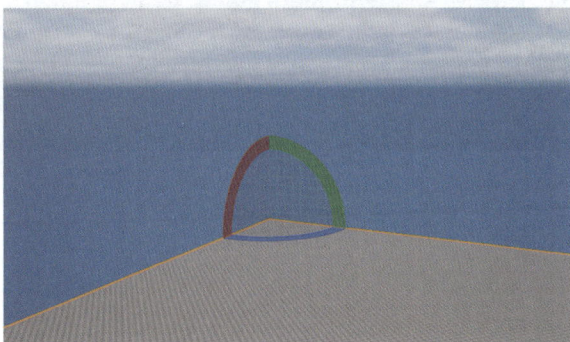

图 3-13　地形 Actor 的旋转设置

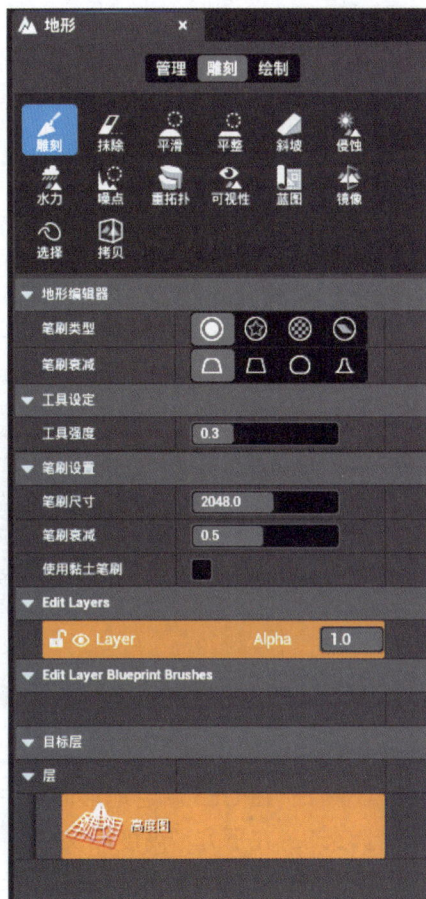

图 3-14　管理、雕刻和绘制模式工具架

- 鼠标左键：在雕刻模式下，按住鼠标左键拖动将提高地形高度图；在绘制模式下，将选中材质应用到地形，增加选中图层的权重。
- Shift+ 鼠标左键：在雕刻模式下，按住鼠标左键拖动将降低地形高度图；在绘制模式下，将擦除应用到地形特定部分的选中材质，减少选中图层的权重。

3.2.2　地形高度图

UE5 允许导入自定义的高度图和图层以创建地形。用户可根据需求，使用 World Machine 和 Terragen 等第三方软件快速创建基础高度图，并使用 UE5 的 Landscape 相关工具导入创建、清理或修改地形。在外部应用程序中制作高度图时，图片不同区域的灰度值所创建的地形高度不同。其中白色的值（255，255，255）代表高度最高点，将在 UE5 中创建最高地形；黑色的值（0，0，0）代表高度最低点，将在 UE5 中创建最低地形。

小提示

从第三方软件导出高度图时，需要注意其格式，UE5 仅支持 16 位灰阶的 PNG 文件与 16 位灰阶的 RAW 文件（以小端字节排序）。

基于高度图生成新地形，操作步骤如下。

步骤 1：如图 3-15 所示，在 World Machine 软件中设置高度图颜色模式为 16 位灰度，将其保存为 PNG 格式，如图 3-16 所示。

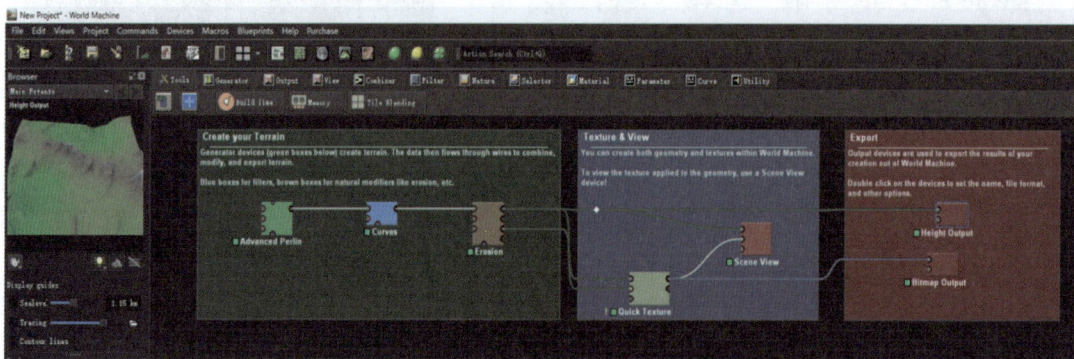

图 3-15　World Machine 软件中的高度图设置

步骤 2：在 UE5 新建地形面板中，单击选择"文件导入"的单选框。

步骤 3：在下方"高度图文件"指定自定义高度图。

步骤 4：单击"导入"按钮，创建基于高度图生成的新地形，如图 3-17 所示。

图 3-16　World Machine 软件生成的高度图

图 3-17　基于高度图生成的新地形

3.2.3　地形管理

用户能够在 UE5 中地形的管理模式下新建地形，并可以使用模块内的工具从现有地形添加、删除地形分段或移动组件关卡，也可将样条添加到地形。已经设置好的地形尺寸也能够在管理模式下重设大小。管理模式的工具架如图 3-18 所示，各工具功能如下。

地形管理

（1）选择：可以选择一个地形分段，修改指定分段的材质、光照等属性，如图 3-19 所示。

（2）添加：在所选高亮方格区域添加一个地形分段，可以选择笔刷尺寸中的值添加多个分段，如图 3-20 所示。

图 3-18　管理模式的工具架

图 3-19　选择地形分段图

图 3-20　添加地形分段

（3）删除：移除所选高亮方格区域的地形分段，同时将完全删除该地形分段的数据，如图 3-21 所示。

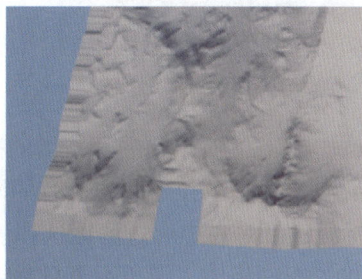

图 3-21　删除地形分段图

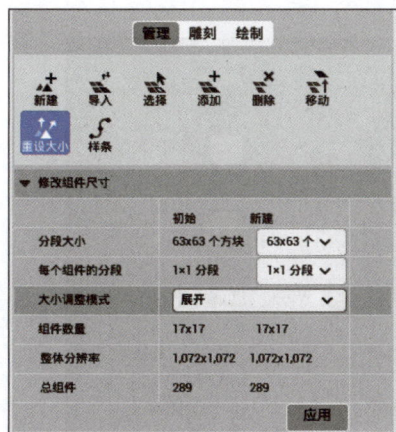

图 3-22　修改组件尺寸和地形的大小

（4）移动：将所选高亮方格区域的组件移动到指定的流送关卡。

（5）重设大小：设置参数修改组件尺寸和地形的大小，如图 3-22 所示。

（6）样条：地形样条可灵活地创建线性样条地形，还可通过改变样条节点更好地构建这些地形特征。如图 3-23 所示，选中一个样条，按 Ctrl 键并单击另一个样条，可以合并两个样条；按 Ctrl 键并单击一个分段，可在该分段插入新的控制样条点，以拆分原有分段；按 Alt 键并单击移动所选样条节点，可以复制一个新的样条点，以改变原有分段或新增分段。如在地形面板工具设置中启用"使用自动旋转控制点（Use Auto RotateControl Point）"，释放鼠标光标后样条点会自动旋转，使样条保持平滑。

图 3-23　编辑样条分段与节点

编辑样条分段与节点操作可以参考如下步骤。

步骤 1：控制点可以被单独选取或一次性全选，在细节面板修改控制点的位置、旋转、样条宽度等参数。全选控制点后按 R 键可以平滑样条分段。

步骤 2：如图 3-24 所示，在细节面板选择所有已连接"分段"可以将样条整体选中。目前样条网格体的数量为 0，通过单击◎按钮添加样条网格体 Mesh，如图 3-25 所示。

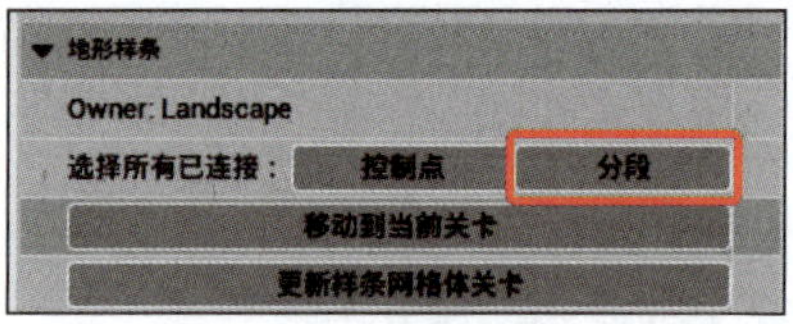

图 3-24　选择所有已连接分段

图 3-25　添加样条网格体

步骤 3：如图 3-26 所示，展开新增的样条网格体属性参数。在网格体添加静态网格的方式有三种：一是通过下拉框选择已有的网格体；二是在内容过滤器选择静态网格并拖曳至 None 图标处；三是在内容过滤器选择静态网格，通过单击下拉框下方的◉按钮加载指定。通过添加静态网格体，样条不再只是线框，而成为网格体实体。

步骤 4：通过和步骤 3 相似的操作，为整个样条网格体或单个样条分段添加指定材质，如图 3-27 所示。

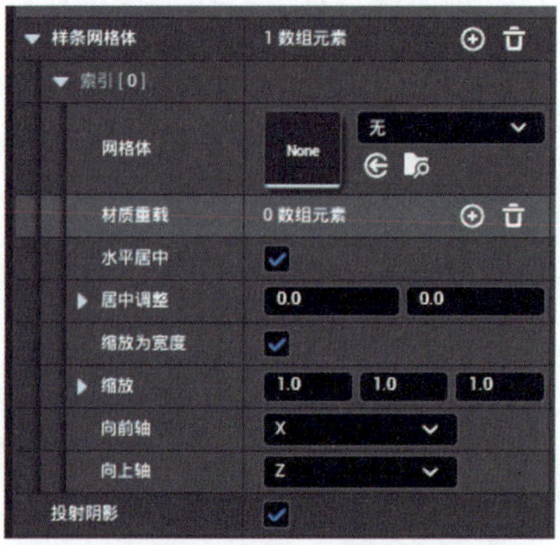

图 3-26　添加指定网格体图

图 3-27　添加指定材质

步骤 5： 使用工具设定面板中的"将样条应用到地形（Apply Splines to Landscape）"，能够基于样条信息修改地形高度图和图层权重。高度图会根据细节面板中的控制点参数升高或降低地形来适应样条，得到样条两边平滑的余弦混合衰减区域。

> **小提示**
>
> 在户外地形项目中，可以先使用样条工具创建道路、河流、沟渠等基础地形，然后使用地形雕刻工具来调整细节，用户可以根据项目需求进行合理设置。在设计户外场景的视觉美术时，要考虑镜头范围内的空间布局与构图。

操作小技巧

编辑操作及快捷键参考如下。

- 鼠标左键：选择样条控制点或分段。
- Shift+ 鼠标左键：选择多个控制点或分段。
- Ctrl+A：选择所有相连接的控制点或所有相连接的分段。
- Ctrl+ 鼠标左键：添加新的样条控制点，在选定一个或多个控制点的情况下，将所有选定的控制点连接到新的控制点，并创建分段；在选定一个分段的情况下，在分段中插入新的控制点以拆分原有分段。
- Alt+ 鼠标左键移动：在选定一个控制点的情况下，复制添加新的样条控制点，并将它朝指定方向平移。移动至现有分段时拆分分段，移动至样条一端时添加新分段。
- Delete 键：删除选定的控制点或分段。
- R 键：自动计算选定样条控制点的旋转，可以实现平滑样条的效果。
- T 键：自动翻转选定控制点或分段的切线。
- F 键：翻转选定的分段，仅影响样条上的静态网格体。
- End 键：将选定控制点对齐到下方的地形。

3.2.4 地形雕刻

创建好基础地形后，即可使用地形雕刻工具对地形进行造型细节编辑，如图 3-28 所示，地形雕刻工具架有非常多的工具可供选择。

（1）雕刻工具可以升高或降低笔刷影响范围中的地形。按鼠标左键可以拉高地形，按"Shift+ 鼠标左键"组合键可压低地形。如图 3-29 所示，通过设置雕刻工具架中的笔刷类型与笔刷衰减，可以改变地形雕刻笔刷的具体作用方式。

- 笔刷类型：通过"循环"下拉图标，切换所选择的笔刷形状。
- 笔刷衰减：通过"平滑"下拉图标，切换所选择的笔刷衰减形状。
- 工具强度：用于调整笔刷的作用强度，0 为作用力度最小，1 为作用力度最大。

图 3-28 地形雕刻工具架

图 3-29 地形雕刻工具架中的笔刷工具与衰减工具

- 笔刷尺寸：用于调整笔刷的作用范围。
- 笔刷衰减：用于调整笔刷从中心向外衰减的范围。

小提示

勾选笔刷设置中的"使用黏土笔刷"，可以叠加地形雕刻笔刷效果（见图 3-30）。

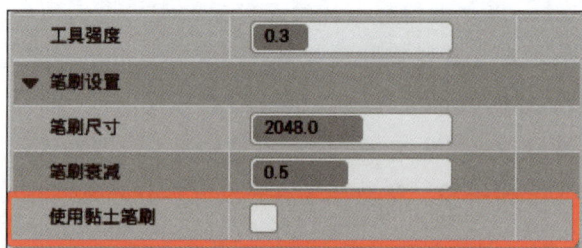

图 3-30 雕刻面板启用"使用黏土笔刷"

建立森林峡谷时，通常使用雕刻工具拉出山体和湖泊的大致形状。如图 3-31 所示，使用雕刻工具绘制森林案例中的基础地形高度，这里用户可以根据自己的创意进行发挥。

（2）平滑工具可以拉平地形顶点的 Z 轴位置，其中平滑笔刷影响范围中的高低地形高度差。使用平滑工具后的效果如图 3-32 所示。

图 3-31 使用雕刻工具绘制基础地形高度

图 3-32 使用平滑工具后的效果

（3）平整工具可以升高或降低笔刷经过范围中的地形，使受影响地形与开始使用平整工具时笔刷落下位置的 Z 轴高度相同，如图 3-33 所示。

（4）斜坡工具可以在两个指定的控制点之间创建一个斜坡，根据设置添加衰减。如图 3-34 所示，首先指定斜坡的两个控制点，然后单击"添加斜坡"按钮或者按 Enter 键可以在两个控制点中建立一个斜坡"桥"，如图 3-35 所示。单击"重置"按钮可以清除控制点设置，在生成斜坡前放弃创建。

图 3-33　使用平整工具效果

图 3-34　使用斜坡工具确定控制点

图 3-35　使用斜坡工具生成斜坡

（5）侵蚀工具通过模拟热力侵蚀效果来调整高度图的高度，呈现土壤从高处向低处移动的自然效果。地形高度差越大，产生的侵蚀效果越强。还可在侵蚀上应用噪点效果，随机呈现出自然的地形外貌。用雕刻工具做出的山体大形由于坡度过于平滑往往看起来不够真实，此时可以使用侵蚀工具进行调整，如图 3-36 所示。

（6）水力侵蚀工具通过模拟水力侵蚀效果来调整高度图的高度。通过使用噪点过滤器来计算初始降雨的位置、雨量、沉积、迭代、分布与距离范围。计算结果将生成用于降低高度图的实际数值。如图 3-37 所示，水力侵蚀一般应用在低洼处。

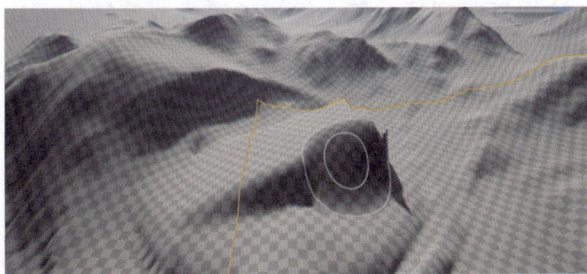

图 3-36　使用侵蚀工具调整山体

图 3-37　使用水力侵蚀工具调整低洼处

（7）噪点工具将噪点过滤器应用到高度图或图层权重，工具设定中的强度值决定了噪点的量，如图 3-38 所示。

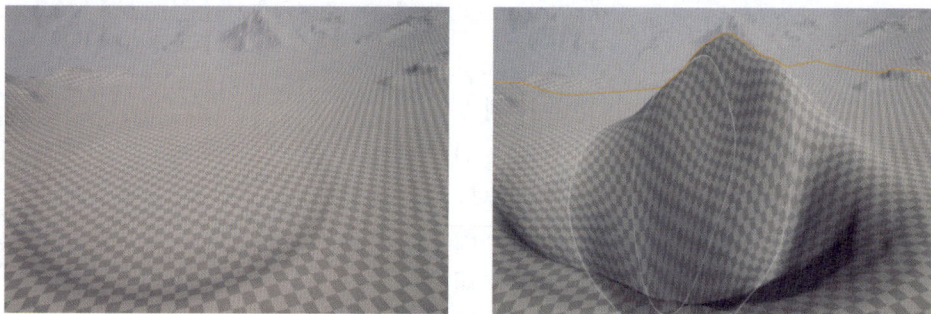

图 3-38　使用噪点工具绘制地形前后对比图

（8）重拓扑工具与平滑工具相似，但以三角形推拉来平滑地形，尝试通过最小化 Z 轴方向的变化以保持地貌的基础造型。但是 X、Y 轴偏移贴图会使地形渲染变慢，如图 3-39 所示。

（9）可视性工具结合地形洞穴材质使用，可遮挡地形区域的可视性和碰撞。

（10）选择工具可在地形上绘制遮罩区域，遮罩区域地形分段无法被其他工具编辑，能够更精准地完成造型，如图 3-40 所示。

图 3-39　使用重拓扑工具绘制地形的效果　　　图 3-40　使用选择工具绘制地形遮罩区域的效果

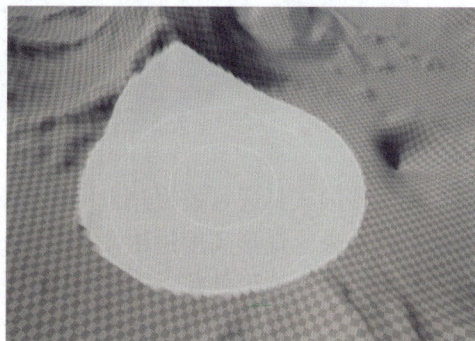

（11）可在地形选定一个区域，通过复制和粘贴工具复制其地貌数据，这些数据可被粘贴到地形的其他区域。甚至可以被粘贴至其他地形中，以创建相同区域地形。

（12）镜像工具可将地形的一侧造型镜像复制到另一侧，轻松地镜像或旋转地形几何体。

可以根据项目需求灵活地创建基础地形，并使用雕刻模式下的系列工具完成地形造型的细节打磨。下一步需要为地形赋予地貌材质，使其具备逼真的地貌特征与质感。

3.3　森林地貌材质的制作

本节的地貌材质案例可以使读者学习如何为新创建的户外地形赋予材质，认识地形编辑器与材质编辑器的各项属性，掌握绘制模式（Paint Mode）下各项工具命令的使用方法。

制作
地貌材质

3.3.1　地貌材质的制作

尽管任意材质都可用于地形 Actor，但 UE5 的材质系统还提供了一些特定的地形材质节点，这些节点有助于优化地形纹理。在材质编辑器的地形分类控制板菜单中，有五个能够用于地形系统的特殊节点：地形层混合节点（LandscapeLayerBlend）、地形层坐标节点（LandscapeLayerCoords）、地形层切换节点（LandscapeLayerSwitch）、地形层权重节点（LandscapeLayerWeight）和地形可视性遮罩节点（LandscapeVisibilityMask）。

1. 制作地貌材质

制作地貌的材质，需要进行以下操作。

步骤 1： 如图 3-41 所示，在内容浏览器中右击，在弹出的"创建高级资产"菜单中选择"材质"选项，新建材质并命名为 M_Landscape，双击选中新建的材质进入材质编辑器。

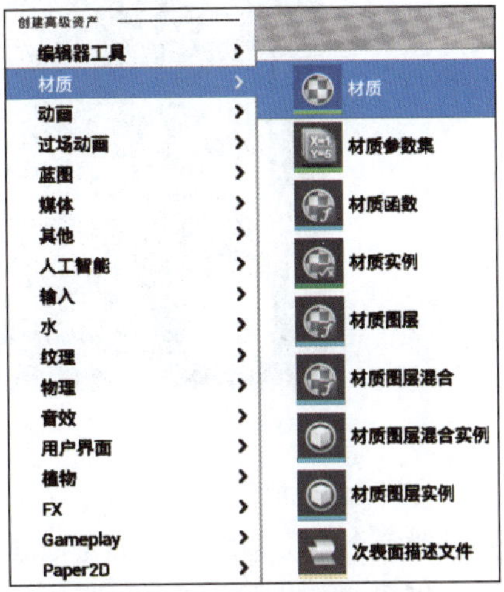

步骤 2： 选择需要使用的贴图，拖曳加载到材质编辑蓝图中，如图 3-42 所示。贴图可以自行导入或在"初学者包（StarterContent）"的"纹理贴图（Textures）"文件夹中选中合适的对象。

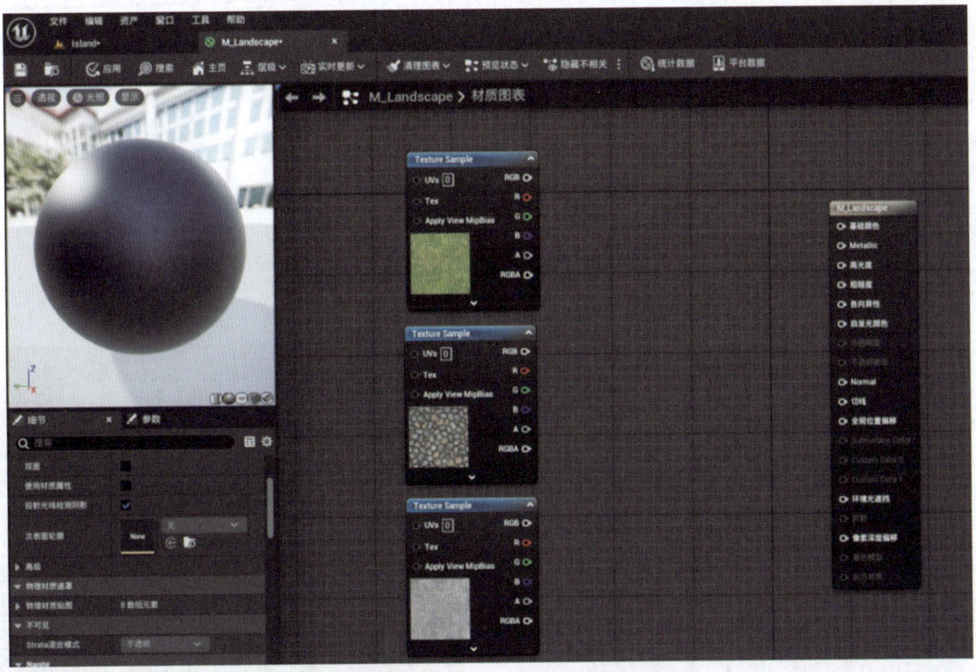

图 3-41　新建材质 M_Landscape

图 3-42　添加纹理贴图至材质编辑蓝图

步骤 3： 在蓝图空白处右击，搜索并选择添加 LandscapeLayerBlend 节点，如图 3-43 所示。

图 3-43　添加地形层混合节点

步骤 4：如图 3-44 所示，在材质编辑器的细节面板里面通过单击 ⊙ 按钮添加图层，并设置每个图层名称，Layer Blend 节点将同步增加对应的节点注脚，如图 3-45 所示。

步骤 5：将所有图层预览权重（Preview Weight）参数改为 1，将纹理贴图节点 RGB 值输出至 Layer Blend 节点，再将混合数据输出给材质"基础颜色"，如图 3-46 所示。

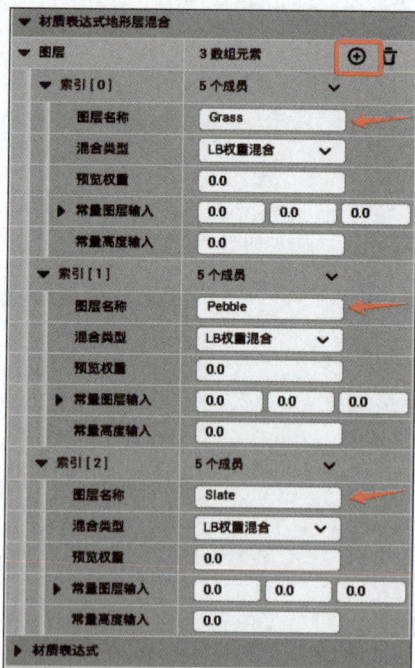

图 3-44　在细节面板中添加图层

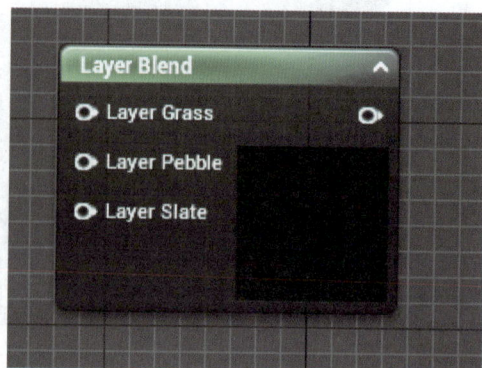

图 3-45　添加图层后的地形层混合节点注脚

步骤 6：再用如上方法，将法线混合数据输出给材质 Normal（法线），如图 3-47 所示。设置之后单击左上角"保存"按钮保存材质属性。

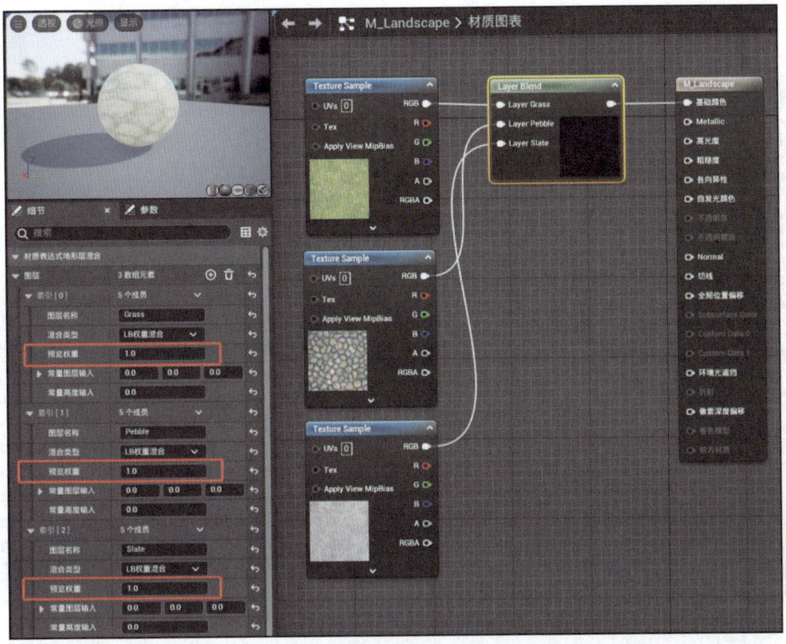

图 3-46　通过 Layer Blend 节点将贴图 RGB 值混合输出给材质基础颜色

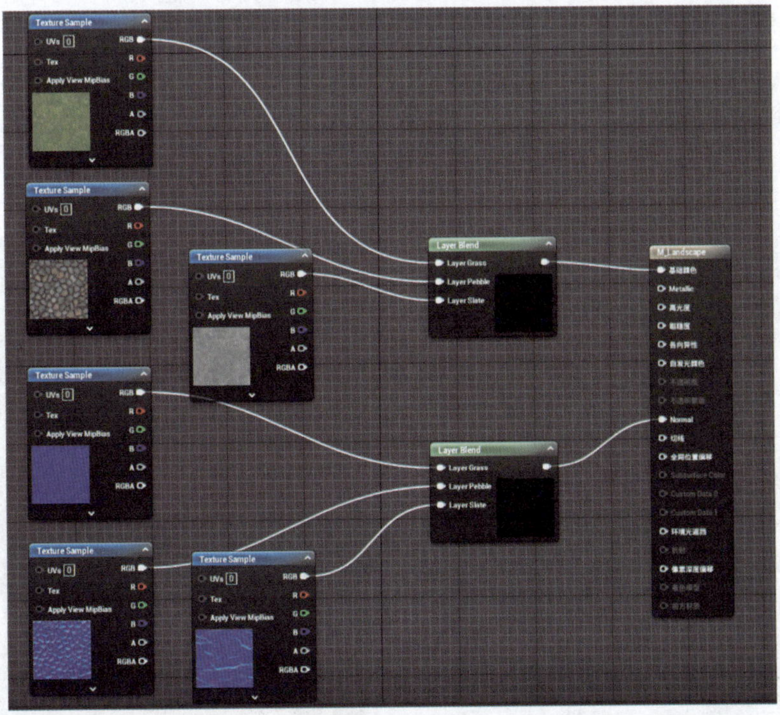

图 3-47　通过 Layer Blend 节点将贴图法线混合数据输出给材质法线

2. 向地形指定材质

创建地形的材质后，需将材质指定到关卡中的地形 Actor，以使用该材质。

步骤 1：在内容浏览器中找到要使用的地形材质，选中后右击，在弹出的菜单中单击
"创建材质实例"命令新建材质实例，如图 3-48 所示。

步骤 2： 在视口或世界大纲视图中选择地形 Actor，如图 3-49 所示。

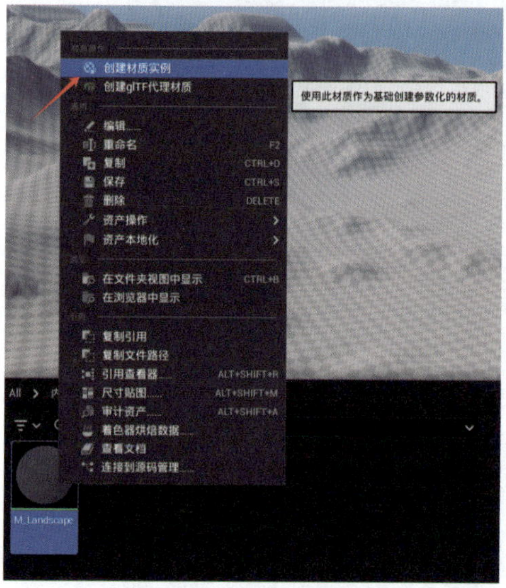

图 3-48　创建材质实例

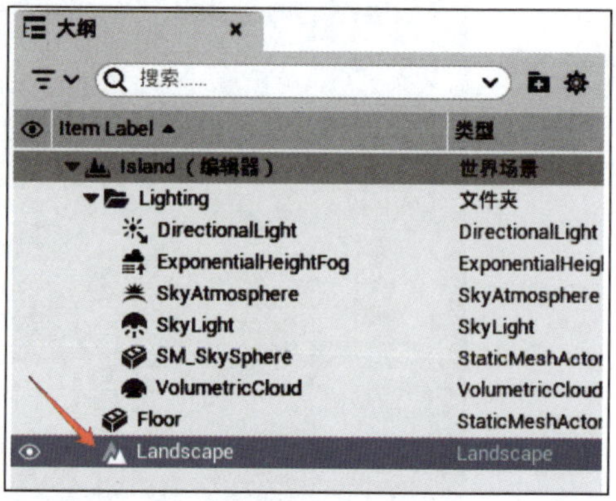

图 3-49　选择地形 Actor

步骤 3： 在关卡编辑器的地形细节面板中，单击"所有"选项后，再单击在地形分段中"地形材质"旁的 箭头指定选中的材质实例，如图 3-50 所示。

步骤 4： 指定材质后，地形显示为黑色，这是因为缺少图层信息。需选择地形系统中的"绘制"模式，如图 3-51 所示，在绘制面板 Layers 层选项上单击"+"按钮，以增加每一个图层的"权重混合层（法线）"信息，并保存至指定文件夹中。

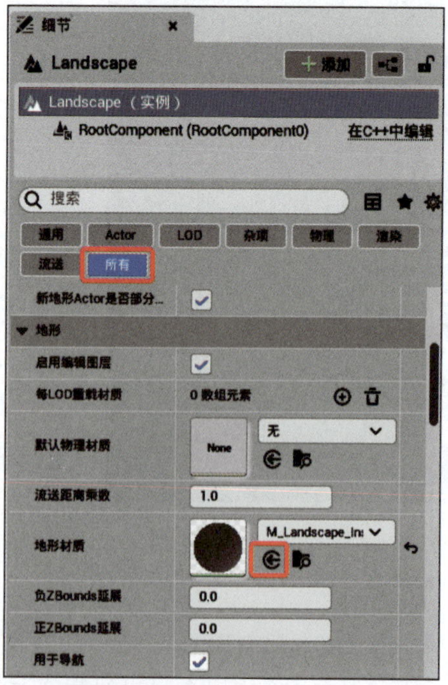

图 3-50　选择地形材质实例

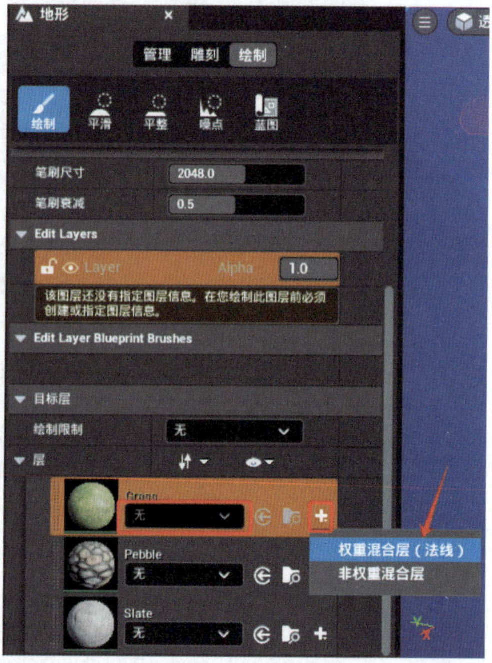

图 3-51　添加图层"权重混合层（法线）"信息

此时，地形显现出图层混合地貌材质效果，下一步即可使用绘制工具绘制地形，如图 3-52 所示。

3.3.2　地形绘制

在地形绘制模式下，使用者可选择性地将不同材质应用到地形的不同部分，以便修改地形的外观。地形绘制模式工具架如图 3-53 所示。

图 3-52　显示地貌材质后的地形

图 3-53　地形绘制模式工具架

地形绘制具体实施步骤如下。

步骤 1：绘制工具可增加或减少应用到地形材质层的权重，如图 3-54 所示。

步骤 2：平滑工具可平滑地形材质图层的权重，在不同区域之间创建平滑的过渡，如图 3-55 所示。

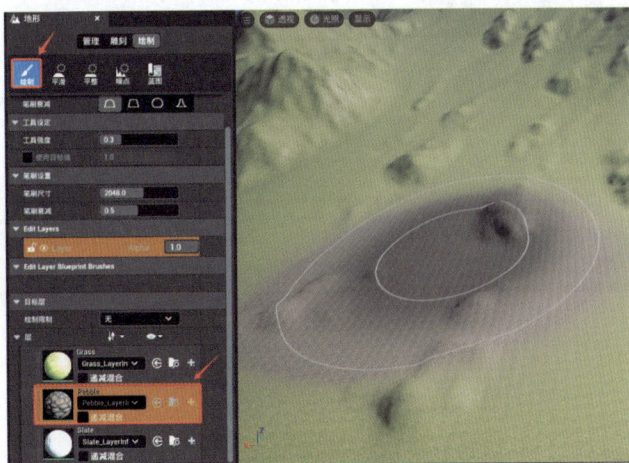

图 3-54　使用绘制工具后的地形地貌

图 3-55　使用平滑工具后的地形地貌

步骤 3：平整工具抓取此工具的初始位置，然后将此图层权重应用到笔画的位置，如图 3-56 所示。

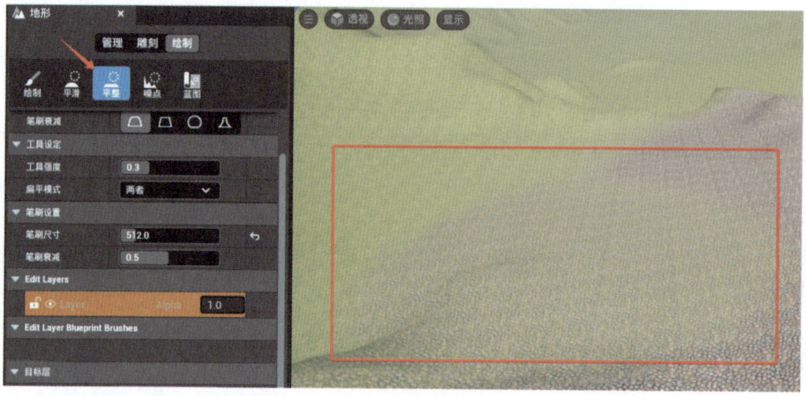

图 3-56　使用平整工具后的地形地貌

步骤 4：噪点工具将噪点过滤器应用至高度图或图层权重。强度决定噪点的量，如图 3-57 所示。

图 3-57　使用噪点工具后的地形地貌

小提示

（1）笔刷工具可用于调整地形绘制和造型时的外观和效果。
（2）笔刷衰减工具可用于调整笔刷的衰减方式。

3.3.3　自动地表材质

地表材质的赋予，可以通过如下步骤实现。

步骤 1：新建材质函数并命名为 F_Grass，在内容浏览器中选择材质函数并双击进入蓝图编辑。将需使用的纹理贴图拖曳至材质编辑器蓝图内，添加 LandscapeCoords 与 MakeMaterialAttributes（建立材质属性）节点，如图 3-58 所示，完成草地材质函数的制作。

步骤 2：如图 3-59 所示，用相同方法制作土地材质函数 F_Ground。

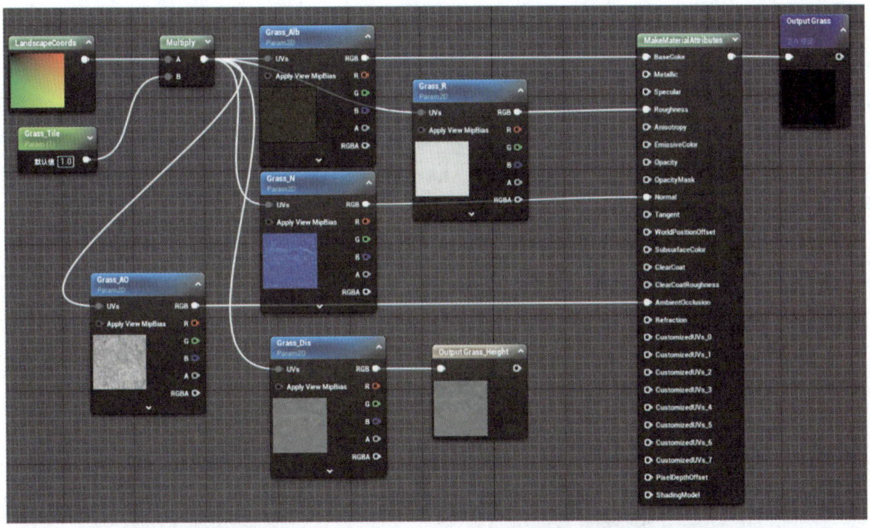

图 3-58　设置 F_Grass 材质函数

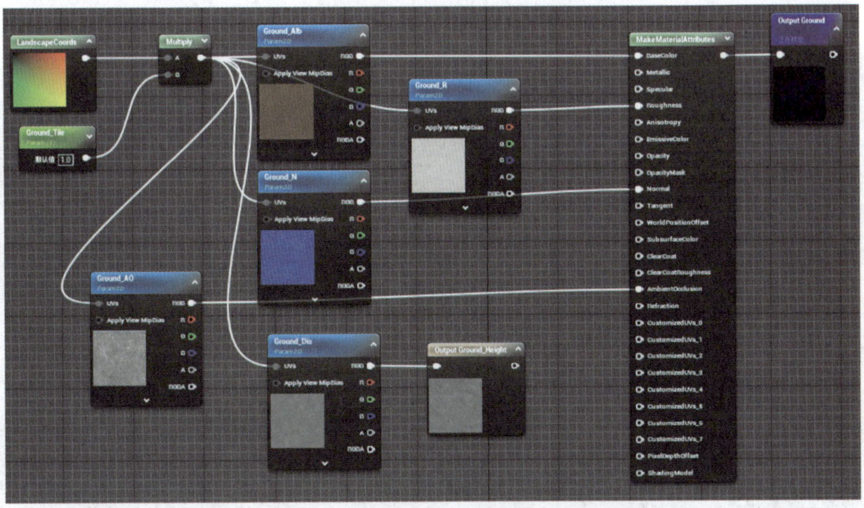

图 3-59　设置 F_Ground 材质函数

步骤 3：新建材质并命名为 M_Landmat，在内容浏览器中选择材质，双击，进入材质编辑器。将 F_Grass 与 F_Ground 材质函数拖曳至材质编辑器蓝图内，右击搜索调用 LandscapeLayerBlend 节点。如图 3-60 所示，修改节点属性，在细节面板添加图层并进行命名，将图层混合类型设置为"LB 高度混合"。

> **小提示**
>
> 操作中需要将 Tile 与纹理贴图节点转化为参数，并做好命名工作。

步骤 4：如图 3-61 所示，制作岩石材质函数并命名为 F_Rock。需要注意的是，由于岩石材质要考虑映射，因此需添加 WorldAlignedTextures_Complex 节点。

图 3-60　设置材质混合图层

图 3-61　设置 F_Rock 材质函数

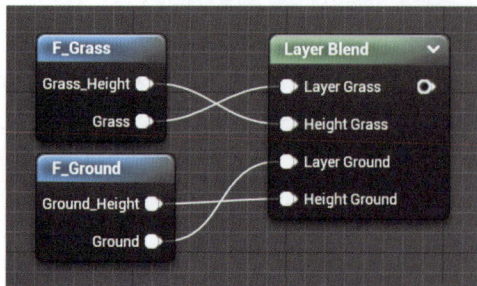

图 3-62　连接材质函数、函数高度信息
与图层混合节点

步骤 5：如图 3-62 所示，将 F_Grass 与 F_Ground 的材质函数、函数高度信息与图层混合节点对应值相连。

步骤 6：在 UE5 中，贴图是以 Z 方向向下映射，要制作沿 Z 轴投射的贴图表达式，首先需要创建一个三维常量，设置值为 0,0,1，表示 Z 轴（Z 轴为蓝色），如图 3-63 所示。因为地形材质是针对整个世界的地图，所以需要添加一个 Transfrom 节点，将 Z 轴方向从切线坐标转换为世界坐标。由于 Z 轴的高度是一个不确定的值，为了方便计算，需要将其规整化处理。因此，添加一个 Normalize 节点，将不规则的 Z 轴高度范围模拟为 [0,1] 的范围。使用 Dot 对比节点，对初始 Z 轴高度范围与规整后的 Z 轴高度范围进行对比，可以得到一个比值，这个值就是地表高度的变化值。由于 Alpha 通道只能识别 0~1 的范围，然后再添加 ConstantBiasScale（常量偏差比例）节点，再次将变化数值转化为 [0,1] 的范围内。

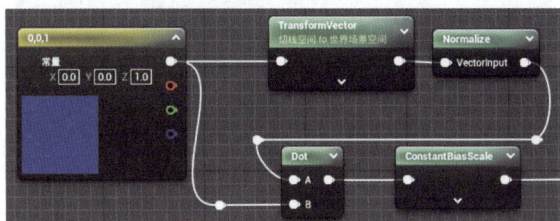

图 3-63　Z 轴投射贴图的表达式

步骤 7：如图 3-64 所示，添加 HeightLerp 高度换算节点和 Lerp 线性插值节点，通过添加一维常量控制底层材质出现的最大高度、最小高度以及边缘羽化强度。

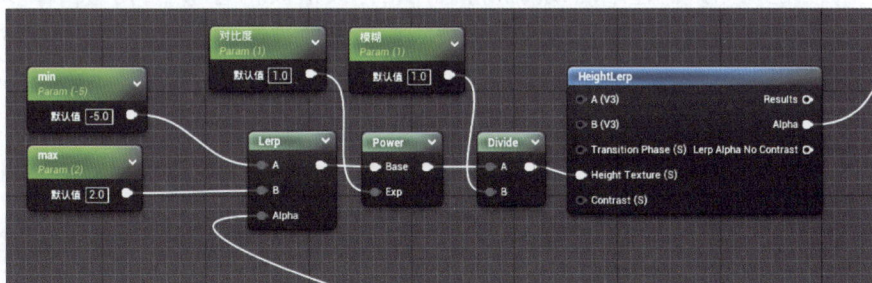

图 3-64　添加 HeightLerp 高度换算节点和 Lerp 线性插值节点

步骤 8：如图 3-65 所示，连接岩石材质函数，并连接 Alpha 通道，完成自动地形材质的设置，将系统材质改为自定材质。

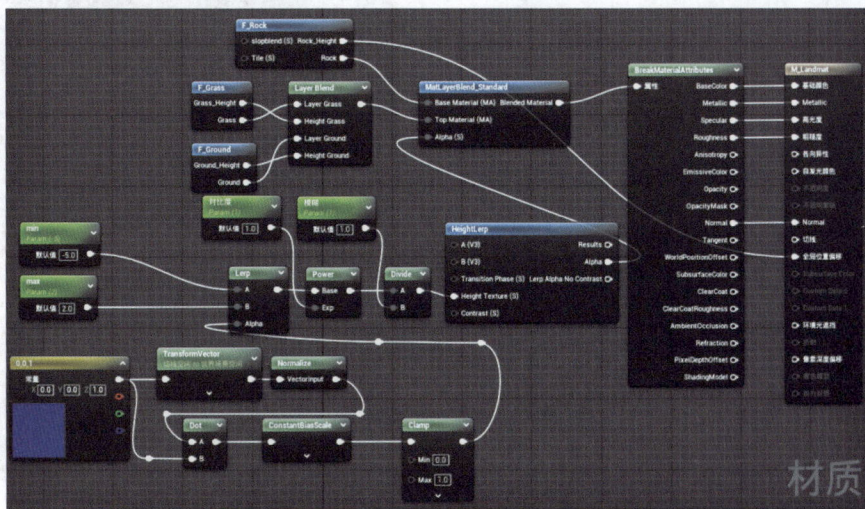

图 3-65　完成全部设置后的自动地形材质蓝图

89

步骤 9：再次使用地形雕刻工具，发现自动地貌材质会根据高度计算，自动为地形赋予相应材质效果，如图 3-66 所示。

图 3-66　自动地貌材质最终效果

3.4　草地灌木植被的编辑

植被工具能让用户快速绘制或清除静态网格体或植被。通过本节植被编辑案例，读者可以学习如何为新创建的户外地形添加植被，掌握植被绘制模式下各项工具命令与地形植被类的使用方法。

3.4.1　植被模型的导入

步骤 1：单击"植物模式"下拉菜单中的"植被"按钮，可使用植被工具快捷键 Shift+3，如图 3-67 所示为 UE5 植被系统的工具架。

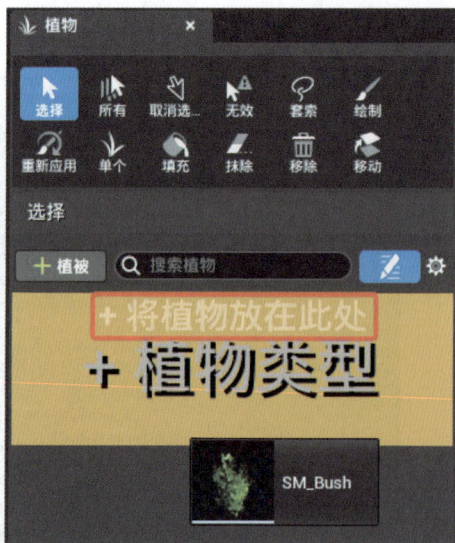

步骤 2：从内容浏览器中选中静态网格体，拖入绘制面板中的"将植物放在此处"区域内添加植物类型，如图 3-68 所示。

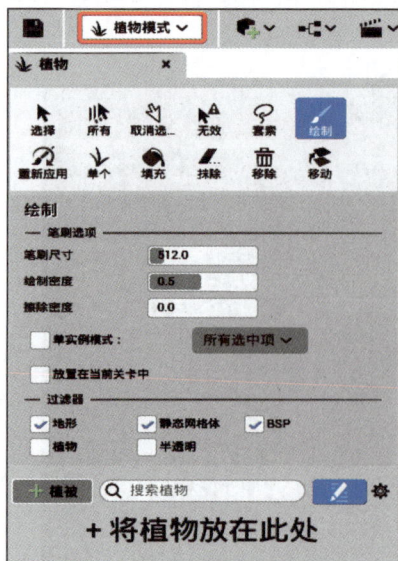

图 3-67　UE5 植被系统的工具架

图 3-68　添加植物类型

步骤 3： 如要调整用作植被的静态网格体的细节参数，需在网格体列表中单击"网格体"植被工具右下角的"放大镜"图标，如图 3-69 所示。选中静态网格体的细节参数用于修改。

步骤 4： 如图 3-70 所示，勾选网格体列表中植被左上角的勾选框，即可启用网格体列表中的植被网格体，然后可以在地形中绘制出被勾选的植被。已添加到网格体列表的植被模型右下角记录了当前关卡含有该植被的总数。

图 3-69　展开静态网格体的细节参数

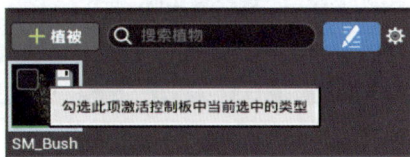

图 3-70　勾选网格体列表中的植被

3.4.2　植被的绘制

使用植被绘制工具可以为地形添加需要的植被。方式和雕刻工具类似，可以改变放置植被的区域和密度。如图 3-71 所示，在植被窗口顶部的工具栏中可选择植被绘制工具。

（1）"选择"工具：用于选择或取消选择单个实例或所有实例。

（2）"绘制"工具：用于从场景添加和移除植被实例，如图 3-72 所示。

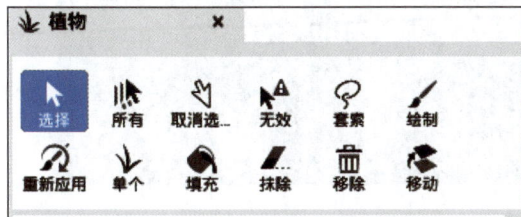

图 3-71　植被绘制工具

图 3-72　植被绘制工具的使用

（3）"重新应用"工具：用于修改已在场景中绘制的实例参数。

（4）"单个"工具：使用绘制笔刷放置所选植被的单个实例。

（5）"填充"工具：用于设置绘制工具一次放置多少网格体。

（6）"抹除"工具：用于擦除选中的植被。

📚 **操作小技巧**

常用的植被绘制编辑操作及快捷键如下。

- 拖动控件轴：移动、旋转或缩放选定的植被实例。
- 按 Alt 键 + 拖动控件轴：复制选中的实例，同时移动、旋转或缩放复制的实例。
- 删除键：删除选中的实例。
- End 键：将选中的实例对齐地面。如果最初放置时启用了此设置，则选中实例将其与法线对齐。

3.4.3　地形植被类的使用

地形植被类使用的步骤如下。

步骤1：在内容浏览器中右击，选择"植物"→"地形草地类型"命令创建地形植被类，如图3-73所示。

图3-73　创建地形植被类

步骤2：如图3-74所示，双击打开新建的地形植被类，在细节面板单击"+"按钮创建多个植被层。一个草地层可以包含多个植被，多个植被将按指定权重混合。

图3-74　创建多个植被层

步骤3：如图3-75所示，单击左侧三角图标展开植被层参数面板，按照项目需求编辑相应参数。

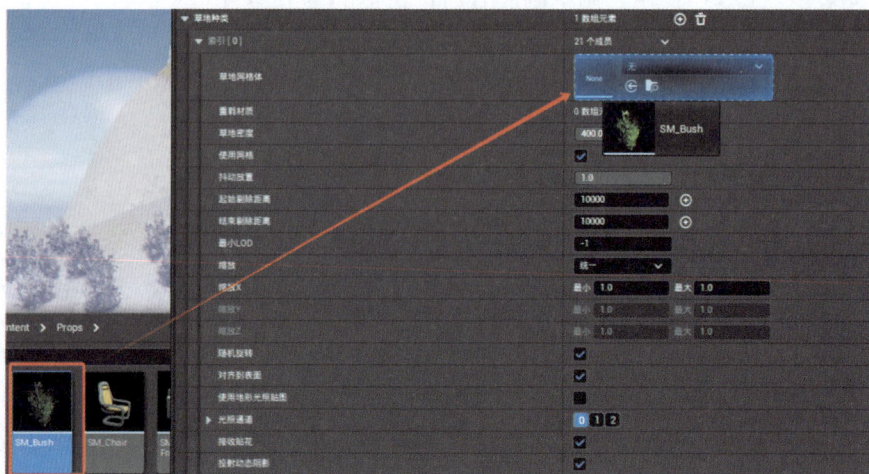

图3-75　编辑植被层参数

步骤 4：如图 3-76 所示，在材质编辑器中给地形材质添加 LandscapeGrassOutput 和 LandscapeLayerSample 节点。在细节面板为 LandscapeGrassOutput 节点命名为 Grass0，并将步骤 1 所创建的"地形草地类型"添加到细节面板的草地类型中。

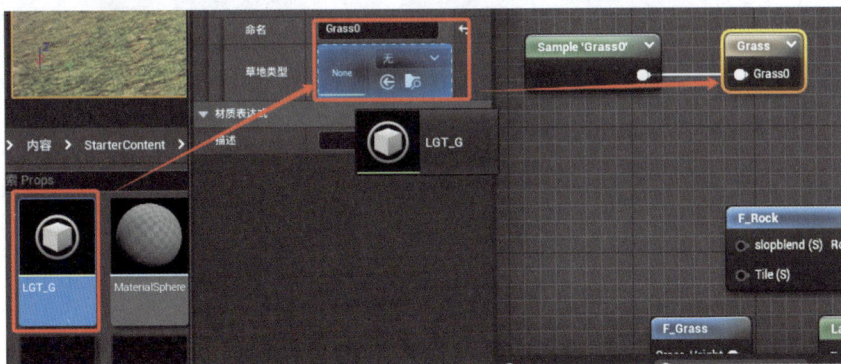

图 3-76　添加 LandscapeGrassOutput 和 LandscapeLayerSample 节点

如图 3-77 所示，在细节面板为 LandscapeLayerSample 节点的"参数名"命名，设置预览权重为 1。

图 3-77　设置 LandscapeLayerSample 节点参数

> **小提示**
>
> LandscapeGrassOutput 节点如果未命名将无法起作用。LandscapeLayerSample 节点的"参数名"必须与材质名称一致。

步骤 5：在"地形"模式下选用"绘制"工具，在绘制面板的"层"中为层添加"权重混合层（法线）"信息后，用户可以使用"绘制"工具继续绘制完善地形材质，如图 3-78 所示。

结合本章的知识点进行综合操作，森林山地案例最终效果如图 3-79 所示。

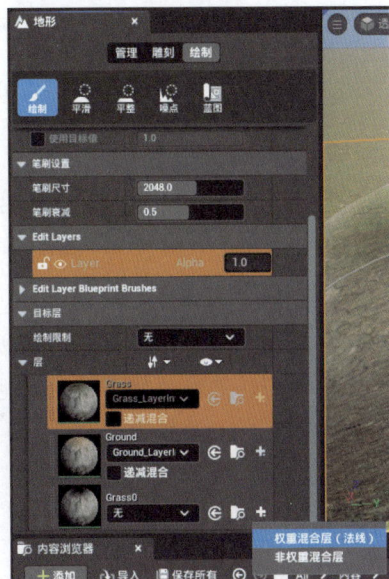

图 3-78　选用"绘制"工具绘制地形

图 3-79　森林山地案例最终效果

◆ 本 章 小 结 ◆

　　地形系统是 UE 非常重要的一部分，可作为美术设计师制作广袤地貌场景的系统工具。设计师可以通过创建地形、编辑地貌材质与植被实现对写实场景或者风格化场景的搭建，开启构建虚拟世界的第一步。UE 中的地形系统有很多用途，可以用于山地、盆地、河流、峡谷等地形的创建，由于这些内容超过了本书的知识范畴，目前只探究最基础的地形。

　　学习完本章的知识，读者能够对 UE 的地形系统有基础的理解，并可以着手制作大部分应用于地形方面的作品。这些知识将为读者进阶学习 UE，成为一名高水平的游戏设计师打下坚实的基础。

◆ 巩 固 与 提 升 ◆

1. 完成基础山地地形制作

　　要求：结合本章讲述的地形基础知识和本书附带的演示视频，制作基础山地地形。

2. 完成基础地貌材质与植被制作

　　要求：利用制作完成的山地地形和本书附带的树木、草等资源，制作地貌材质与植被。

3. 拓展作业

　　要求：收集江西不同地区的地形地貌图片与资料，结合不同户外地形地貌特征，制作至少两种户外地形，如平原、盆地、峡谷、森林等。

第 3 章
工程文件

第4章

室外场景光照构建

导读

光照系统模块是 UE5 内置的光照构建工具，可用于创建照亮室内室外场景的光照环境。UE5 光照系统还提供一系列光源类型，使用户可以轻松调整灯光形状和效果，呈现逼真自然的环境光照与阴影。

学习目标

- 认识 UE5 光照构建的工作流程。
- 了解不同光源类型与应用场景。
- 了解指数高度雾、天空大气和体积云。
- 了解 Nanite 虚拟几何体。
- 了解 Lumen 全局光照。

能力目标

- 掌握构建光照环境的方法。
- 能够合理设置静态、固定和可移动光源。

素质目标

- 熟悉灯光烘焙的工作原理，提升团队协作效率。
- 掌握构建室外场景光照的方法，为光照设计提供数据支持，提升用户体验。

4.1 认识灯光

4.1.1 光源类型

UE5 中有五种光源类型：定向光源（Directional-Light）、点光源（PointLight）、聚光源（SpotLight）、矩形光源（RectLight）和天空光照（SkyLight），如图 4-1 所示。

1. 定向光源

定向光源也称为平行光，模拟光从极远处或者接近于无限远处发出的光源，如图 4-2 所示，此光源为物体投射出平行的阴影，因此适用于模拟太阳光照效果。

2. 点光源

点光源从空间中的一个光源点均匀地向各个方向发射光线，如图 4-3 所示。其工作原理很像一个真实的灯泡，从灯泡内部的钨丝向四面八方发出光，因此适用于模拟室内外灯光光照效果。

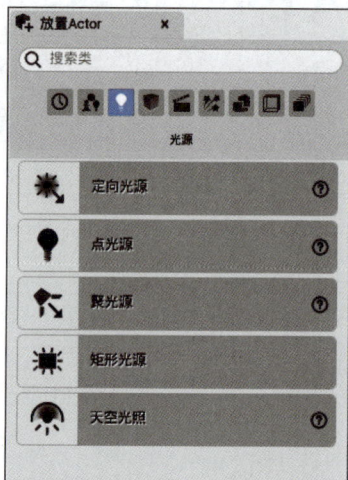

图 4-1　UE5 的五种光源类型

图 4-2　定向光源投射效果

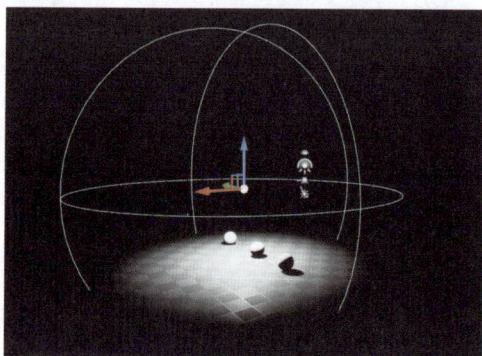

图 4-3　点光源投射效果

3. 聚光源

聚光源从圆锥体中的单个点发出光线，光照的形状可通过内圆锥体和外圆锥体两个圆锥体来塑造。光照的半径定义了圆锥体的长度，在内圆锥体中，可设置完整的光照亮度。从内圆锥体的范围进入外圆锥体的范围时，光线将发生衰减，形成一个半影区域，或在聚光源的圆形光照区域周围形成羽化效果，如图 4-4 所示。聚光源的工作原理类似于手电筒或舞台照明灯，因此适用于模拟舞台灯光等具有故事情境的光照效果。

4. 矩形光源

矩形光源从一个定义了宽度和高度的矩形平面向场景发出光线，如图 4-5 所示。它可以被用来模拟具有矩形面积的任意类型光源，因此适用于模拟显示器屏幕、吊顶灯具、壁灯以及影棚内灯光的光照效果。

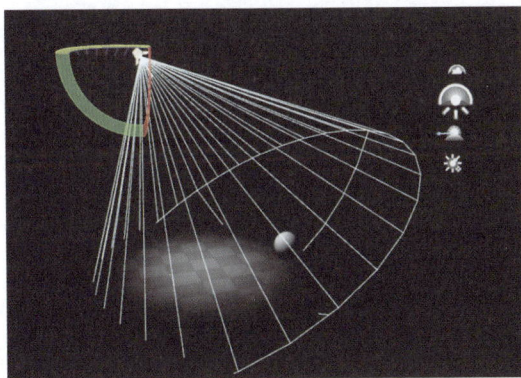

图 4-4　聚光源投射效果

图 4-5　矩形光源投射效果

5. 天空光照

天空光照又称为天光，UE5 会捕获关卡远处部分的背景信息，并将其作为光源应用于场景。即使是天空盒顶部的云层、远山或大气层的天空外观，天光与反射也会匹配，如图 4-6 所示。

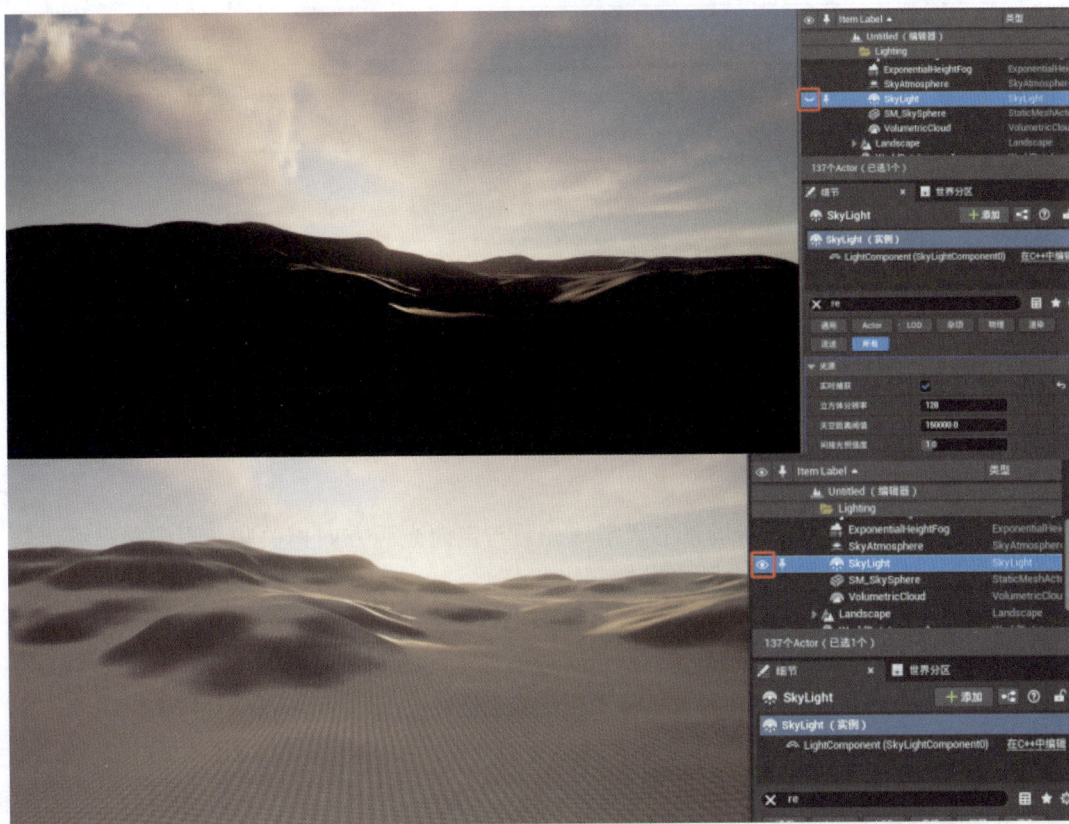

图 4-6　天空光照投射效果

定向光源和天光有许多不同的细节差异，主要差异如下。

（1）定向光源可直接照射场景，偏暖色；天光是漫反射照射场景，偏冷色。需注意的是，天光的颜色采集的是天空球的颜色，与天空球的颜色一致。

（2）定向光源主要照亮物体的亮部，天光主要照亮物体的暗部。

（3）定向光源的位置对光照环境无任何影响，其旋转角度决定光照效果；天光的位置和旋转属性对光照环境都无任何影响。

用户还可以通过在"细节（Details）"面板的天光光源属性中手动指定要使用的"立方体贴图"，设置天光效果，如图4-7所示。

构建固定（Stationary）或可移动天空光照（Movable Sky Lights），需在细节面板的天光属性中单击"重捕获"按钮，如图4-8所示。

图 4-8　细节面板天光属性中的"重捕获"按钮

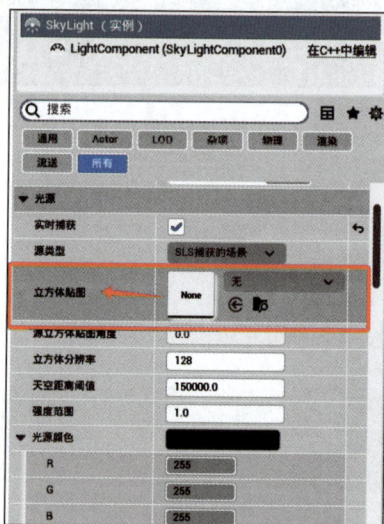

图 4-7　天光光源属性中的"立方体贴图"设置

小提示

重捕获场景也可以启用实时捕获功能，或通过游戏内蓝图调用重新捕获。

4.1.2　光照环境

在默认场景中，存在地面（Floor）、玩家出生点（Player Start）以及球体反射捕获（Sphere Reflection Capture），剩余的定向光源（Directional Light）、大气雾（Atmospheric Fog）和天光（Sky Light）和天空球（Sky Sphere）四个对象提供了关卡场景最基本的光照环境，如图4-9所示。

（1）实现UE5默认关卡场景的天空球光照与定向光源方向相关联。当定向光源旋转角度后，天空球的光照颜色会随之发生变化。

步骤 1：调整定向光源的旋转值，以模拟出不同太阳照射角度的光线效果。如图4-10所示，当定向光源角度自下向上变化时，可以模拟夜间的光照效果。

步骤 2：选择天空球，在细节面板单击 Refresh Material（刷新材质）按钮以刷新天空光，如图4-11所示。刷新后，天空球的颜色与当前定向光源模拟的太阳照射效果一致。

步骤 3：如果想通过设置太阳高度（Sun Height）调整光照环境，需选择天空球Actor，在其细节面板的 Directional Light Actor（定向光源）中设置"清除"天空球与定向光源的联系，如图4-12所示。如果场景内的定向光源与天空球相关联，则太阳高度值不起任何作用。

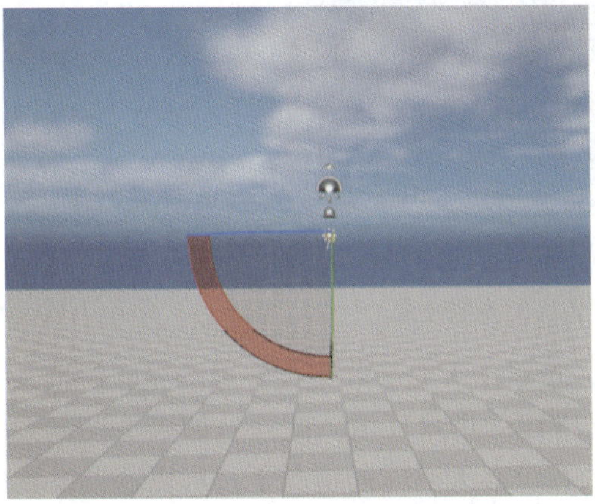

图 4-9　默认关卡场景的光照环境

图 4-10　旋转定向光源设置

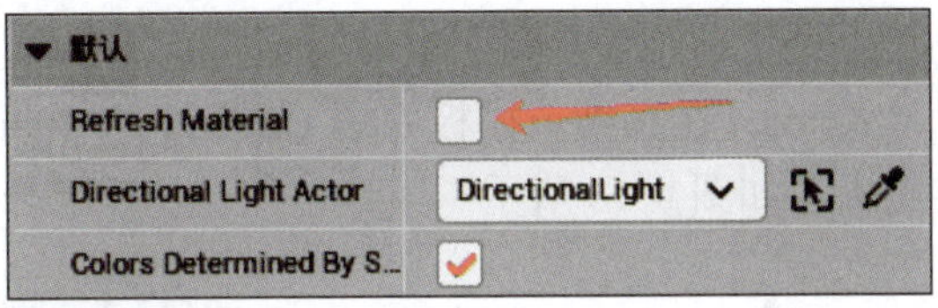

图 4-11　通过天空球刷新材质（Refresh Material）与定向光源保持效果一致

步骤 4：如果需要自定义 Zenith Color（天顶颜色），需要取消勾选 Colors Determined By Sun Position（由太阳位置决定颜色），如图 4-13 所示。

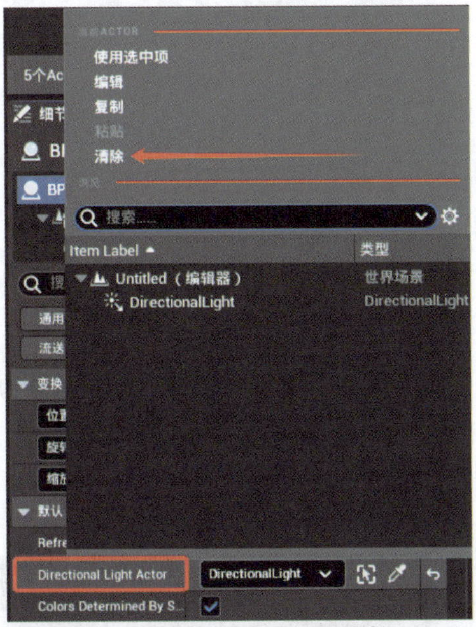

图 4-12　清除天空球与定向光源的关联

图 4-13　设置天顶颜色（Zenith Color）

取消勾选 Colors Determined By Sun Position（由太阳位置决定颜色）后，调整 Zenith Color（天顶颜色）也可改变光照环境，如图 4-14 所示。

图 4-14　调整天顶颜色后的光照效果

在新场景中创建天空球、天光及球体对象，场景中天光会收集天空球的光照信息，颜色与天空球颜色一致，再利用吸收的光照亮已搭建的场景环境。此外，如果不设定天空球，也可以自定义光照环境。如图 4-15 所示，在没有天空球的情况下，可以通过设置其他光源定义光照效果。

（2）新增加定向光源后，创建的天空球与定向光源颜色并无关联，若要实现随着定向光源旋转，且天空颜色发生变转，则需要将天空球与定向光源关联。

步骤 1：选择天空球 Actor，在其细节面板中的 Directional Light Actor（定向光源）选项中选择场景中的定向光源，如图 4-16 所示。

图 4-15　无天空球时自定义光照环境

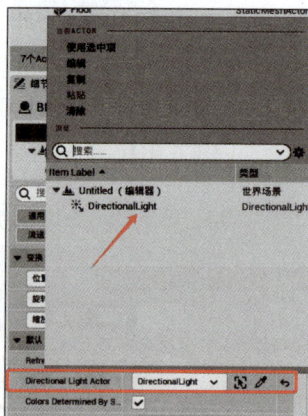

图 4-16　将天空球与定向光源关联

小提示

如果没有创建定向光源，则不会有可选择的光源选项，其他光源类型是无法被选择的。

步骤 2：选择完成后，单击 Refresh Material（刷新材质）以刷新天光，如图 4-17 所示。
步骤 3：单击"构建"命令进行光照构建渲染，如图 4-18 所示。

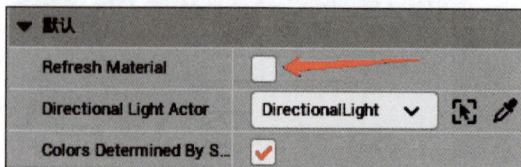

图 4-17　通过 Refresh Material（刷新材质）重设天光

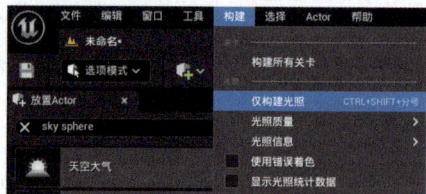

图 4-18　重新构建光照后的光照环境

4.2　大气环境光照的构建

指数高度雾、天空大气与体积云是 UE5 视觉效果组件。认识它们的各项属性，有利于掌握户外大气环境光照的构建方法。

4.2.1　指数高度雾

指数高度雾（Exponential Height Fog）在地形较低位置处密度较大，而在较高位置处密度较小。如图 4-19 所示，将"雾高度衰减"设置为 0，指数高度雾过渡得十分平滑，随着地形高度升高，不会出现明显雾效的切换。指数高度雾提供两个雾色：一个作用于面朝定向光源或其他主光源的半球体；另一个作用于相反方向的半球体。

图 4-19　指数高度雾效果

如果需要设置指数高度雾，可以在渲染菜单的项目设置中启用"支持天空大气影响高度雾（Support Sky Atmosphere Affecting Height Fog）"，如图 4-20 所示。

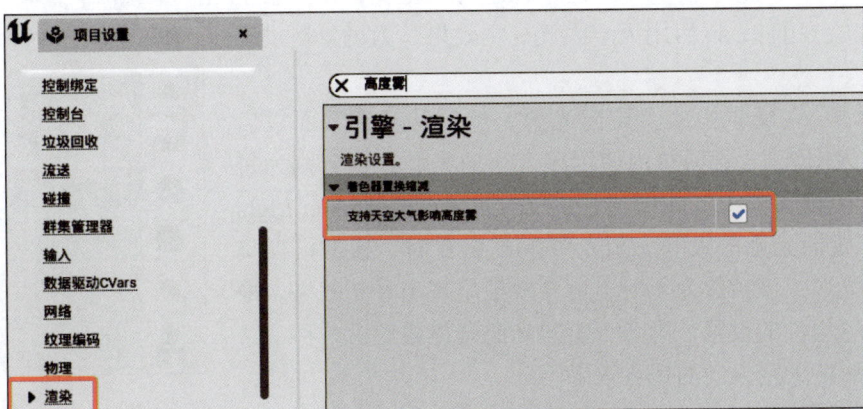

图 4-20　启用"支持天空大气影响高度雾"

　　高度雾的视觉效果会在指数高度雾组件提供的现有环境颜色上，叠加应用天空大气高度雾。实际上，在使用天空大气组件时，Mie 散射模拟了指数高度雾，因此无须再添加指数高度雾组件，即可在场景中实现高度雾的效果。如果想要天空大气组件影响指数高度雾，则需要将"雾散射颜色（Fog Inscattering Color）"和"定向非散射颜色（Directional Inscattering Color）"设置为黑色。

4.2.2　天空大气

　　天空大气（Sky Atmosphere）组件是 UE5 中基于物理天空和大气的渲染系统。灵活使用天空大气，可以模拟出类似地球大气层的视觉效果，同时提供一种从日出到日落的不同时间段的大气效果，如图 4-21 所示。它还可以模拟创造奇特的外星大气层视觉效果，并且提供空气透视，可利用相关行星曲率模拟从地面到天空再到外太空的过渡效果。用户可创造性地自由发挥，构建渲染写实或风格化的天空大气效果，通过实时更新反映气候的日夜变化。

图 4-21　使用天空大气组件模拟的大气效果

　　天空大气是虚幻引擎 4.26 版本中新增的大气系统，与大气雾同时放置到场景中时，只生效天空大气系统。在 UE5 中已经将大气雾移除，其功能由天空大气代替。

　　使用天空大气组件模拟大气效果的步骤如下。

　　步骤 1：在关卡编辑器中的"放置 actor"面板找到"天空大气"，如图 4-22 所示。单击选中该组件并拖曳，在场景中放置天空大气组件，以启用天空大气视觉效果，为场景提供环境光照。

　　步骤 2：在场景中放置定向光源，然后从其细节面板启用"大气太阳光"。若场景内使用多个定向光源，则分别为每个定向光源设置"大气太阳光照指数（Atmosphere Sun Light Index）"。定向光源的大气太阳光照指数为 0 时，通常模拟呈现出太阳光照；该指数为 1 时，通常模拟呈现出月亮效果。根据天空大气组件的设置，为各个定向光源调整属性后，移动这些光源将影响天空大气的视觉效果。

图 4-22　选择启用天空大气组件

> **小提示**
>
> 　　天空大气模拟生成光穿过行星大气层介质时的散射视觉效果，包括以下内容。
> 　　（1）可由两个定向光源接收日轮在大气中的表现，天空颜色取决于太阳光和大气属性。
> 　　（2）天空颜色将随着太阳高度变化而变化，即随主定向光源与地面平行角度变化而变化。
> 　　（3）可通过设置散射和模糊参数控制大气密度。
> 　　（4）空气透视可模拟从地面到天空再到太空过渡时的场景曲率。

4.2.3　体积云

　　体积云（Volumetric Clouds）组件是 UE5 基于物理天空和云的渲染系统。该系统使用材质驱动方法，使用户可以充分发挥美术设计师的创造性，自由创建项目所需的任意造型云。这些云在虚幻天空中飘动，能够反映出一天中不同时间段的受光照效果，如图 4-23 所示。

　　传统游戏和电影中的实时云体渲染主要是通过将静态材质应用到天空球网格体的方法来实现。这种方法虽然简单，但缺乏动态性和真实感。UE5 体积云系统实现了动态实时设置，使用支持光线步进的三维体积纹理

图 4-23　体积云组件的视觉效果

来表示实时云层，并结合实时捕获模式下的天空大气和天空光照进行效果补充。这种先进的技术不仅提升了云层的视觉效果，还为实时渲染带来了前所未有的真实感和动态性。

1. 光线步进

　　实时模拟生成云需要复杂的光照渲染系统。UE5 体积云系统采用光线步进和近似算法模拟云渲染，有效解决了硬件开销问题，并支持多种平台和硬件设备。体积云具有可伸缩的实时性能，支持模拟光源多重散射、云投射阴影、投射到云上的阴影、地面对云层底部产生的光照以及昼夜变换效果等。

2. 光源多重散射

　　散射体中往往包含很多散射粒子，每个粒子的散射光都会被其他粒子再散射。多重散射就是光线穿过散射体在到达人眼或摄像机传感器之前，可能在体积内不同粒子上发生的散射光效应。各种各样云的形状就是由这种光效应生成的。多重散射效应会影响光线在云体中的传播路径，改变云层浓厚程度与明暗分布。在体积云实时渲染过程中，复杂的多重散射效果是通过近似模拟实际的散射过程来实现的。

3. 云环境光遮挡

　　柔和的环境光阴影是让云看起来更自然的一个重要因素。用户可以在天空光照组件的细节面板设置启用"大气与云"属性选项中的"云环境光遮挡（Cloud Ambient Occlusion）"，以使云层能够遮挡来自天空和大气的环境光源，如图 4-24 所示。

图 4-24　启用天空光照组件的"云环境光遮挡"

4.3　太阳光照的设置

定向光源适用于模拟太阳光照效果，其旋转角度决定了太阳光照的高度与位置。如图 4-25 所示，UE5 中的定向光源 Actor 以箭头指出了光线传播的方向，用户可以根据需要调整该光源的方向，从而设置太阳光照效果。

4.3.1　定向光源

定向光源的主要属性有以下五类：光源、光束、Lightmass、光照函数和级联阴影贴图。

1. 光源

定向光源默认光源的主要参数如图 4-26 所示。

图 4-25　定向光源方向

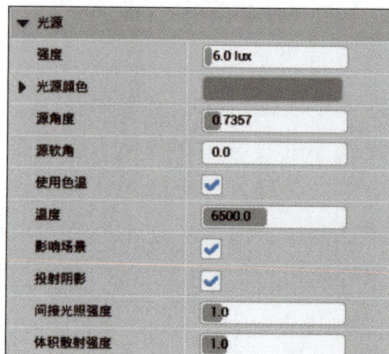

图 4-26　定向光源默认光源的参数

- 强度（Intensity）：强度值影响光源所散发的总能量，如图 4-27 所示。
- 光源颜色（Light Color）：该值影响光源所散发的颜色，如图 4-28 所示。

图 4-27　调整强度后的光照效果

图 4-28　调整光源颜色后的光照效果

- 影响场景（Affects World）：勾选启用后，光源可以影响场景；禁用后，光源不影响场景。运行时无法修改此参数。
- 投射阴影（Casts Shadows）：勾选启用后，光源可投射阴影。
- 间接光照强度（Indirect Lighting Intensity）：缩放光源发出的间接光照贡献。

2. 光束

定向光源默认光束的参数如图 4-29 所示。

- 光束遮挡（Light Shaft Occlusion）：通过勾选，在雾气和大气之间的散射形成屏幕空间，从而产生模糊遮挡效果，如图 4-30 所示。
- 遮挡遮罩暗度（Occlusion Mask Darkness）：该值控制遮挡遮罩的暗度，值为 1 则无暗度。
- 遮挡深度范围（Occlusion Depth Range）：场景中和摄像机之间的距离小于此距离的物体都会对光束构成遮挡。

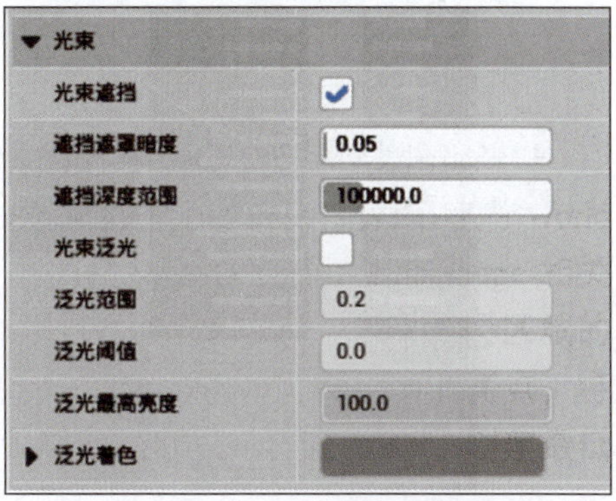

图 4-29　定向光源默认光束的参数

- 光束泛光（Light Shaft Bloom）：通过勾选启用确定是否渲染此光源的光束泛光，如图 4-31 所示。

图 4-30　启用光束遮挡后的环境光照效果　　　图 4-31　启用光束泛光后的环境光照效果

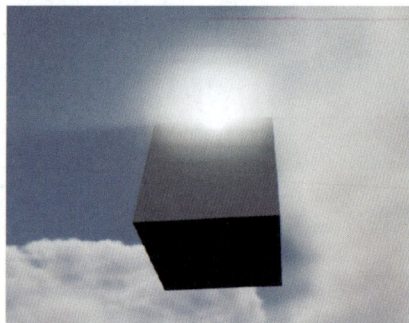

- 泛光范围（Bloom Scale）：缩放叠加的泛光颜色。
- 泛光阈值（Bloom Threshold）：若需在光束中形成泛光，场景颜色值须大于此阈值。
- 泛光着色（Bloom Tint）：该值可调整光束发出的泛光效果颜色。

3. Lightmass

定向光源（Lightmass）的默认参数如图 4-32 所示。

- 光源角度（Light Source Angle）：该值影响半影的尺寸。
- 间接光照饱和度（Indirect Lighting Saturation）：数值为 0 时，将完全去除此光照在 Lightmass 中的饱和度；为 1 时，则保持不变。
- 阴影指数（Shadow Exponent）：该值影响半影的衰减。

4. 光照函数

定向光源光照函数默认的参数如图 4-33 所示。

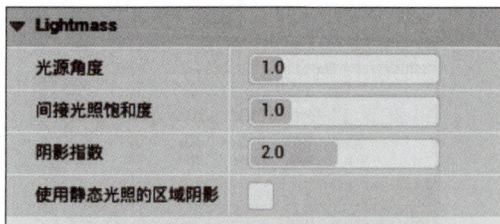

图 4-32　定向光源 Lightmass 的默认参数　　　图 4-33　定向光源光照函数默认的参数

- 光照函数材质（Light Function Material）：可加载应用到该光源的光照函数材质。
- 光照函数范围（Light Function Scale）：缩放光照函数投射范围。
- 淡化距离（Fade Distance）：在淡化距离范围内，光照函数将淡化为已禁用亮度的光照效果。
- 已禁用亮度（Disabled Brightness）：已指定的光照函数被禁用时，该值被应用到光源的亮度。

5. 级联阴影贴图

定向光源级联阴影贴图默认的参数如图 4-34 所示。

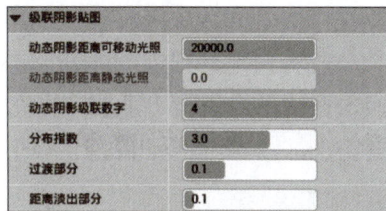

- 动态阴影距离可移动光照（Dynamic Shadow Distance Movable Light）：可移动光照的联级阴影贴图生成的动态阴影覆盖距离，该距离从摄像机位置开始测量。

图 4-34 定向光源级联阴影贴图默认的参数

- 动态阴影距离静态光照（Dynamic Shadow Distance Stationary Light）：静态光照的联级阴影贴图生成的动态阴影覆盖距离，该距离从摄像机位置开始测量。
- 动态阴影级联数字（Num Dynamic Shadow Cascades）：将整个场景视锥拆分的联级数量。
- 级联分布指数（Cascade Distribution Exponent）：该指数较小时，控制级联分布靠近摄像机；该指数较大时，控制级联分布远离摄像机。
- 级联过渡部分（Cascade Transition Fraction）：该值影响级联之间淡化区域的比例。
- 级联距离淡出部分（Shadow Distance Fadeout Fraction）：该值控制动态阴影影响淡出区域的范围大小。

除了以上五大重点属性外，用户还可对放置在关卡场景内的定向光源的移动性进行设置。UE5 中光源的移动性包含静态、固定与可移动三种类型，如图 4-35 所示。

4.3.2 静态光源

静态光源是无法在运行中改变的光源，是运行速度最快的渲染方法，可用于呈现已烘焙的光照。如图 4-36 所示，静态光源的阴影通常比较模糊，具体阴影效果取决于模型的光照贴图设置。静态光源支持反射光照和全局光照。

图 4-35 UE5 中光源的移动性

图 4-36 静态光源的阴影效果

小提示

使用静态光源时，场景中物体的表面显示出"预览"字样，只有在灯光烘焙之后，光照信息才会被烘焙进光照贴图中，"预览"字样才会消失。一旦重新改动灯光信息，"预览"字样会再次出现。

静态光源在运行过程中几乎不产生任何性能消耗，也不会影响性能。灯光烘焙完成后，运行流畅度不会受灯光数量与效果的影响。静态光源仅对移动性是静态的对象产生影响，生成投影，通过调整光源半径属性，可以产生区域接触阴影；对可移动对象则无影响，也不会生成投影。

如果想获得较好的阴影效果，对于接收阴影的表面，需要合理设置它们的光照贴图分辨率。

4.3.3　固定光源

固定光源是保持固定位置不变的光源，用户可以在运行中改变其亮度和颜色等属性。固定光源兼具静态和动态光照的优点。其间接光照在 Lightmass 光照系统中预先

图 4-37　固定光源的阴影效果

计算，只烘焙静态几何体的投影和间接（反射）光照。固定光源的直接光照使用延迟着色技术进行渲染。因此，在运行时更改亮度，仅影响直接光照。固定光源的直接光照具有和可移动光源一样的高质量解析高光。固定光源的所有间接光照和间接阴影都存储在光照贴图中，直接阴影存储在阴影贴图中，效果如图 4-37 所示。

> **小提示**
>
> 固定光源会存储阴影贴图，将阴影渲染信息保存在纹理中，该纹理只提供四个颜色通道，具有一定局限性。在场景同一区域设置太多的固定光源，将会降低性能，出现光源报错。在使用固定光源时一定要确保没有光源报错。如果项目确实需要较多固定光源，可以更改投射阴影选项。选择禁用灯光投射阴影后，光源报错就会消失。

4.3.4　可移动光源

可移动光源即为完全动态光源，可投射完全动态的光照和阴影。运行时，其位置、旋转、颜色、亮度、衰减、半径等所有属性都可被修改。可移动光源的光照不会被烘焙到光照贴图中，在无全局光照时不支持间接光照，光照品质要逊色一些。可移动光源的特点是阴影锐利且轮廓清晰，如图 4-38 所示。可移动光源是最慢的渲染方式，其运行性能的好坏取决于动态光源的数量，特别是动态阴影的数量，且容易呈现出不真实的视觉效果。但是，可移动光源在运行过程中具有最高的灵活性。

图 4-38　可移动光源的阴影效果

> **小提示**
>
> 可移动光源的品质并非最好。如果场景内存在巨大的静态网格体，其投射的动态阴影可能不够精确。渲染时，有阴影的完全动态光源所产生的性能消耗，通常远高于渲染没有阴影的动态光源。

4.4　反射捕获的设置

UE5 的反射环境系统能够捕获并显示局部光泽反射，并在关卡的每个区域提供有效的光泽反射。该系统有两个反射采集器：球体反射捕获和盒体反射捕获，如图 4-39 所示。反射捕获决定场景中哪个部分被采集到立方体贴图中，反射中关卡被重新投射到什么形状上，以及关卡的哪个部分可以接收来自该立方体贴图的反射影响。

快速设置反射环境的步骤如下。

步骤 1：因为显示反射环境需要间接漫反射光照，所以首先将项目所需光源添加到关卡，然后构建光照。

步骤 2：在"放置 Actor"面板的"视觉效果"选项卡选择一个反射捕获采集 Actor 并拖入关卡场景中。

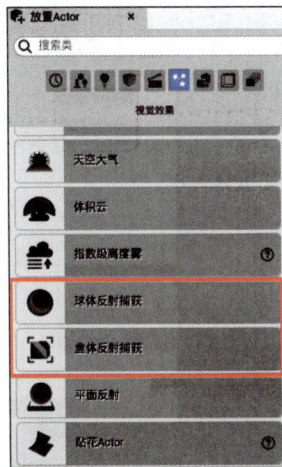

图 4-39　UE5 的球体反射捕获和盒体反射捕获

> **小提示**
>
> 　　如果关卡中未出现反射或反射强度未达到期望效果，可以尝试为材质设置较明显的高光度和较低的粗糙度，以便显示反射。为了更好地确认材质中需要调整的值，建议使用反射覆盖视图模式显示正在被反射捕获的内容。

4.4.1　球体反射捕获

球体反射捕获极为实用，其具有橙色的影响半径，能决定关卡的哪些部分可以接收来自立方体贴图的反射影响。球体反射捕获较小的采集将覆盖较大的采集，因此在关卡周围放置较小的采集能够有效提升反射效果。

对于大多数项目，最好的反射捕获方案是结合使用球体反射捕获和屏幕空间反射，共同实现反射效果。球体反射捕获和屏幕空间反射各有优缺点，结合使用可兼具两者的优点，从而弥补各自的不足。如图 4-40 所示，CityParkEnvironment 项目中的球体反射捕获结合屏幕空间反射，共同实现了场景反射效果。

图 4-40　CityParkEnvironment 项目中的球体反射捕获 Actor

设置反射捕获分辨率，需要先在项目设置中搜索"反射"，然后调整"反射捕获分辨率"参数，如图 4-41 所示。将反射捕获分辨率调高即可提高反射捕获效果清晰度，但占用的内存会变大，该值应该根据项目实际需求进行调整。

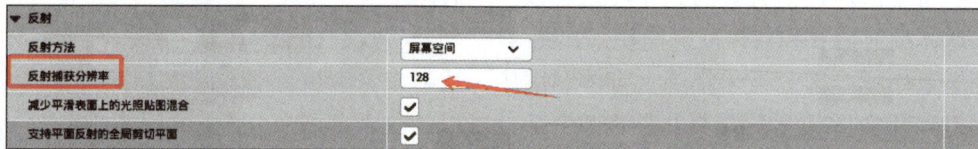

图 4-41　在项目设置中调整反射捕获分辨率

4.4.2　盒体反射捕获

盒体反射捕获只有在盒体中的像素才可看到反射，同时盒体中的所有几何体将投射到盒体上，很多情况下会出现较严重的瑕疵。因此，盒体反射捕获的应用场景很有限，通常只用于走廊和矩形房间。如图 4-42 所示，CityParkEnvironment 项目中的盒体反射捕获 Actor 作用于走廊和矩形房间。

图 4-42　CityParkEnvironment 项目中的盒体反射捕获 Actor

4.4.3　Nanite

Nanite 是 UE5 的虚拟化几何体系统，采用全新的内部网格体格式和渲染技术，能够渲染像素级别的细节以及海量对象。它可以智能地仅处理用户感受到的细节。另外，Nanite 采用高度压缩的数据格式，并且支持具有自动细节级别的细粒度流送。

4.4.4　在网格体上启用Nanite支持

需要先在项目设置中打开对 Nanite 的支持，如图 4-43 所示，在"编辑"栏中打开项目设置，搜索 Nanite 后启用。

在几何体支持的前提下，可以通过以下方法启用 Nanite。

1. 导入时

在导入要启用 Nanite 的网格体时，勾选"编译 Nanite"复选框，如图 4-44 所示。

在网格体上启用 Nanite 支持

图 4-43　启用 Nanite

2. 在单独的网格体上启用 Nanite

打开支持 Nanite 的网格体编辑器，例如静态网格体和几何体集合如图 4-45 所示，并在细节面板的"Nanite 设置"选项中勾选"启用 Nanite 支持"复选框，如图 4-46 所示。

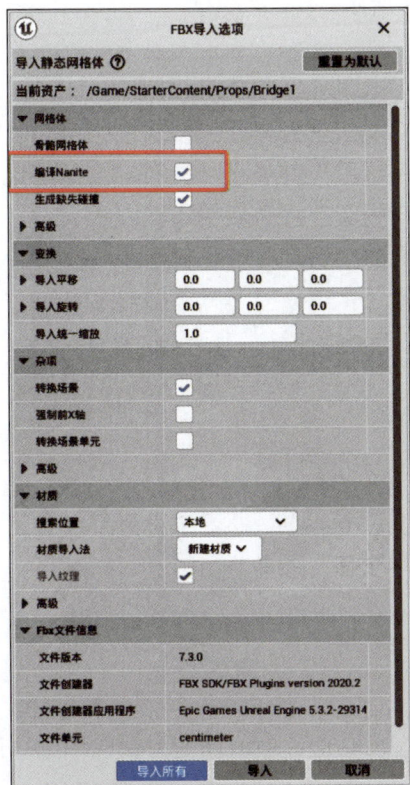

图 4-44　导入时启用"编译 Nanite"

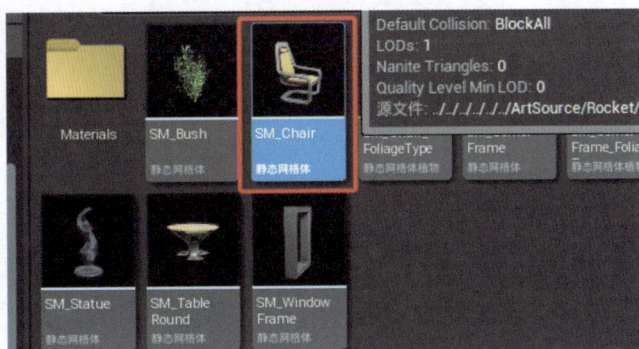

图 4-45　支持 Nanite 的静态网格体

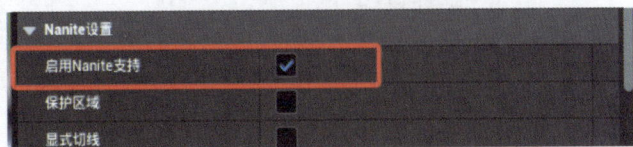

图 4-46　在单独的网格体上启用 Nanite

3. 在网格体上批量启用 Nanite

如果希望批量对静态网格体启用 Nanite，可以使用"编辑属性矩阵中的选择"功能快速启用 Nanite。可以首先在内容浏览器中选取需要启用 Nanite 的网格体，然后右击，进入"资产操作"，如图 4-47 所示。

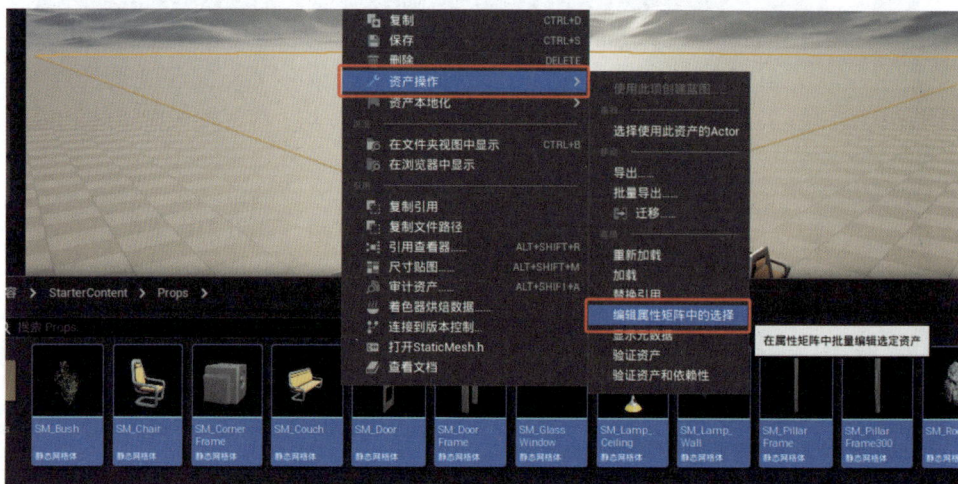

图 4-47　使用"编辑属性矩阵中的选择"快速启用 Nanite

在细节面板中勾选"Nanite 设置已启用"，如图 4-48 所示。

图 4-48　使用勾选"Nanite 设置已启用"

4. 视口界面查看 Nanite 信息

在成功对网格体启用了 Nanite 功能后，在视口界面中选择视口模式的"Nanite 可视化"→"总览"，可以观察到该网格体的 Nanite 相关信息，如图 4-49 所示。

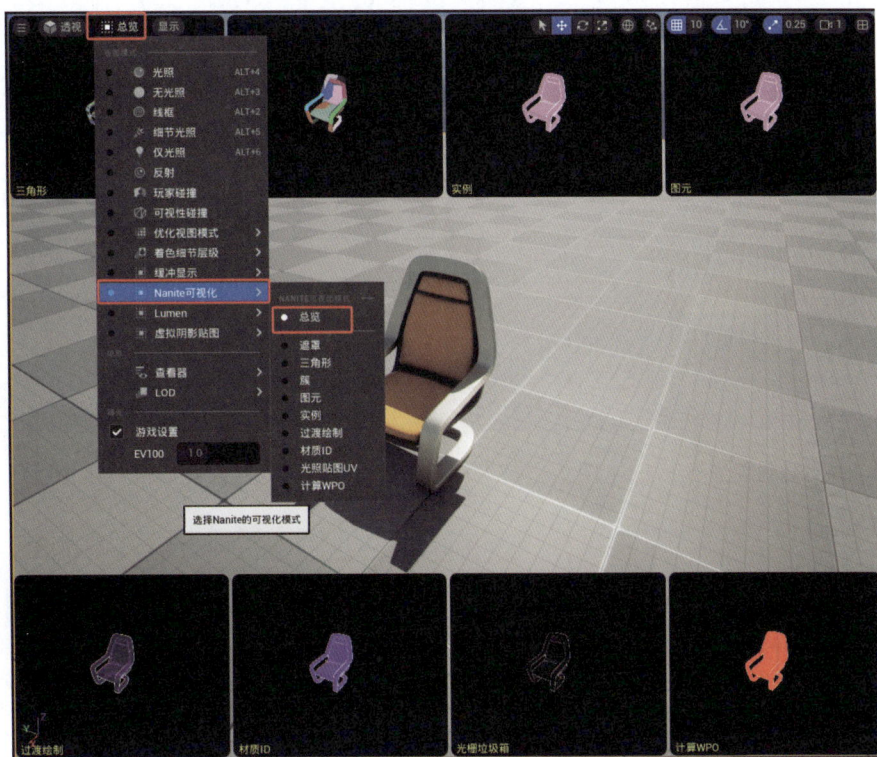

图 4-49　Nanite 网格体的总览信息

通过在视口界面中选择视口模式的"Nanite 可视化"→"三角形",可以观察到场景中 Nanite 网格体中的所有三角形,调整观察距离后,可以看见 Nanite 网格体中三角形数量将发生变化,如图 4-50 所示。

图 4-50　不同距离下 Nanite 网格体的三角形信息

4.5　Lumen 全局光照和反射

Lumen 是 UE5 的全动态全局光照和反射系统,专门针对下一代主机进行设计,是默认的全局光照和反射系统。Lumen 能够在具有大量细节的宏大场景中渲染间接反射,并确保无限次数的反弹以及间接高光度反射效果。

4.5.1　开启Lumen全局光照和反射

　　项目在从 UE4 升级到 UE5 时，不会自动启用 Lumen 功能，而是需要手动启用。在项目设置下的渲染（Rendering）的动态全局光照（Dynamic Global Illumination）和反射（Reflections）类别中启用，如图 4-51 所示。

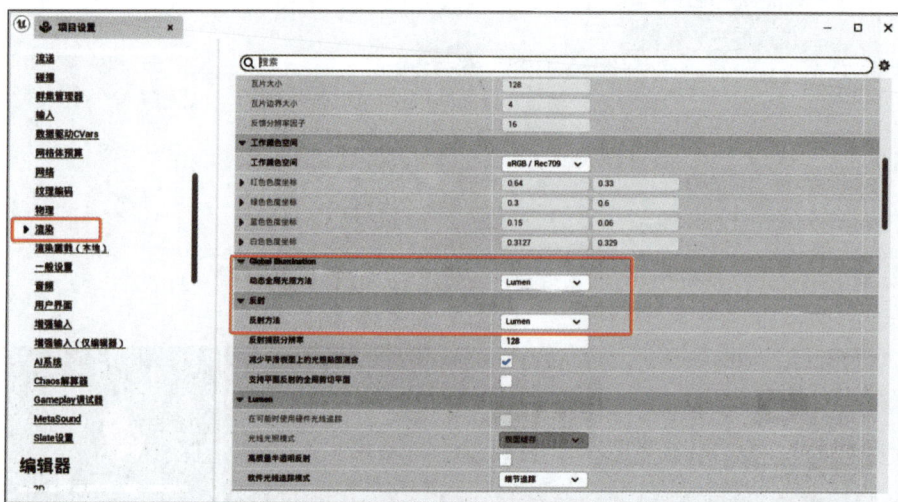

图 4-51　启用 Lumen 功能

4.5.2　后期处理设置

　　后期处理设置包含 Lumen 的重载和控制属性，这些设置可以在全局光照和反射类别中找到。这些设置的效果能通过视口界面的"视图模式"中 Lumen 总览观察，如图 4-52 所示。

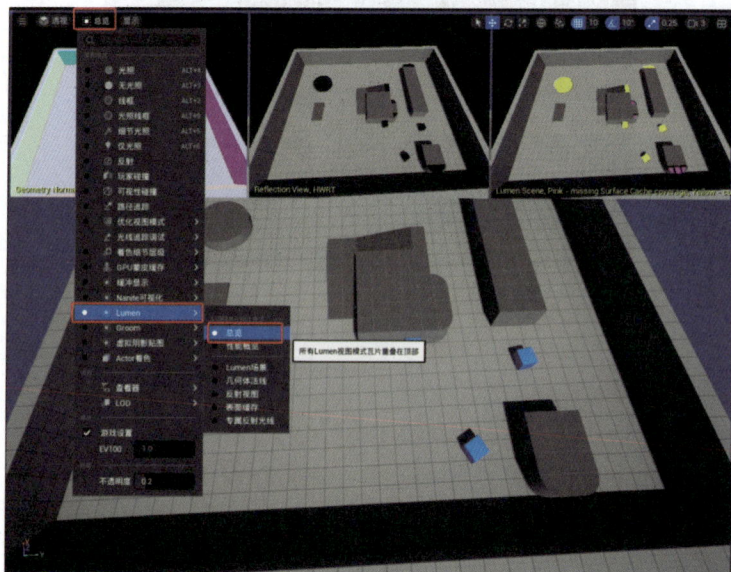

图 4-52　Lumen 的总览信息

图 4-53　在 PostProcessVolume
中设置 Lumen 属性

在世界大纲中选中 PostProcessVolume（实例），可在细节面板中对 Lumen 的参数进行设置，如图 4-53 所示。

各属性作用如下。

（1）光线光照模式：当 Lumen 采用硬件光线追踪时，Lumen 的光线光照共有四种模式：项目默认、表面缓存、反射的命中光照和命中光照，如图 4-54 所示。

其中，表面缓存的 GPU 开销最小，命中光照最高，两种光线光照模式效果对比如图 4-55 所示。

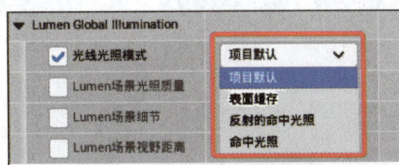

图 4-54　光线光照的四种模式

图 4-55　光线光照模式表面缓存（左）和命中光照（右）效果对比

（2）Lumen 场景光照质量：当场景光照质量值越大时，场景所使用的保真度越高，GPU 开销也越大。Lumen 场景光照为 0.25 和 2 时的效果对比，如图 4-56 所示。

图 4-56　Lumen 场景光照为 0.25（左）和 2（右）时的效果对比

小提示

在软件运行时可以看出明显区别。

（3）Lumen 场景细节：可以控制 Lumen 场景中呈现的实例大小。值越大时，能够呈现的物体越小。Lumen 场景细节为 0.25 和 1 时的效果对比，如图 4-57 所示。

图 4-57　Lumen 场景细节为 0.25（左）和 1（右）时的效果对比

（4）Lumen 场景视野距离：设置 Lumen 为追踪所保持的场景最大视野距离。

（5）最终采集质量：提高 Lumen 全局光照质量，值较大时会减少噪点。最终采集质量为 0.35 和 2 时的效果对比，如图 4-58 所示。

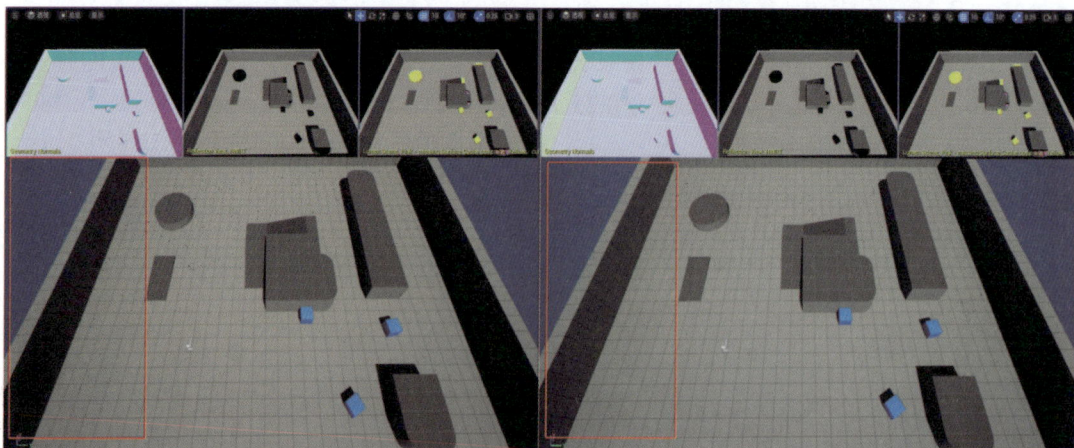

图 4-58　最终采集质量为 0.35（左）和 2（右）时的效果对比

（6）最大追踪距离：在解算光照时，控制 Lumen 应该跟踪的最大距离。最大追踪距离为 1 和 20000 时效果对比，如图 4-59 所示。

（7）场景捕获缓存分辨率：场景捕获的 Lumen 表面缓存分辨率的缩放系数。

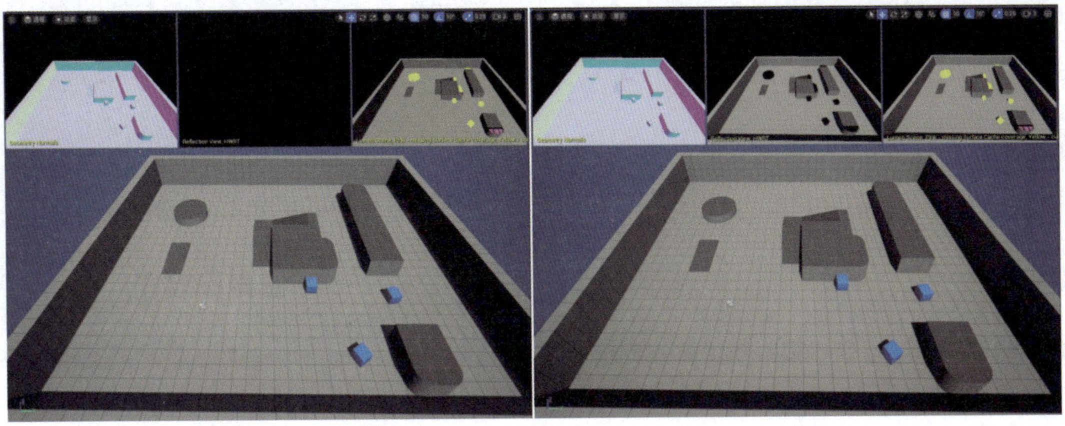

图 4-59　最大追踪距离为 1（左）和 20000（右）时效果对比

◆ 本 章 小 结 ◆

　　光照系统是虚幻引擎非常重要的组成部分，读者可以通过合理设置光源和视觉效果还原写实世界或塑造风格化场景，掌握构建光照的方法与技巧是成为一名 VR 美术设计师的必备技能之一。受篇幅限制，目前本章仅讲解了光照设置、Nanite 虚拟网格体和 Lumen 全局光照基础。光照贴图制作、后期处理体积以及 Lumen 全局光照进阶等知识还需读者自行拓展学习。

　　学习完本章的知识，意味着读者对虚幻引擎的光照系统有了基础的理解，可以着手制作大部分应用于搭建环境的自然灯光或者后期处理效果，所有的这些知识将为读者进阶学习 UE5，成为一名高水平的游戏设计师打下坚实的基础。

◆ 巩固与提升 ◆

1. 搭建天空大气光照环境

　　要求：结合本章讲述的灯光基础知识和本书附带的视频演示资源，制作自然光照环境。

2. 搭建户外光照环境

　　要求：通过资料收集与分析，结合不同户外光照环境的特征，制作至少两种户外光照环境，如微光晨曦、正午骄阳、落日余晖、奇幻之夜等。

3. 拓展作业

　　要求：通过资料收集与分析，根据 UE5 "初学者内容包" 中的建筑资源，制作完成室内光照环境。

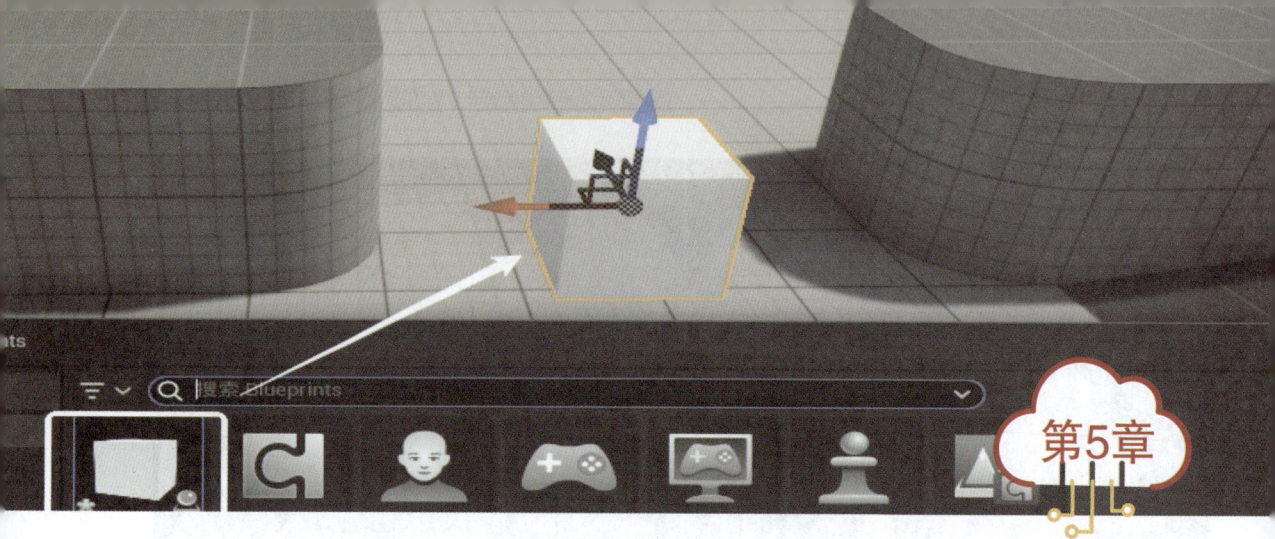

第5章

蓝图可视化编程

导读

　　蓝图是 UE5 内置的一个完整的游戏脚本系统。其核心理念是使用基于节点的界面创建游戏可玩性元素，从而实现编程工作的可视化。可视化编程语言的特点是基于面向对象的思想，引入类（Class）的概念和事件驱动机制。和其他常见的脚本语言一样，蓝图的用法也是通过定义在引擎中的面向对象的类或者对象（Object）来实现。在使用 UE5 的过程中，经常会遇到在蓝图中定义的对象，并且这类对象也会被直接称为"蓝图"。

知识目标

- 了解蓝图的类型及使用方法。
- 了解蓝图的执行流程和变量的使用方法。

能力目标

- 能够运用可视化编程工具实现简单的动画、游戏和交互功能，如制作移动标靶、改变目标方向、添加音效和粒子效果等。
- 能够根据具体问题，运用可视化编程工具进行需求分析、方案设计、代码编写和调试测试，从而解决实际问题。

素质目标

- 能够发挥创新思维，尝试新的编程方法和思路，创造出具有独特性和实用性的可视化编程作品。
- 能够在团队项目中发挥积极作用，与团队成员共同协作完成可视化编程任务，提高团队协作能力。

5.1　蓝图基础

5.1.1　蓝图的概述

蓝图是 Epic Games 针对 UE4 开发的可视化编程脚本语言。它是基于 UE3 所使用的可视化脚本系统（Kismet）和虚幻脚本系统（Unreal Script）的结合体。除了具备传统编程语言的特点，还具备简单、易用和易理解的特性，是一类特殊的资产（Asset），如图 5-1 所示。开发者能够使用节点和连接的方式设计游戏逻辑，无须编写传统的编程代码。蓝图系统非常适合快速原型开发，同时也支持复杂的逻辑和功能实现。

虚幻引擎中的蓝图可视化脚本（Blueprint Visual Scripting）系统是使用基于节点的接口创建 Gameplay 元素的可视化编程语言，如图 5-2 所示。该系统非常灵活且功能强大，基于节点的工作流程为设计师提供了一般情况下只有程序员才能使用的广泛脚本概念和工具。此外，在虚幻引擎的 C++ 实现方案中，程序员可通过蓝图特有标记创建基础系统，设计师可扩展这些系统。

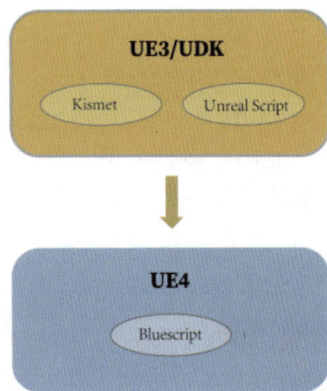

图 5-1　蓝图可视化编程的发展由来

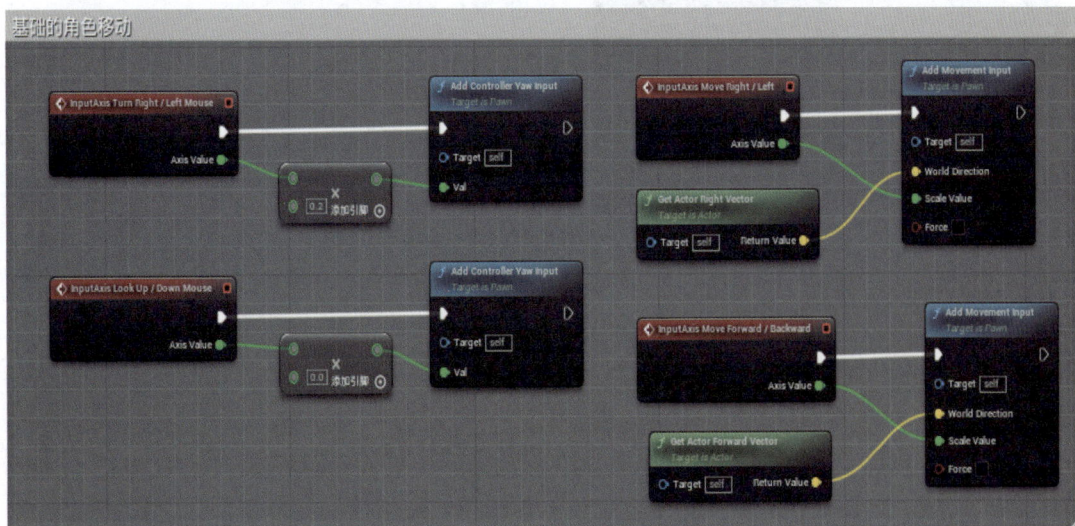

图 5-2　基于节点连接的蓝图可视化编程

UE5 的蓝图系统相较于 UE4 有了显著的改进和增强，提供了更高效、更直观的可视化编程体验。UE5 蓝图系统的改进主要体现在性能提升、节点库扩展、用户界面优化、与 C++ 代码集成更紧密以及调试工具更强大。此外，UE5 引入了新的蓝图类型（如仅包含数据的蓝图），开发者在调整继承属性时无须添加新元素，类似于原型的概念。同时，蓝图接口在 UE5 中也得到了增强，使得不同蓝图间能够更便捷地共享和通信数据。开发

119

者能够在新加入的蓝图宏库中存储和复用常用的节点序列，从而提高开发效率。UE5 还提供了专门的蓝图工具，用于执行和扩展编辑器功能。组件窗口和构造脚本的改进，使得在蓝图中添加和初始化组件更为直观。此外，事件图表和函数的增强，以及变量使用的改进，进一步提升了蓝图的功能性和灵活性。这些更新使得 UE5 的蓝图系统更加强大，无论是对于新手还是资深开发者而言，都能为其提供更加丰富和高效的编程环境。

5.1.2　蓝图的类型

关卡蓝图
的介绍

蓝图有多种类型，每种均有其独特用法。在本章的知识范畴内，我们将着重探讨关卡蓝图和蓝图类的使用方法。后续章节中将会学习控件蓝图、动画蓝图等知识。

1. 关卡蓝图

关卡蓝图（Level Blueprint）是一种专业类型的蓝图，用于处理关卡范围内的全局功能逻辑。在默认情况下，项目中的每个关卡都创建了属于当前关卡的关卡蓝图。每个关卡只能有一个关卡蓝图，开发者可以在关卡编辑器中打开它，但不能通过编辑器接口创建新的关卡蓝图，如图 5-3 所示。

图 5-3　打开关卡蓝图

打开关卡蓝图后，可以在关卡中直接选择物体，然后在事件图表面板中右击，创建该物体的引用，如图 5-4 所示。这个过程虽然很简单，但引用的物体只限于它们使用中的关卡。这意味着关卡蓝图非常适合为关卡设定一些功能，如触碰到特定开关时启动过场动画；或对其中的 Actor 进行设置，如在完成某个任务后打开一扇特定的门。

关卡蓝图还提供了关卡流送（Level Streaming）和定序器（Sequencer）的控制机制，以及将事件绑定到关卡内 Actor 的控制机制。每个关卡有各自的关卡蓝图，可在关卡中引用并操作 Actor、使用关卡序列（Level Sequence）控制过场动画、对关卡中其他相关关卡事件功能逻辑进行管理等。

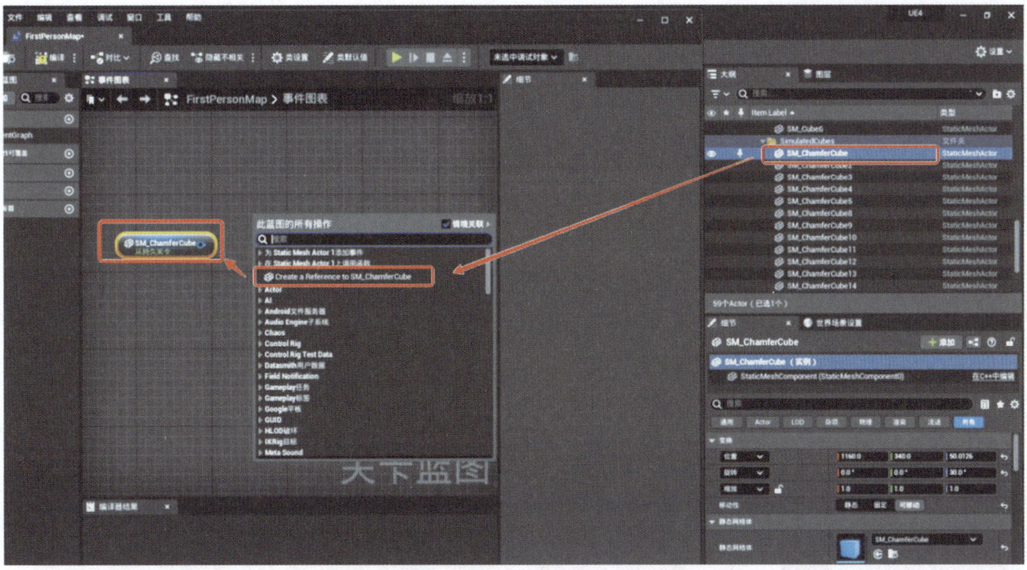

图 5-4　在关卡蓝图中引用关卡中的物体

> **小提示**
>
> 　　关卡蓝图非常适合创建一次性的功能原型，并帮助初学者快速熟悉蓝图系统。

2. 蓝图类

　　蓝图类（Blueprint Class）一般缩写为蓝图（Blueprint），是一种基于现有游戏允许开发者轻松地为项目添加功能的资源。这类蓝图定义了一种新类别（或类型）的 Actor，和其他类型的 Actor 行为一样，可以放置在世界场景中进行实例化。蓝图类是制作场景中可交互资源的理想类型。例如，玩家角色、AI 角色、可开关的门、可拾取的道具等。在 UE5 中，蓝图类通过可视化的方式创建，无须编写代码，被作为类保存在内容浏览器中，如图 5-5 所示。

蓝图类
的介绍

图 5-5　保存在内容浏览器中的蓝图类资产

> **小提示**
>
> 　　蓝图类是在项目中实现可重用行为的最佳方式。创建蓝图类后，可将其添加到任意关卡，并可随意添加任意数量的副本，因此，在实际工作中，需要对蓝图类资产进行规范命名与管理。通常以 "BP_ + 名称" 的方式命名，BP 是 Blueprint 的缩写，如图 5-5 所示的 BP_FirstPerson。

5.1.3　创建和使用蓝图类

蓝图类用于定义对象的属性和功能，开发者可根据需求创建多种不同类型的蓝图，但在此之前，需要为该蓝图指定继承的父类（Parent Class），以便在自己的蓝图中调用父类的属性。

1. 选取父类

创建蓝图类的方法有很多，这里介绍最常用的一种。与创建材质类似，首先在内容浏览器中右击弹出菜单，选择"蓝图类"，如图 5-6 所示。

选择创建蓝图类后，在弹出的菜单窗口中为蓝图资产选取父类。UE5 提供了最常见的父类，并且附加了详细的功能描述，如图 5-7 所示。

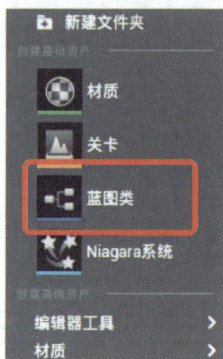

图 5-6　创建蓝图类资产

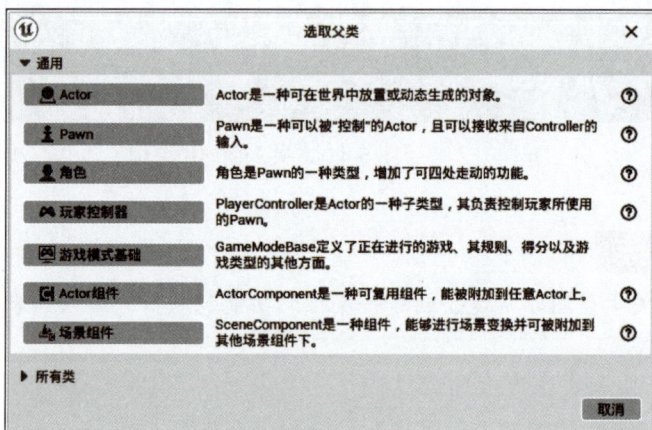

图 5-7　选取父类

按需求选择相应的父类后为其命名，将在内容浏览器中保存新建的蓝图资产，如图 5-8 所示。

图 5-8　常见的父类蓝图资产

2. 了解蓝图编辑器

蓝图是 UE5 中一个用途广泛的系统。它可以推动基于关卡的事件，也可以为游戏内的 Actors 编写控制脚本，还可以在高度写实的游戏角色系统中控制复杂动画。不同类型的蓝图（如关卡蓝图、动画蓝图、控件蓝图等），编辑蓝图脚本的位置和可使用的工具将根据不同需求产生细微变化。这就意味着在 UE5 中蓝图编辑器存在多个出现位置和方式，但其执行的主要任务一样：创建并编辑强大的可视化脚本；驱动游戏的诸多元素。

究其本质，蓝图编辑器就是基于节点连接的图表编辑器，它是创建和编辑可视化脚本网络的主要工具。使用创建的 Actor 类作为示例，双击打开该蓝图，进入蓝图编辑器，其界面主要分为六个部分，如图 5-9 和表 5-1 所示。

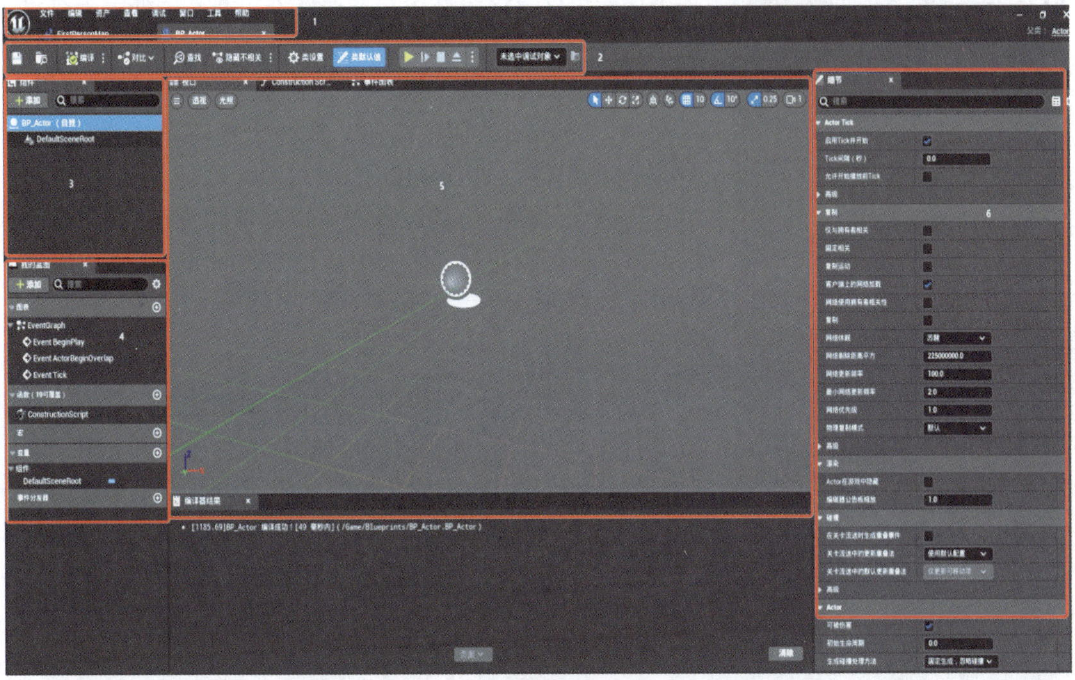

图 5-9　蓝图编辑器界面

表 5-1　蓝图编辑器界面详解

编　号	名　　称	说　　明
1	菜单栏	菜单栏提供了对蓝图编辑器中创建和编辑可视化脚本网络时所用的通用工具和命令的访问权限
2	工具栏	工具栏默认显示在蓝图编辑器的上方。该选项卡可轻松访问编辑蓝图时所需的常用命令。工具栏上的按钮根据开启的模式和当前编辑的蓝图类型会有所不同
3	"组件"面板	组件（Component）是可以添加到 Actor 上的一项功能。为 Actor 添加组件后，该 Actor 便获得了该组件所提供的功能
4	我的蓝图	该选项卡显示了蓝图中的事件、脚本、函数、变量等内容的树状列表。不同类型的蓝图将在该面板显示不同的内容
5	蓝图视口 / 事件图表	蓝图视口中，可以查看和操作添加的组件。事件图表是蓝图系统的核心。开发者可在此面板创建节点网络，通过连接节点的方式来实现事件的调用、数据的传递等行为
6	"细节"面板	细节面板是一个情境关联的区域，使得可以在蓝图编辑器中编辑选中项的属性

图 5-10 添加"立方体"组件

3. 添加组件

Actor 类本身相当于一个容器，它需要通过组件来实现一些功能。默认情况下，Actor 类的组件面板默认添加了一个场景组件，该组件包含变换属性，并支持绑定子对象，但是它没有渲染或是碰撞功能。在项目开发过程中，需要开发者手动添加需要的组件。转到蓝图编辑器左上角的组件面板，单击"添加"按钮，在弹出的菜单中选择添加"立方体"组件，如图 5-10 所示。

选中添加的立方体组件，可以在蓝图视口中进行查看或编辑，也可以在细节面板中通过参数来修改组件的属性，如图 5-11 所示。

4. 蓝图实例化

在将蓝图类放置场景中进行实例化之前，需要对蓝图进行编译和保存才能使蓝图的修改生效。单击工具栏中的编译和保存按钮完成蓝图类资产的创建，如图 5-12 所示。

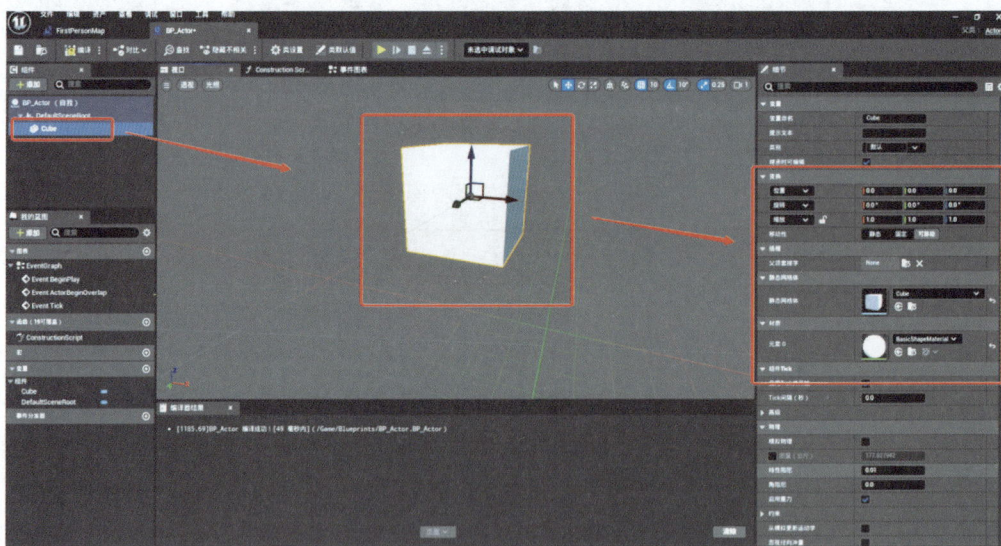

图 5-11 修改组件的属性

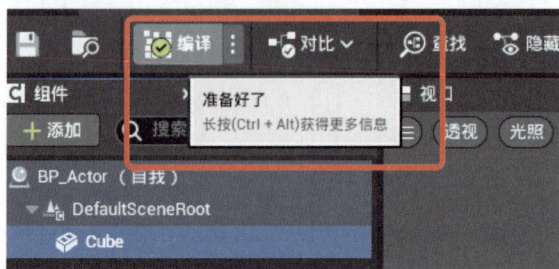

图 5-12 编译并保存蓝图

回到内容浏览器中，找到创建好的 Actor 类蓝图，选中并拖放至关卡中，如图 5-13 所示。运行当前关卡，可以在关卡中看到一个立方体，此时它呈现静态，没有任何行为。

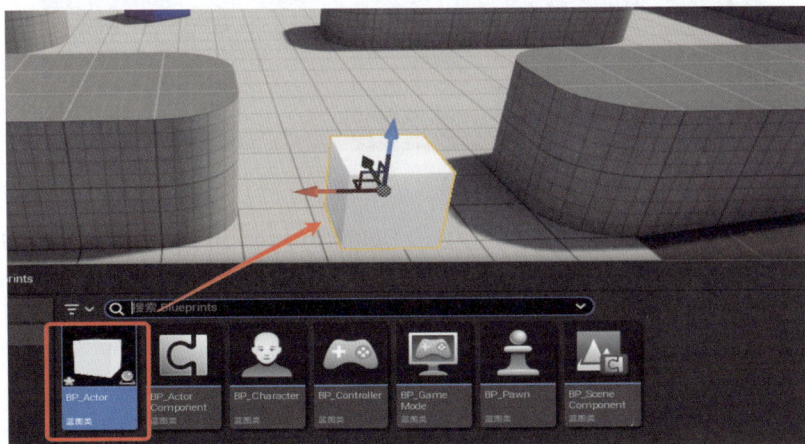

图 5-13　蓝图实例化

5. 编写事件逻辑

蓝图的事件图标用于执行游戏逻辑或设置交互功能和动态响应，通过调用事件和函数来执行操作。在事件图表中添加的功能会对该蓝图的所有实例产生影响。

这里为创建的 Actor 类蓝图添加旋转功能。实现功能的过程如下。

步骤 1：双击创建的 Actor 类蓝图进入蓝图编辑器，转到蓝图事件图表，选中组件面板中的 Cube（立方体），拖放至图表中创建一个节点（组件被作为变量值读取进来），如图 5-14 所示。

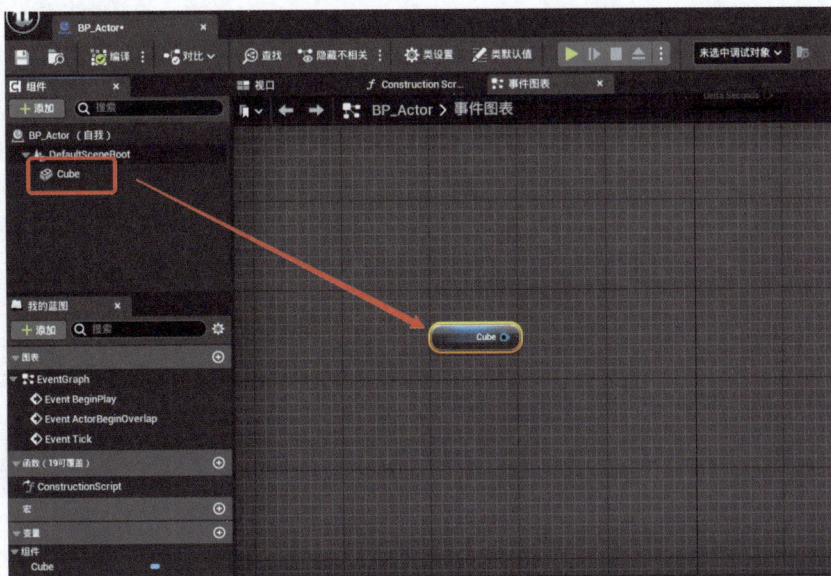

编写蓝图
事件

图 5-14　创建立方体组件的数据引用

步骤 2：从创建的立方体节点的数据引脚拖曳鼠标产生一个连接，在空白处释放鼠标，会弹出一个节点列表，在此处搜索 Add World Rotation 节点，如图 5-15 所示。

图 5-15　创建 Add World Rotation 节点

步骤 3：设置 Add World Rotation 节点中的 Delta Rotation 值为：X=0.0，Y=0.0，Z=1.0，然后与事件图表中初始存在的 Event Tick 节点连接在一起，如图 5-16 所示。

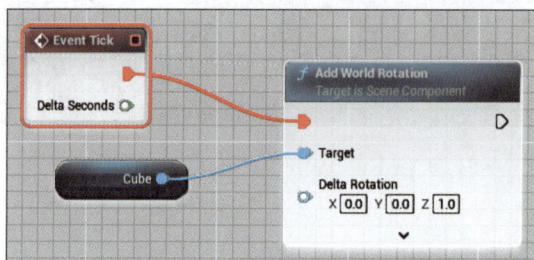

图 5-16　连接 Event Tick 节点

步骤 4：使用蓝图编辑器工具栏中的调试过滤器指认选中的蓝图（在场景中选择），编译并保存蓝图。回到世界场景中，运行关卡，观察实例化的蓝图已经实现旋转功能，并且不断执行蓝图事件图表中 Event Tick 事件，如图 5-17 所示。

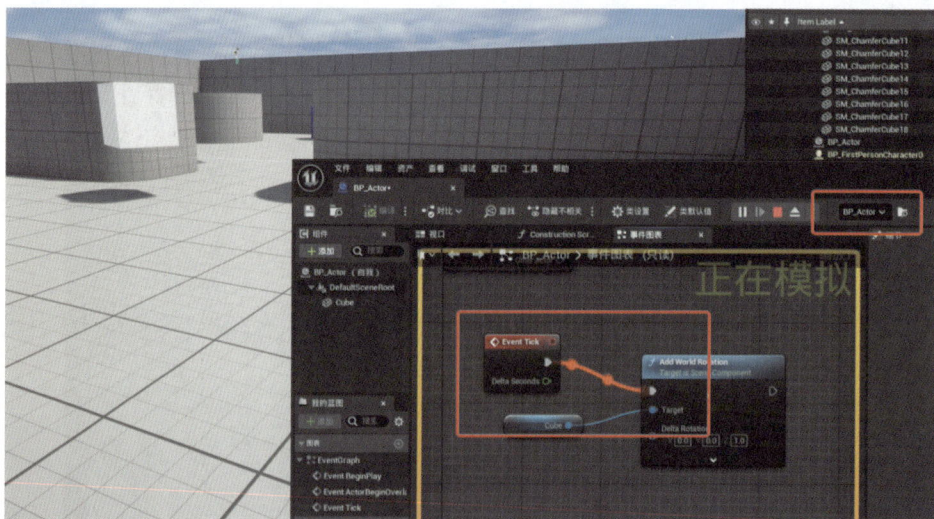

图 5-17　蓝图实现旋转功能

5.1.4　蓝图的执行流程和变量

蓝图为脚本语言提供了一种可视化的方法。与标准脚本语言相比，它在某些方面存在许多细微差别，如变量（Variable）、数组（Array）、结构体（Struct）等。蓝图的执行流程与典型脚本语言相似，但蓝图要求每个节点以线性方式连接。以下将介绍不同的变量类型、变量的处理方法以及事件图表中节点的执行流程。

1. 执行流程

当关卡开始运行时，蓝图中要执行的第一个节点是一个事件，然后从左至右通过白色执行引线执行蓝图逻辑，如图 5-18 所示。

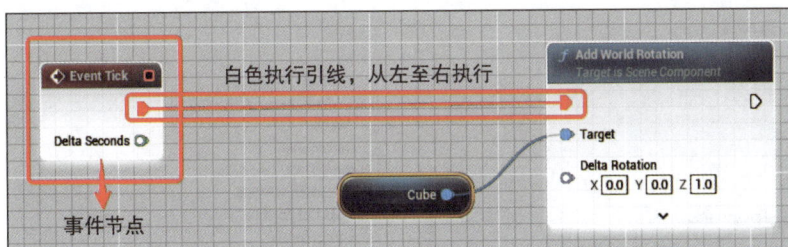

图 5-18　蓝图执行流程

1）事件

事件是从游戏性代码中调用的节点，它们使蓝图执行一系列操作，对游戏中发生的特定行为（如游戏开始、游戏结束、受到伤害等）进行回应。

以 Actor 类蓝图为例，默认情况下虚幻引擎创建了三个事件放置在事件图表中，如图 5-19 所示。

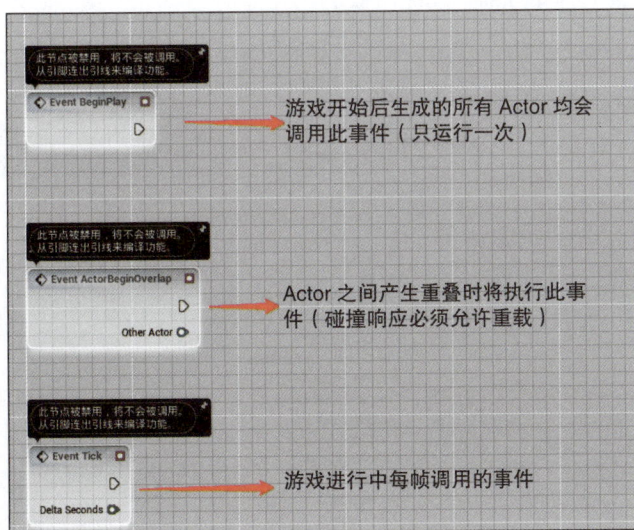

图 5-19　蓝图默认创建的事件

事件可以在蓝图中访问，以节点的方式存在。任意数量的事件均可在单一的事件图表中使用，但一个事件只能执行一个目标或功能。如果想要从一个事件触发多个操作，需要将它们线性串联起来。除了默认创建的事件外，还可以通过右击图表空白区域按需求搜索并创建蓝图事件，如图 5-20 所示。

2）创建节点

蓝图节点是在事件图表中用来定义该蓝图特定功能的对象，如事件节点、函数调用节点、流程控制节点、变量节点等。尽管每种类型的节点执行一种特定的功能，但是所有节点的创建及应用方式都是相同的。在蓝图事件图表中，右击空白区域会弹出搜索节点的菜单，通过输入名称可以创建新的节点，如图 5-21 所示。

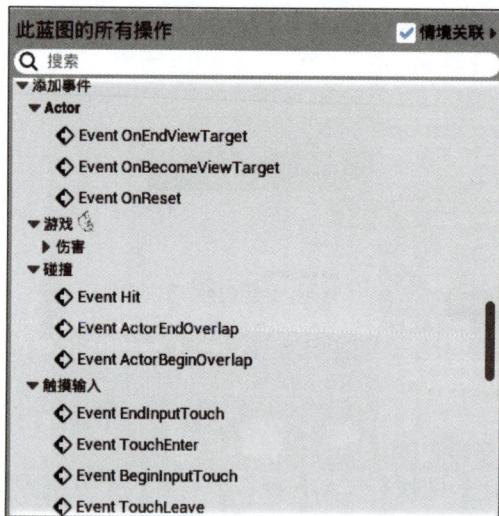

图 5-20　通过搜索创建蓝图事件节点

图 5-21　搜索名称创建节点

也可以从节点的一个引脚处拖曳鼠标弹出搜索节点菜单，通过这种方式创建的节点能够和起始连接的节点引脚相兼容，如图 5-22 所示。

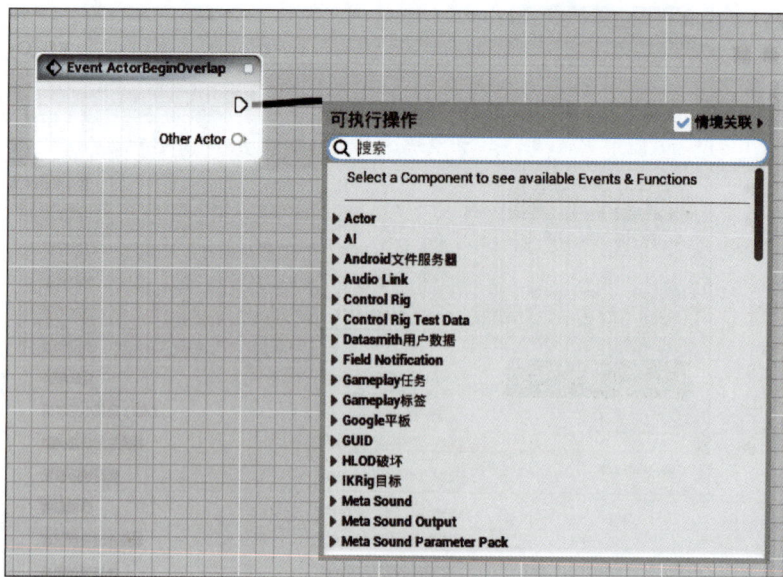

图 5-22　拖曳节点引脚创建节点

3）节点引脚

蓝图节点两侧都可以有引脚：左侧为输入引脚；右侧为输出引脚。引脚有以下两种主要类型，如图 5-23 所示。

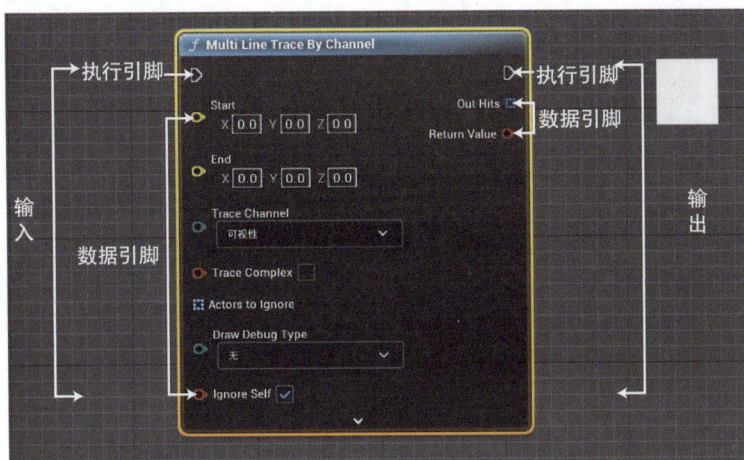

图 5-23　蓝图节点引脚

- 执行引脚：用于将节点连接在一起后执行流程。当输入执行引脚被激活后，节点将被执行。执行完成后，它将激活下一个连接的节点。
- 数据引脚：用于将数据传入节点或从节点输出数据。数据引脚只能与同类型的相连接，可以连接到同一类型的变量（变量有自带数据引脚），也可以连接到其他节点上同类型的数据引脚。

4）连接节点

连接蓝图节点的最常用方法为"引脚至引脚"连接，按住鼠标左键拖动一个引脚到另外一个兼容的引脚上时，出现绿色的"√"，如图 5-24 所示。尝试连接不兼容的引脚时，将会提示节点无法连接的原因。

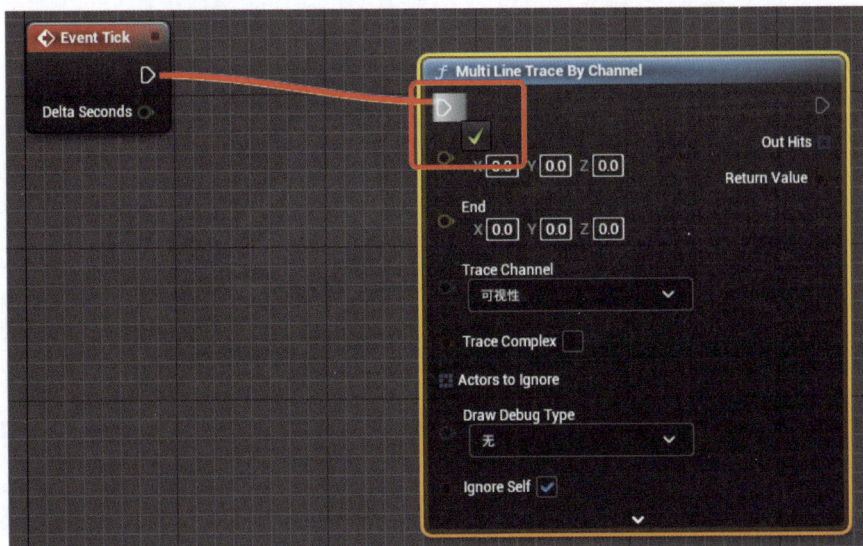

图 5-24　连接兼容的引脚

数据引脚呈现不同颜色，反映出它们接收不同的数据类型，如图 5-25 所示。但也存在两个不同类型引脚连接的情况，此时虚幻引擎会自动创建一个数据类型转换节点，如图 5-26 所示。

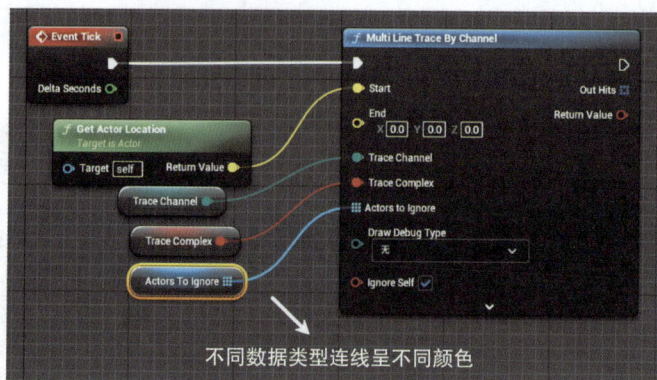

不同数据类型连线呈不同颜色

图 5-25　数据引脚呈现不同颜色

2. 变量

变量是存储计算结果或引用世界场景中的对象或 Actor 的抽象概念。变量的属性可以由包含它们的蓝图通过内部方式或外部方式访问，开发者可以使用放置在关卡中的蓝图实例来修改它们的值。变量在蓝图事件图表中显示为包含变量名称的圆形框节点，如图 5-27 所示。

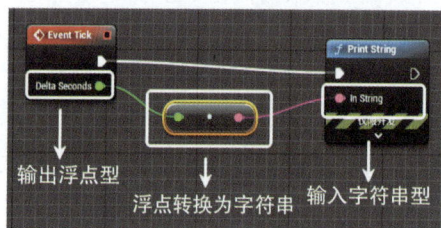

输出浮点型　浮点转换为字符串　输入字符串型

图 5-26　数据类型转换

图 5-27　变量节点的显示样式

1）变量类型

变量可以采用各种不同的类型创建，包括布尔（Boolean）、整数（Integer）和浮点（Float）等数据类型。它们采用不同颜色编码，便于在蓝图中识别，如图 5-28 所示。蓝图变量还可以是用于保存对象、Actor 和类等内容的引用类型。

2）创建变量

在"我的蓝图"面板中允许开发者创建变量并添加到蓝图，列出所有存在的变量，包括组件列表中添加的组件实例变量。按照以下步骤即可实现在蓝图中创建变量。

步骤 1：通过单击"我的蓝图"面板中变量列表上的"+"按钮创建一个新的变量，如图 5-29 所示。

步骤 2：选中新创建的变量，可以右击弹出选项或按下 F2 键修改变量名称，如图 5-30 所示。

步骤 3：在细节面板中，有一些设置可用于定义如何使用或访问变量，如图 5-31 所示。

3）获取和设置变量值

在使用蓝图中的变量时，有两种访问方式：通过使用获取（Get）节点来创建变量值；通过使用设置（Set）节点来设置变量值。最简单的创建方法是选中变量直接拖放至事件图表中，这时，蓝图中弹出的小窗口会有获取变量和设置变量两个选项，如图 5-32 所示，图中变量名称为分数，弹出的小窗口两个选项分别为获取分数和设置分数。

图 5-28　变量类型

图 5-29　创建新的变量

图 5-30　重命名变量名称

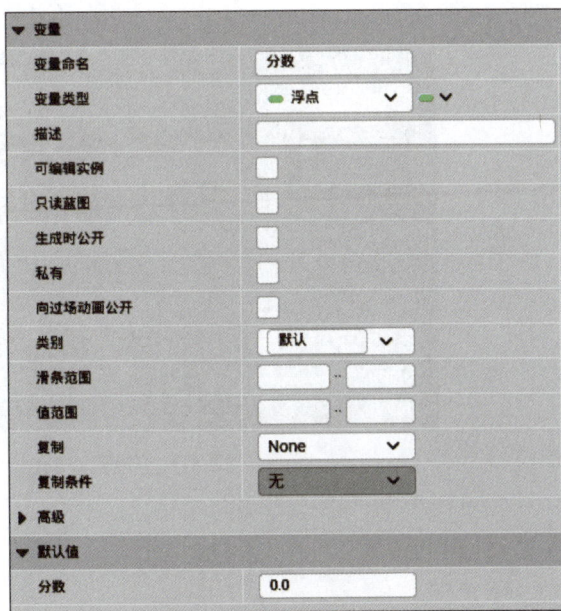

图 5-31　变量属性设置

图 5-32　访问蓝图中的变量

• 获取（Get）节点：用于提供变量的数值。完成创建后，可以将这些节点插入任何数据类型相匹配的引脚中，如图 5-33 所示。

- 设置（Set）节点：用于更改变量的数值。但这些节点必须由执行引线调用才能执行，如图 5-34 所示。

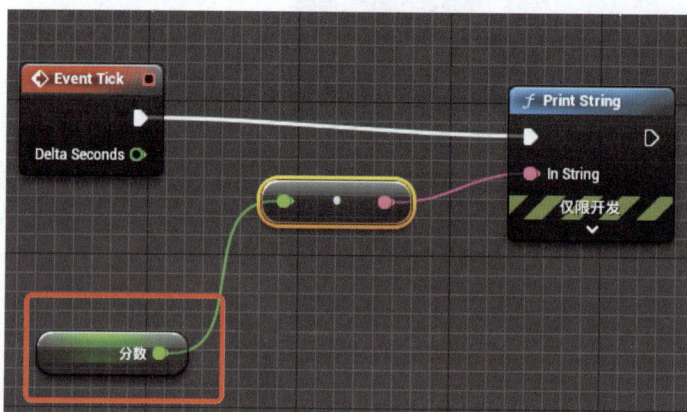

图 5-33　获取（Get）变量

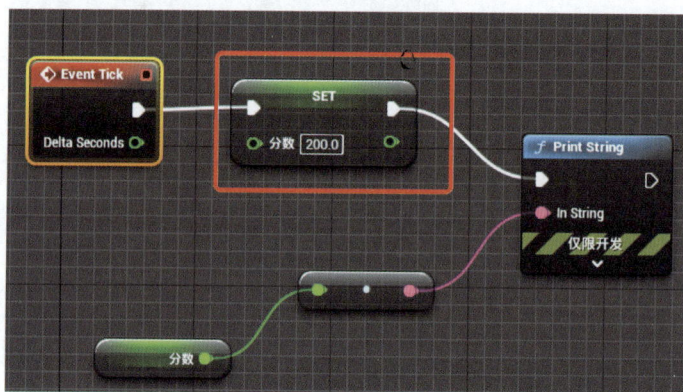

图 5-34　设置（Set）变量

5.1.5　蓝图的通信

蓝图提供了多种不同 Actor 之间传递和共享信息的方法，本小节简述四种可用的 Actor 通信类型，以及每种类型的使用时机、要求和常见示例，如表 5-2 所示。

表 5-2　蓝图的四种通信类型

通信类型	使用时机	要求	示例
直接通信	与关卡中 Actor 的特定实例通信时	需要引用关卡中的 Actor	Actor 需要绑定好事件，以便响应事件分发器发出的指令
类型转换	希望验证 Actor 是否属于特定类时，以便访问其属性	需要引用关卡中的 Actor，以类型转换节点转换到所需的 Actor 类	访问由同一父类继承的子 Actor 的特定功能

132

续表

通信类型	使用时机	要求	示例
蓝图接口	需要为不同 Actor 添加相同功能时	需要引用关卡中的 Actor，并且该 Actor 添加了蓝图接口	为不同类型的 Actor 添加交互行为
事件分发器	通过单个事件来影响多个不同的 Actor 时	Actor 需要绑定好事件，以便响应事件分发器发出的指令	通知不同类型的 Actor，某事件已经触发

5.1.6　增强输入系统

UE4 的输入系统能够处理两种映射：动作映射和轴映射。动作映射是离散事件，如按钮或键的按下和释放；轴映射能够提供有关模拟输入的连续信息。UE5 在项目设置中直接将动作映射和操作映射标记为废弃，改为使用增强输入系统。

在 UE5 中增强输入系统分为两部分，分别是输入操作和输入映射情境。在 UE5 编辑器中通过右击"输入"→选择"输入操作"或"输入映射情境"创建，如图 5-35 所示。

图 5-35　增强输入系统

输入操作用来绑定键盘、鼠标、手柄的按键，如图 5-36 所示。其中值类型用来设置输入的数值，例如，移动是在 X 轴和 Y 轴上的二维操作，因此值类型为 Axis2D，跳跃使用的值类型为"数字（布尔）"。

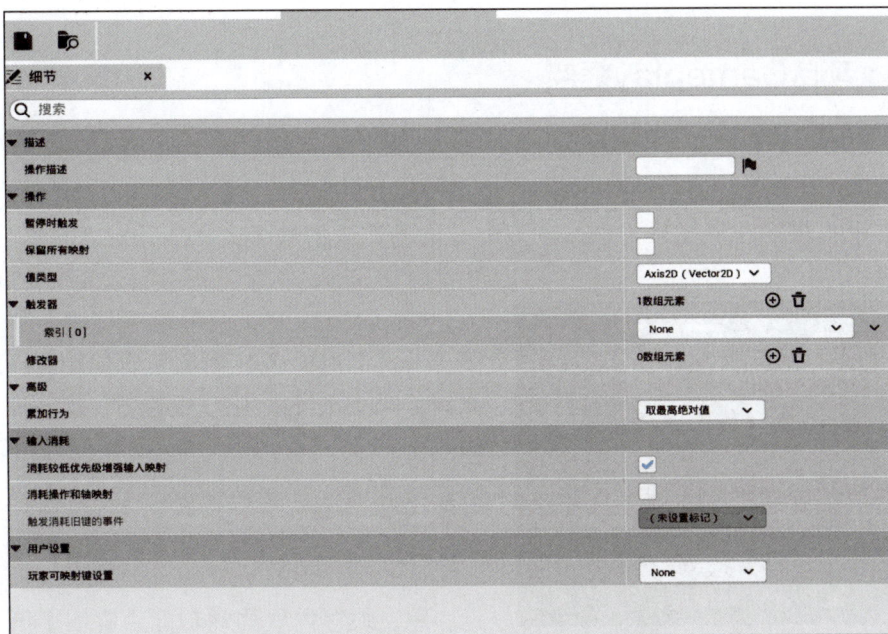

图 5-36　输入操作

在设置好输入操作后，使用输入映射情境对输入操作绑定按键和设置，如图 5-37 所示。单击映射旁边的 ⊙ 添加操作映射，新建后选择输入操作，并为其绑定动作，在操作映射中能为一种输入操作绑定多种不同的输入动作。

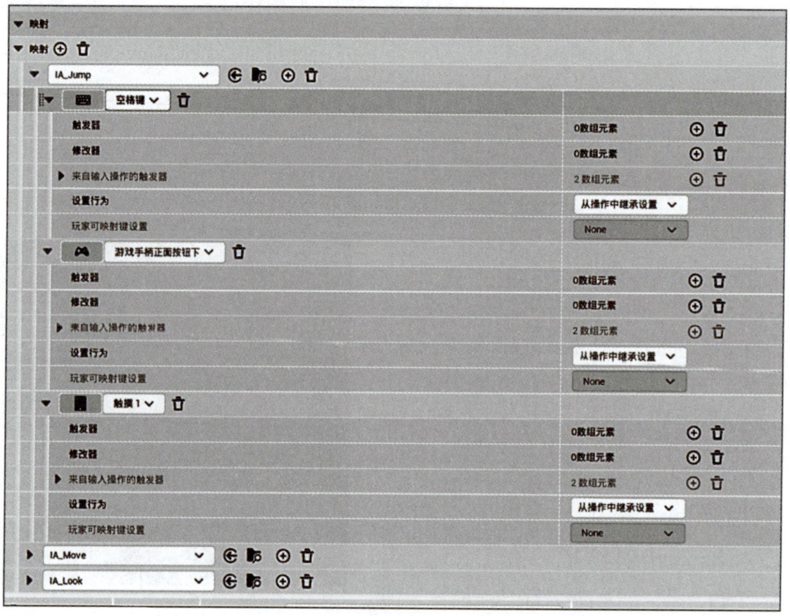

图 5-37　输入映射情境

蓝图实践

5.2　蓝图实践案例

5.2.1　项目Gameplay框架

UE5 为开发项目提供了一套基础框架，在这套框架的基础上，开发者可以快速构建出项目的雏形。

以本书提供的沙漠场景为例，游戏框架的基础是游戏模式（GameMode），如该项目中的"第三人称游戏模式"，如图 5-38 所示。

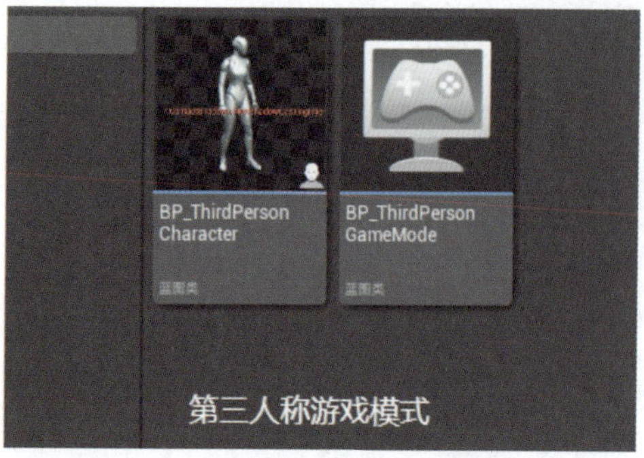

图 5-38　项目游戏模式

GameMode 定义的是游戏规则，如获胜的条件等。同时它也处理玩家的生成，在玩家控制器（PlayerController）中设置一名玩家，与此同时会产生一个 Pawn。Pawn 是玩家在游戏中的物理代表，控制器则拥有 Pawn 并设置其行为规则。BP_ThirdPersonCharacter 实际为角色（Character），是 Pawn 的一个特殊子类，具有行走、跑、跳等内置移动功能，应用于第三人称游戏模式。

1. Gameplay 框架快速参考

UE5 为开发者抽象出了一些基本的 Gameplay 类，包括：用于表示玩家、队友、敌人、观众的类（DefaulePawn、Character、SpectatorPawn）；通过玩家输入或 AI 逻辑控制的类（PlayerController、AIController）；为玩家创建抬头显示和摄像机的类（HUD、Camera）；还有用于设置游戏规则（GameMode），并追踪游戏和玩家进展情况的类（GameState、PlayerState）。由这些类创建的所有 Actor 可以放置在关卡中，也可以在需要时动态生成，其具体类型参考见表 5-3。

表 5-3 基本的 Gameplay 类

类型	Gameplay 类	作　用
在世界场景中表示玩家、队友和敌人	Pawn	可被控制器所拥有，且可将其设置为接受输入，用于执行各种各样类似于玩家的任务。但请注意，Pawn 不被认定为具有人的特性
	角色	默认情况下，它带有一个用于碰撞的胶囊组件和一个角色移动组件。它可以执行类似人类的基本动作，还具有一些与动画相关的功能
使用玩家输入或 AI 逻辑控制 Pawn	玩家控制器	玩家控制 Pawn 的接口，可以认为其代表真实玩家的意志
	AI 控制器	是一个可以控制 Pawn 的"模拟意志"
向玩家展示信息	HUD	为玩家创建的抬头显示。可以用于显示生命值、弹药数、积分、枪准星等。每个玩家控制器通常都配有其中一种显示
	摄像机	相当于玩家的眼球并且管理其行为。每个玩家控制器通常有一个此类型的摄像机
设置并追踪游戏规则	游戏模式	游戏的定义，包括游戏规则和获胜条件等内容
	游戏状态	含游戏的状态，其中可以包括联网玩家列表、得分、棋类游戏中棋子的位置，或者在开放世界场景中完成的任务列表
	玩家状态	游戏玩家的状态，如人类玩家或模拟玩家的 AI。在玩家状态中适当的示例数据包括玩家姓名、等级、积分等

2. Gameplay 框架关系

游戏由游戏模式和游戏状态组成。加入游戏的人类玩家与玩家控制器相关联，这些玩家控制器允许玩家在游戏中拥有 Pawn，这样他们就可以在关卡中拥有物理代表。玩家控制器还可以向玩家提供输入控制、HUD，以及用于处理摄像机视图的摄像机管理器，Gameplay 框架关系如图 5-39 所示。

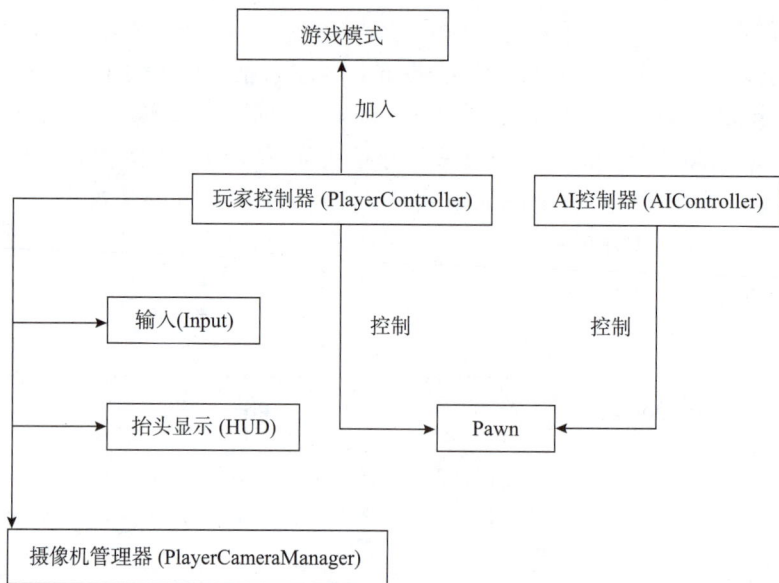

图 5-39　Gameplay 框架关系

　　Gameplay 可以通俗地理解为使游戏可玩性高的游戏交互。可玩性是个很抽象的概念，但是游戏的操作手感、设计、输入等都可以算可玩性的一部分，于是就有了 Gameplay 的 3C 概念，也就是角色（Character）、摄像机（Camera）和控制（Control）。UE5 提供了十分完整的 Gameplay 框架，能满足所有 Gameplay 基本功能的实现。本章只对 UE5 的 Gameplay 框架进行了浅显的概述，有关其更多信息可查阅虚幻引擎官方发布的相关文章。

5.2.2　创建交互体验

　　从本章附带的教学资源中下载场景文件，此阶段已完成了场景布置、材质制作和布光渲染。本小节案例使用此工程文件，结合所学蓝图基础知识为项目创建简单交互，步骤如下。

　　步骤 1：在内容浏览器中，新建文件夹 Model，然后新建蓝图类，选择 Actor，并将其命名为 BP_Door，如图 5-40 和图 5-41 所示。

　　步骤 2：单击"添加"按钮，选择"静态网格体组件"，并命名为 DoorFrame，如图 5-42 和图 5-43 所示。

　　步骤 3：选择静态网格体的参数为 SM_DoorFrame，如图 5-44 所示。

　　步骤 4：用同样的方法创建 Door 网格体，选择网格体类型为 SM_Door，如图 5-45 所示。

　　步骤 5：添加 Box 盒体碰撞，并调整其大小将门包裹，如图 5-46 所示。

　　步骤 6：将 BP_Door 拖入场景中，并调整其位置，如图 5-47 所示。

图 5-40　新建 Actor 类蓝图

图 5-41　重命名 BP_Door

图 5-43　重命名为 DoorFrame

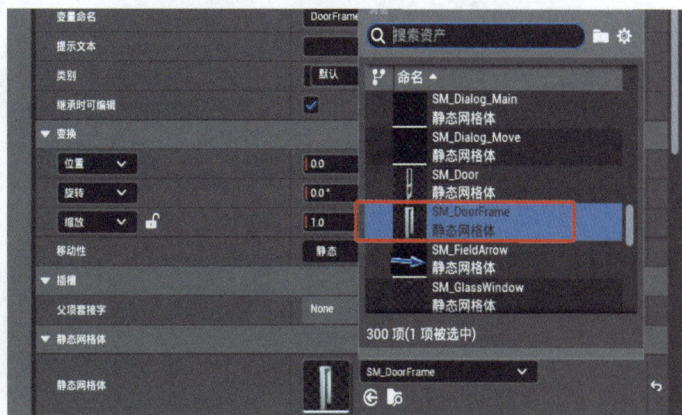

图 5-42　新建静态网格体组件

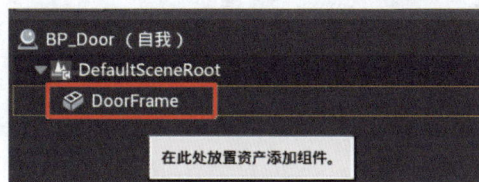

图 5-44　设置静态网格体 SM_DoorFrame

图 5-45　设置静态网格体 SM_Door

图 5-46　添加 Box 盒体碰撞体

图 5-47　BP_Door 位置调整

　　步骤 7：选择资产中的 SM_Door，添加碰撞体，选择"自动凸包碰撞"，并在右侧细节面板单击"应用"按钮，如图 5-48 所示。

图 5-48　添加碰撞体

步骤 8：打开 BP_Door 蓝图，选择 Box 组件，并在右侧的细节面板中，单击"组件开始重叠时"的"+"号，如图 5-49 所示。

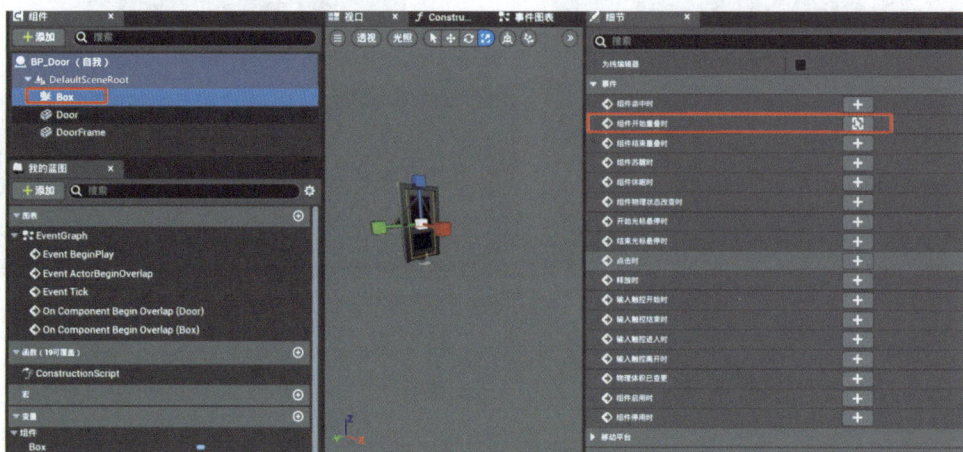

图 5-49　添加"组件开始重叠时"事件

步骤 9：右击新建时间轴，如图 5-50 所示。

步骤 10：新建浮点型轨道，命名为 time，长度设置为 1，添加两个关键帧，分别设置为 0,0 和 1,1，如图 5-51 所示。

步骤 11：新建 Set World Rotation 节点，并拆分 New Rotation 的结构体引脚，如图 5-52 所示。

步骤 12：新建 Lerp 节点，如图 5-53 所示。

步骤 13：新建 Cast To BP_ThirdPersonCharacter 节点，如图 5-54 所示。

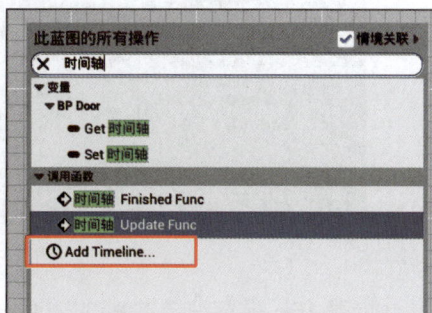

图 5-50　新建时间轴

139

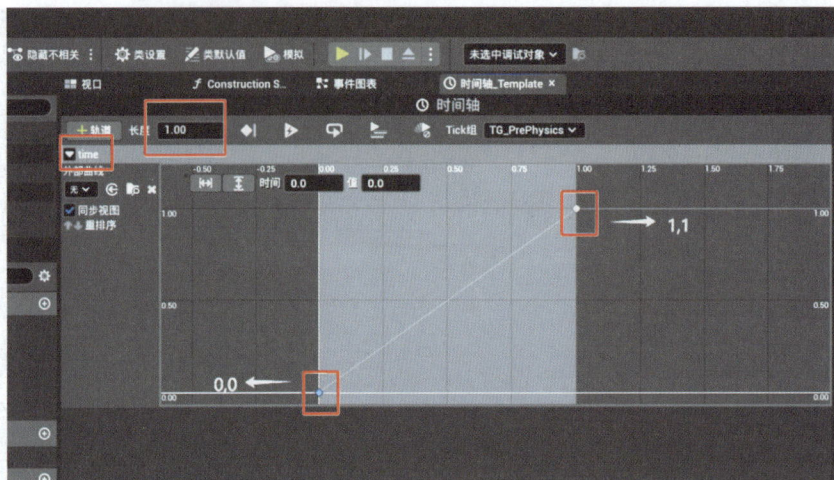

图 5-51 设置时间轴参数

图 5-52 新建 Set World Rotation 节点

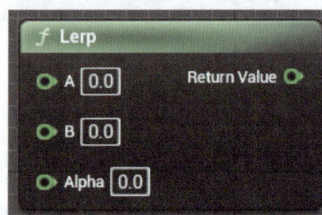

图 5-53 新建 Lerp 节点

图 5-54 新建 Cast To BP_ThirdPersonCharacter 节点

步骤 14：连接节点并设置参数，如图 5-55 所示。

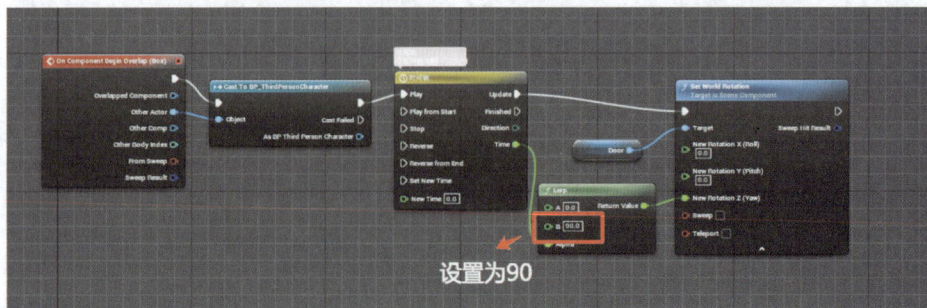

设置为90

图 5-55 连接节点并设置参数

步骤 15：保存编译，测试发现，当人物靠近门时，门会自动打开。打开 BP_Door 蓝图，选择 Box，并在右侧的细节面板中，单击"组件结束重叠时"的 ，如图 5-56 所示。

图 5-56　添加"组件结束重叠时"事件

步骤 16：添加 Cast To BP_ThirdPersonCharacter 节点并连接，如图 5-57 所示。

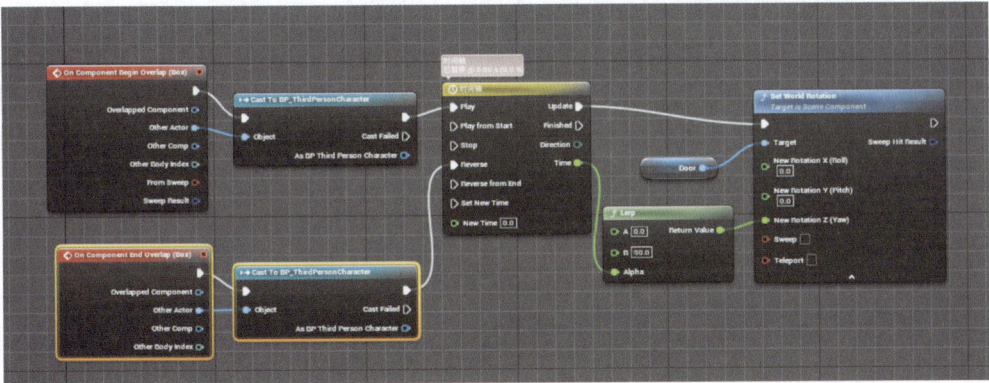

图 5-57　添加 Cast To BP_ThirdPersonCharacter 节点并连接

　　步骤 17：运行播放发现，人物靠近门时，门会自动打开；人物离开门时，门会自动关闭，如图 5-58 所示。

图 5-58　最终效果

◆ 本 章 小 结 ◆

蓝图系统是 UE5 的基础设施，它非常灵活且功能强大，涉及多个系统，如 Gameplay、UMG 用户界面、动画、Niagara 粒子等。通过蓝图可执行许多操作，从制作小游戏或程序化内容工具，到设计新功能原型，再到调试和改进程序员制作的内容，均可通过蓝图可视化脚本系统来完成。蓝图的设计理念对于团队和个人来说，都是易用且友好的，不要求使用者具有编程背景，即可帮助团队快速迭代功能原型。

本章介绍了蓝图可视化编程的基础知识，利用沙漠地形讲述了 Gameplay 的概念，并设置了两个目标：实现门与人物的碰撞，门的开启和关闭。通过本章学习到的知识和技巧，为后续章节创建更加复杂的交互行为打下扎实的基础。

◆ 巩固与提升 ◆

结合本章讲述的蓝图基础知识，完成蓝图案例制作后，发现人物在进入房间后，门无法朝着反方向打开，人无法走出房间。请设计符合逻辑的蓝图交互，实现门的正常开启，并利用蓝图实现屋外日升月落的效果以及在夜晚房间内部开灯与关灯的交互功能。

第 5 章
工程文件

用户界面系统

第6章

导读

　　用户界面（User Interface，UI）也称使用者界面，是软件和用户之间进行交互和信息交换的媒介，用于实现信息的内部形式与人类可接受形式之间的转换。通常情况下，UI分为两种：游戏 UI 和应用 UI。游戏 UI 通过设计界面搭建起游戏系统和玩家之间互动的桥梁，它注重辅助游戏画面，使玩家对画面产生沉浸式体验。除游戏以外的产品中的 UI 都属于应用 UI，它们注重简洁明了的界面设计。在虚幻引擎中，使用虚幻运动图形框架（Unreal Motion Graphics，UMG）创建 UI。它不仅包括传统的菜单、按钮、文本框等界面元素，还会涉及更为复杂的抬头 HUD、3D UI 等高级功能。本章主要详细介绍 UMG 系统，为制作可交互的 UI 打下扎实基础。

知识目标

- 了解 UI 编辑器的使用方法。
- 了解 UMG 系统基础知识。

能力目标

- 能够使用虚幻引擎的 UI 编辑器创建和配置各种 UI，如游戏菜单、角色选择界面、游戏内提示框等。
- 能够根据游戏需求调整 UI 元素的属性、样式和布局。
- 能够通过编程实现 UI 元素的交互功能，如单击按钮、输入文本框、调整滑动条等。
- 能够发现并解决 UI 系统在游戏运行中出现的问题，确保 UI 系统的稳定性和可用性。

素质目标

- 通过解决 UI 系统设计和实现中的各种问题，提高学生的解决问题和应变能力。
- UI 系统的设计和实现需要耐心和细心，通过这一过程，培养学生的耐心和细致入微的工作态度。

6.1 界面设计器基础

6.1.1 游戏UI的发展与设计流程

随着游戏行业的蓬勃发展以及玩家对游戏体验要求的不断提高，游戏 UI 设计不断发展和完善。在游戏发展的初期，UI 往往相对简洁，主要功能是帮助玩家快速了解游戏状态并进行操作。随着游戏的不断更新和玩家需求的增加，UI 逐渐丰富起来，向着更加个性化的方向发展。例如，界面中的元素丰富多样，色彩更加鲜艳，加入了更多的动态效果和光影效果，整个界面看起来更加生动和逼真。游戏还推出了各种主题皮肤和个性化设置，玩家可以根据自己的喜好定制游戏界面。

此外，随着游戏社区的不断发展，UI 加强了社交和互动的功能。例如，在游戏中增加了好友列表、聊天窗口等功能，方便玩家与好友交流；推出了排行榜和战绩查询等功能，玩家可以更加清晰地了解自己的游戏进度和成绩。未来，随着技术的不断进步和玩家需求的不断变化，游戏 UI 设计将继续朝着更加智能化、个性化的方向发展。

国内的游戏产业经过十几年的发展历程，行业从无序走向有序，从盲目设计转变为科学规划。作为游戏项目生产中的一个环节，游戏 UI 设计是一个有系统理论支持且科学的工作流程。游戏 UI 设计的流程通常包括以下几个阶段。

（1）理解需求：与游戏开发团队沟通，详细了解游戏的主题、风格、玩法以及目标受众等信息，确立 UI 设计的基本方向。

（2）市场研究：了解目标受众的喜好、当前流行的设计趋势以及竞争对手的 UI 设计，以确保设计在视觉上具有吸引力，并能与其他同类游戏有效区分。

（3）制定概念：基于需求和市场研究，制定 UI 设计的概念，包括制作草图、绘制线框图或创建原型，捕捉整体风格、布局和交互元素的基本框架。

（4）用户体验设计：关注用户体验（UX）设计，创建用户流程图、信息架构和用户界面元素的放置方案。确保用户能够轻松理解和导航游戏界面，并提供直观的交互方式。

（5）视觉设计：在用户体验设计的基础上进行视觉设计。选择适当的颜色方案、字体、图标和其他视觉元素，以创建游戏 UI 的整体外观和感觉。视觉设计应与游戏的主题和品牌形象一致。

（6）制作原型：使用设计工具创建游戏 UI 的静态或交互式原型，有助于展示设计的细节和交互效果，便于与客户或项目团队进行进一步的讨论和获取反馈。

（7）设计评审和反馈：与客户或项目团队共享设计原型，并根据反馈进行修改和优化。

（8）实施和开发：UI 设计得到批准后，设计师与开发团队合作，将设计实施到游戏中。

（9）测试和优化：设计实施完成后进行测试和优化。设计师和开发团队应与测试人员合作，确保 UI 在不同设备和分辨率下的适应性，并修复可能出现的问题和错误。

（10）迭代和更新：游戏发布后，根据用户反馈和数据分析进行迭代和更新，包括对游戏 UI 的改进、增加新功能或调整设计，以提供更好的用户体验。

6.1.2 UMG概述

UMG 是虚幻引擎的内置 UI 系统，用于创建菜单和文本框等界面。UMG 生成的用户界面由小组件组成，它是一个可视化的 UI 创作工具，可以用来创建 UI 元素，如游戏中的 HUD、菜单或是希望呈现给用户的其他界面相关图形。UMG 的核心是控件，这些控件是一系列预先制作的函数，可用于构建界面（如按钮、复选框、滑块、进度条等）。控件在专门的控件蓝图中编辑，该蓝图使用两个选项卡：设计器（Designer）选项卡通过界面和基本函数的可视化进行布局；图表（Graph）选项卡使用蓝图实现 UI 的交互流程。

6.1.3 控件蓝图

1. 创建控件蓝图

在内容浏览器中右击打开创建菜单，然后在"用户界面"选项下选择"控件蓝图"选项，如图 6-1 所示。

创建控件
蓝图

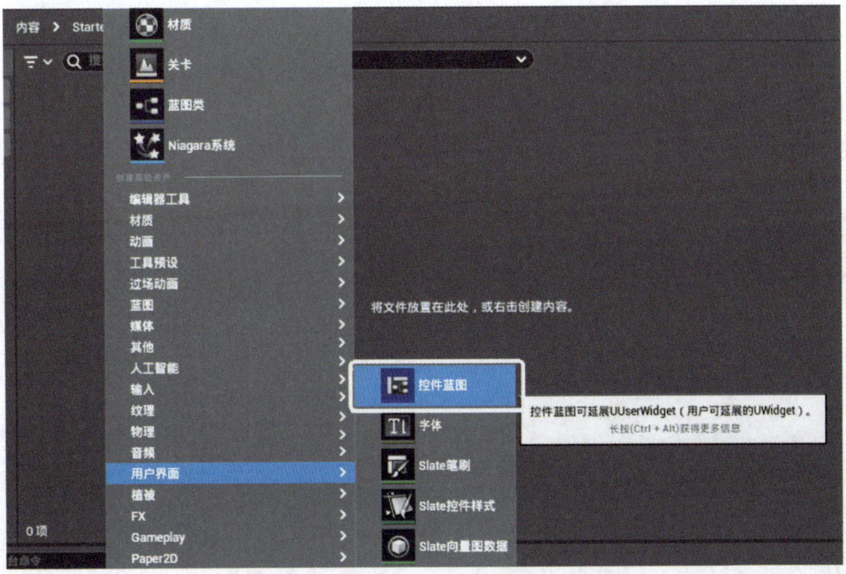

图 6-1 创建控件蓝图

为规范管理项目资产，应对内容浏览器中创建的控件蓝图资源规范命名。将控件蓝图的默认名称更改为 BPW_UMG_Introduction，如图 6-2 所示。双击创建的控件蓝图，打开控件蓝图编辑器，如图 6-3 所示。

> **小提示**
>
> 控件蓝图没有绝对的命名框架，这里使用 "BPW_" 是因为蓝图资源在命名时一般都是以 BP_ 开头，W 是 Widget 的缩写。实际项目中，应该由团队制定相关的命名框架。

图 6-2 命名控件蓝图

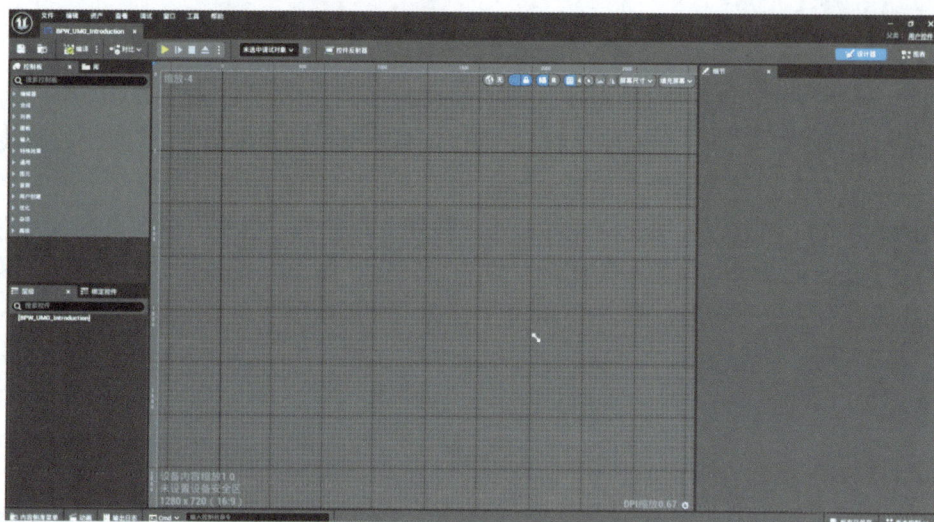

图 6-3　打开控件蓝图编辑器

2. 控件蓝图编辑器

默认情况下，打开控件蓝图时，控件蓝图编辑器会打开并显示"设计器"面板。"设计器"面板提供 UI 布局的视觉呈现，使开发者能直观地了解屏幕在游戏中的外观，如图 6-4 和表 6-1 所示。

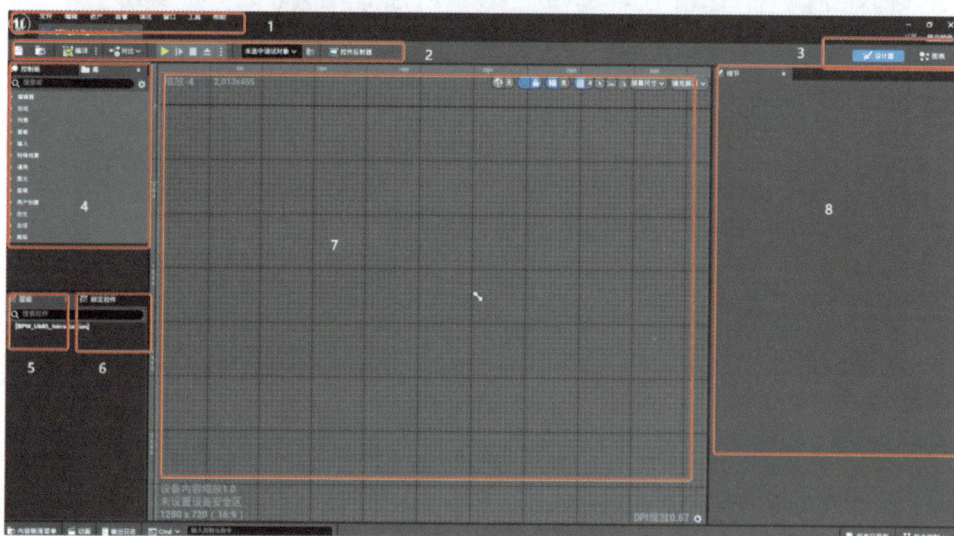

图 6-4　UMG 设计器面板

表 6-1　UMG 设计器面板描述

编　号	窗　　口	描　　　　述
1	菜单栏	普通的菜单栏
2	工具栏	包含蓝图编辑器的一系列常用功能，如编译、保存和播放
3	编辑器模式	将 UMG 控件蓝图编辑器在"设计器"和"图表"模式之间切换

续表

编　号	窗　口	描　　述
4	控制板	控件列表,可以将其中的控件施放到视觉设计器中
5	层级	显示用户控件的父级结构,还可以将控件拖动到此窗口
6	绑定控件	将用户界面控件与游戏逻辑中的事件或变量相连接,在界面与游戏逻辑之间建立通信桥梁,实现控件的交互功能
7	视觉设计器	布局的视觉呈现,在窗口中可以操纵已拖动到视觉设计器中的控件
8	细节	显示当前所选控件的属性

单击"设计器"和"图表"可以切换编辑器模式。图表编辑器的功能与默认的蓝图编辑器类似,如图 6-5 所示。有关图表编辑器基本功能的详细信息可查阅蓝图章节相关内容。

图 6-5　切换图表编辑器界面

小提示

视觉设计器窗口默认按 1∶1 比例显示,可以使用鼠标滚轮进行放大或缩小。

6.1.4　控件类型参考

在控件蓝图编辑器的控制板窗口中,存在多种类别的控件,每个类别都包含不同的控件。开发者可以将这些控件拖放到视觉效果设计器或层级面板中。通过混合和搭配这些控件,开发者可以在设计器面板上设计 UI 的布局,同时还能利用每个控件的细节面板中的属性以及图表编辑器,为控件设置样式和添加交互功能。

1. 通用控件

此类别中包含了许多最常用的控件,如图 6-6 和表 6-2 所示。

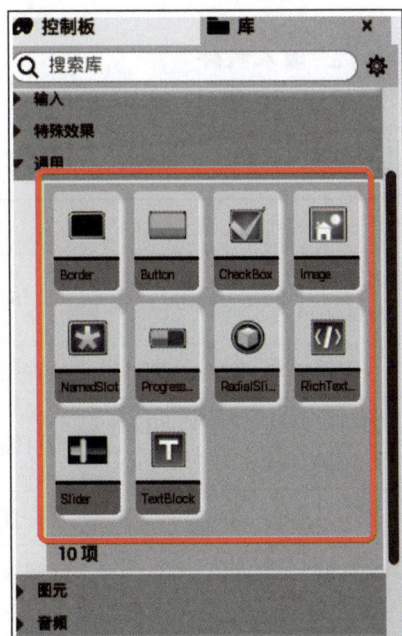

图 6-6　UMG 的通用控件

表 6-2　通用控件说明

选　　项	说　　明
边框(Border)	容器控件,可以包含一个子控件,提供使用边框图像和可调节的填补将其包围起来的机会
按钮(Button)	单子项、可单击的 Primitive 控件,可实现基本交互

147

续表

选　项	说　明
复选框（Check Box）	可以显示"未选中""选中"和"不确定"三种切换状态
图像（Image）	可以在 UI 中显示笔刷、纹理或材质
指定插槽（Named Slot）	用于为用户控件显示可使用任何其他控件来填充的外部槽。对创建自定义控件功能而言，此控件非常有用
进度条（Progress Bar）	可以逐渐填充的简单条形，可以重新设计样式以适应各种用途，如经验值、生命值、分数等
富文本块（Rich Text Block）	提供了一个更灵活的文本块，支持样式更改、内联图像、超链接等内容的标记
滑块（Slider）	简单的控件，显示具有手柄的滑块，可在 0～1 内控制值
文本（Text Block）	在屏幕上显示文本的基础控件，可用于选项或其他 UI 元素的文本说明
圆形滑块（Radial Slider）	用于创建圆形进度条的 UI 组件，常用于表示进度、等级或选择等

2. 输入控件

UMG 允许用户输入的相关控件包含在此类别中，如表 6-3 和图 6-7 所示。

表 6-3　输入控件说明

选　项	说　明
组合框（字符串）(ComboBox (String))	可以向用户显示包含选项列表的下拉菜单，供用户从中选择一个选项
可编辑文本（Editable Text）	允许用户输入文本字段，没有框背景，该控件仅支持单行可编辑文本
多行可编辑文本（MultiLine Editable Text）	与可编辑文本相似，但支持多行文本而非单行文本
数字显示框（Spin Box）	允许直接输入数字或允许用户单击并滚动数字
文本框（EditableText Box）	允许用户输入自定义文本，但仅允许输入单行文本
文本框（多行）(MultiLine-Editable Text Box)	与文本框相似，但允许用户输入多行文本而非单行文本
组合框（键）(ComboBoxKey)	组合框（键）是一个可将其他 UMG 作为条目，并下拉选择的一个控件，可以是图片、图文混排等，比组合框（字符串）更加丰富

3. 面板控件

面板（Panel）类别中包含用于控制布局和放置其他控件的有用控件，如图 6-8 和表 6-4 所示。

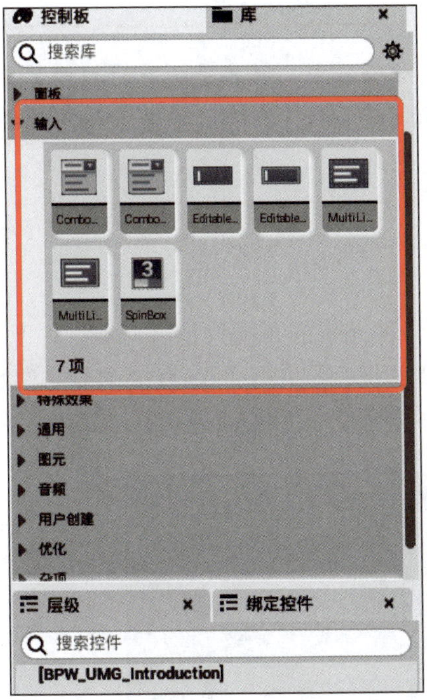

图 6-7 UMG 输入控件

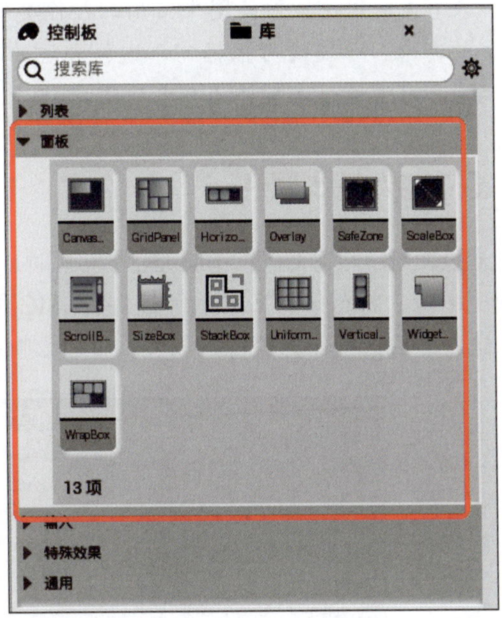

图 6-8 UMG 面板控件

表 6-4 面板控件说明

选 项	说 明
画布面板（Canvas Panel）	一种对开发人员友好型的面板，其允许在任意位置布局、固定控件，并将这些控件与画布的其他子项按列出顺序排序
网格面板（Grid Panel）	在所有子控件之间平均分割可用空间的面板
水平框（Horizontal Box）	用于将子控件水平排成一行
覆层（Overlay）	允许控件上下堆叠并对每层内容采用简易流动布局的面板
安全区（Safe Zone）	可以拉取平台安全区信息并添加填充
缩放框（Scale Box）	允许用户按所需大小放置内容并将其缩放为符合框内所分配区域的约束尺寸的控件
滚动框（Scroll Box）	一组可任意滚动的控件，当需要在一个列表中显示多个控件时非常有用
尺寸框（Size Box）	用于指定所需尺寸，部分控件呈现的所需尺寸并非实际需要的尺寸
堆栈框（Stack Box）	一种布局容器，用于按垂直或水平方向堆叠子控件
统一网格面板（Uniform Grid Panel）	在所有子控件之间平均分割可用空间的面板
纵向框（Vertical Box）	一种布局面板，用于自动纵向排布子控件。当需要将控件上下堆叠并使控件保持纵向对齐时，此控件很有用
控件切换器（Widget Switcher）	类似于选项卡控件，但没有选项卡，用户可以自行创建并与此控件组合，以获得类似于选项卡的效果。一次最多只显示一个控件
自动换行框（Wrap Box）	将子控件从左到右排列，超出其宽度时会将其余子控件放到下一行

表 6-4 所列是控件蓝图中常用的控件类型。实际项目中，并不是所有的控件都符合项目的需求，开发者可根据需求选择合适的控件用于设计 UI 布局。如需了解更多的控件类型，可通过单击控件来查看使用指南以及相关信息。

6.1.5　控件基本属性

通过 UMG 创建 UI 并添加到用户屏幕时，排布各种元素的布局只是第一步。对于每个按钮、图像、状态条、文本框等控件，UMG 的细节面板都提供了可以直接调节的参数选项。这些参数选项作为控件的属性，直接影响控件的显示方式和交互逻辑，如图 6-9 所示。

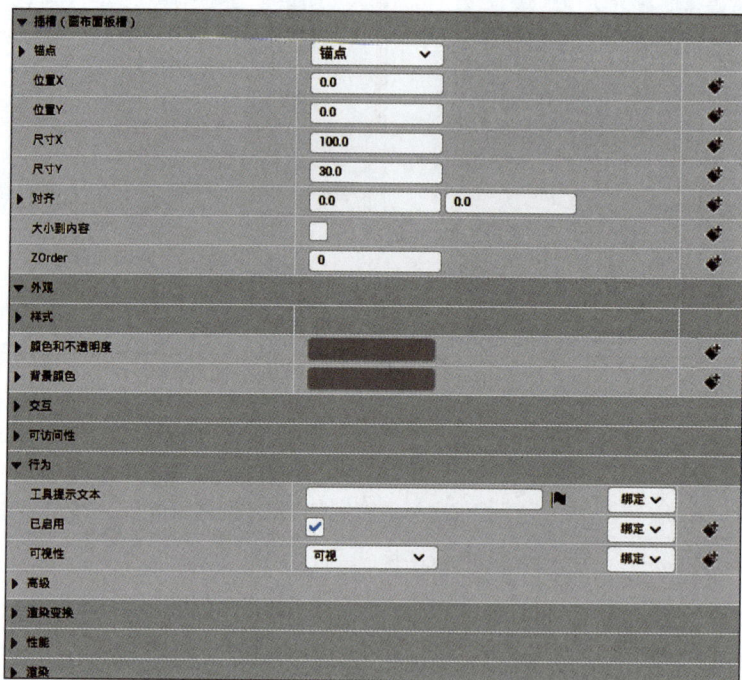

图 6-9　控件的属性面板

1．通用属性

通用（Common）属性包含控件的名称、是否为变量和搜索框，如图 6-10 所示。

图 6-10　控件的通用属性

1）控件名称

在 UE5 中，由于控件的名称在单个文件内是全局检索的，因此一个文件里不可能存在两个一模一样的名称。这样做的好处是程序可以直接调用控件名进行代码编写，而创作者则需要更加规范地对控件进行命名。一般的命名规则是：控件类型 _ 父节点 _ 功能名，如 Btn_Main_Start、Img_Main_Background 等。

2）是否为变量

提供一个复选框选项，可以选择是否将控件设置为变量，变量越多，控件蓝图读取数据的时间越长。因此，在为控件编写交互逻辑时，无须引用的控件尽量不要勾选。勾选"是变量"后，该控件可在图表编辑器中作为变量引用，如图 6-11 所示。

图 6-11　控件是否为变量属性

2. 插槽

插槽（Slot）是将各个控件绑定在一起的隐形黏合剂。在 UMG 设计器中，首先必须创建一个插槽，然后才能选择在这个插槽中放置哪些控件。当向面板控件添加子控件时，面板控件会自动使用父控件的插槽。

1）访问插槽

所有与插槽相关的属性都位于细节面板中的布局类别下，并且控件所用的插槽类型会显示在括号中，如图 6-12 所示。

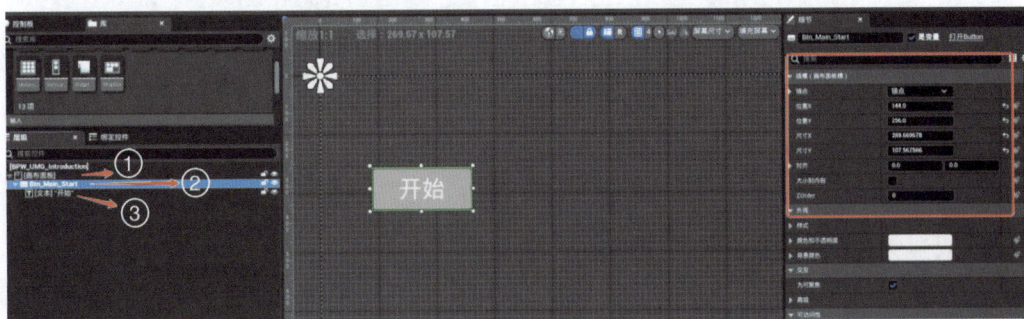

图 6-12　控件的插槽属性 1

此外，每个插槽都各不相同。如图 6-12 所示，若希望设置"行"和"列"之类的属性，则放置在①默认画布面板上的②按钮控件并不具备这些属性，而放置在②按钮控件上的③文本控件则有这些属性，如图 6-13 所示。

图 6-13　控件的插槽属性 2

小提示

　　图 6-12 中，②作为①的子控件，使用"画布面板插槽"；③作为②的子控件，则使用"按键槽"。默认的"画布面板插槽"完全通过锚（Anchors）对内容进行布局；而"按键槽"只提供"行"和"列"的设置。

2）锚

　　锚用来定义 UI 控件在画布面板上的预期位置，使用锚点可以在不同的宽高比画布下保持 UI 控件显示在固定位置。锚的位置以平面坐标最小值（0,0）和最大值（0,0）定位在画布左上角，以平面坐标最小值（1,1）和最大值（1,1）定位在画布右下角，如图 6-14 所示。

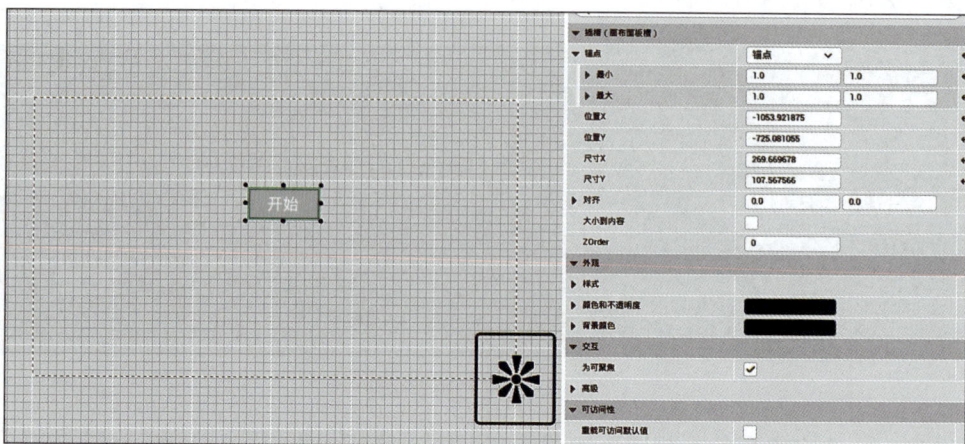

图 6-14　控件的锚点位置

3）预设锚

画布面板中放有控件时，可以从细节面板插槽属性下"锚点"的下拉菜单选项中，选择一个预设锚来固定控件的位置，如图 6-15 所示。

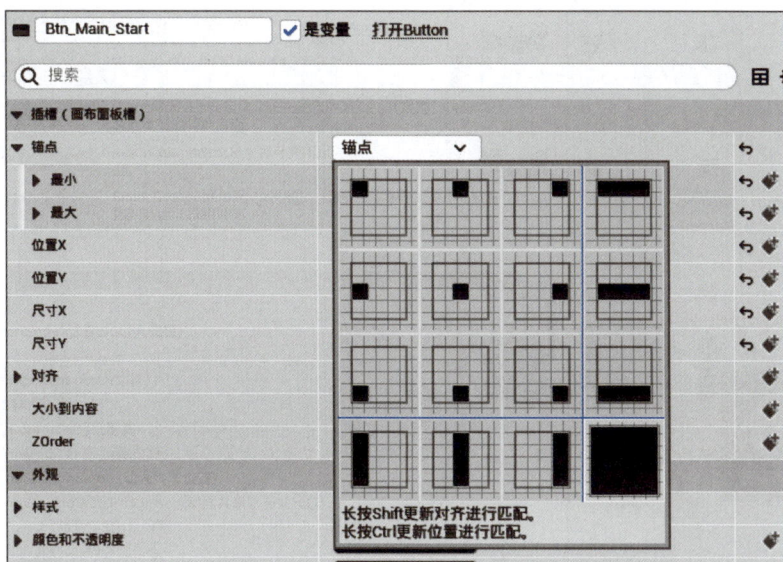

图 6-15 控件的预设锚

这些预设是控件设置锚点最常用的方法，并且能够满足大多数需求。选择后，将会使锚图案移动到该位置。UMG 中通过锚点与校准点进行适配，可以总结以下三种。

（1）九点适配（即在图中框选出来 9 个位置，分别是左上、上中、右上、左、中、右、左下、下中、右下），如图 6-16 所示。可以设置锚点的位置 X、位置 Y 和控件的尺寸 X、尺寸 Y。

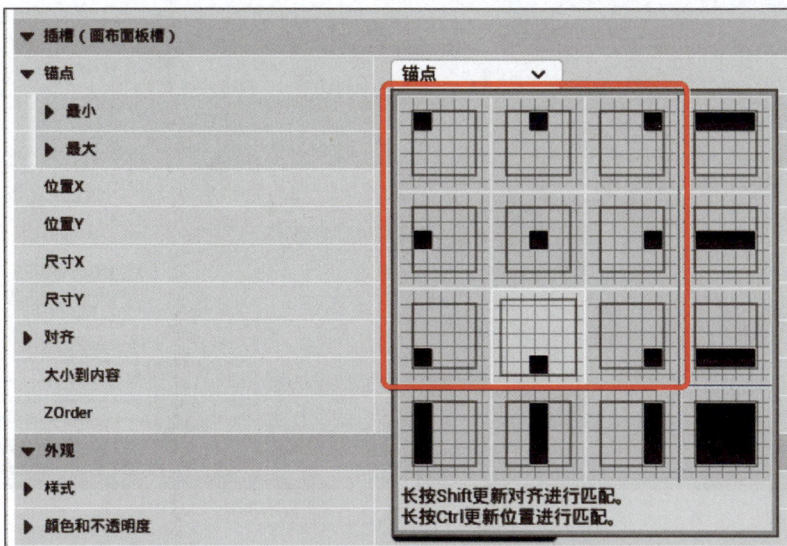

图 6-16 预设锚的类型 1

（2）单轴（水平或垂直）拉伸适配，如图 6-17 所示。可以设置单轴两端的偏移距离和控件的另一轴位置与尺寸。

（3）双向拉伸适配，如图 6-18 所示。可以设置与父控件四个边缘的偏移距离。

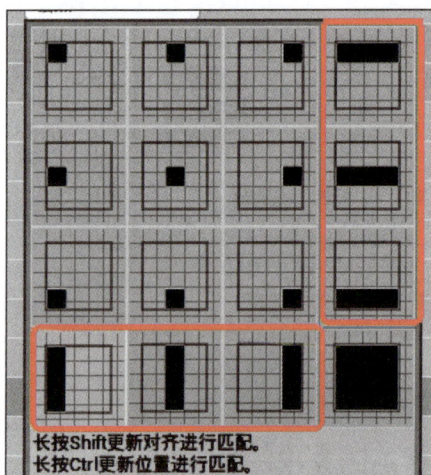

图 6-17　预设锚的类型 2

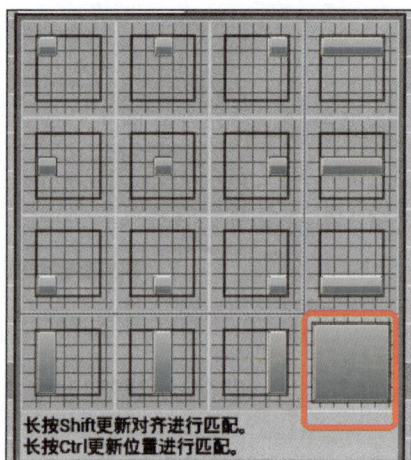

图 6-18　预设锚的类型 3

例如，如果想使某控件始终保持在屏幕中央，可以按住 Ctrl 键单击锚预设中的"中点"适配选项，将控件放置在画布面板的中央。这样设置完锚点后，尺寸为 500 × 500 像素的图像控件被固定在画面的中央。观察画布左下角，当前画布使用的尺寸为 1920 × 1080 像素，如图 6-19 所示。

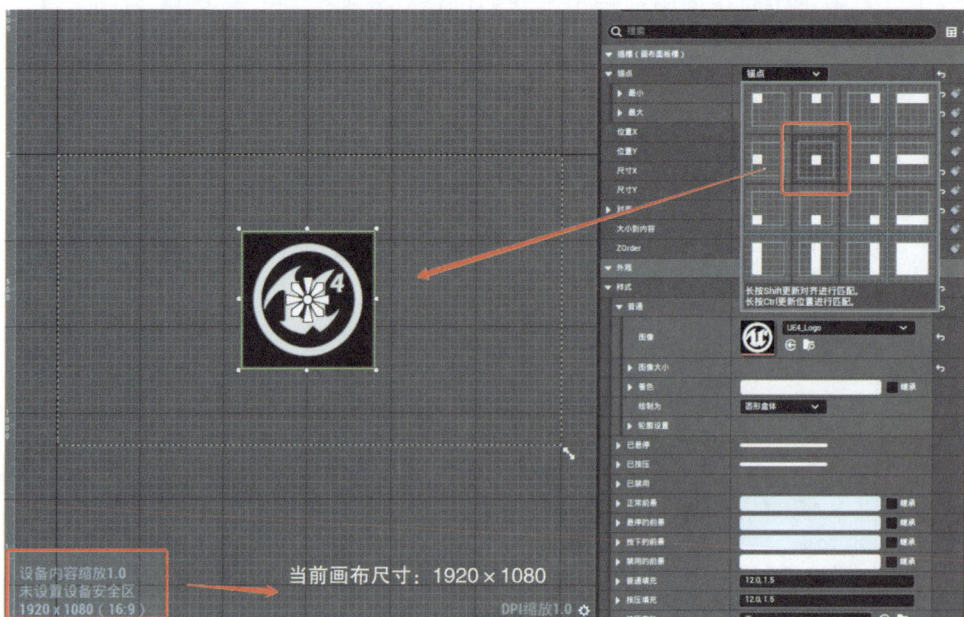

图 6-19　锚点中点适配

接着，使用鼠标拉动画布右下角的"快捷缩放画布尺寸"按钮，更改画布尺寸为 720 × 1280 像素。观察图像控件，它会根据屏幕尺寸的变化进行自动适配，且仍然固定在屏幕中央，如图 6-20 所示。对比将锚点设置在左上角的控件显示效果，如图 6-21 所示。

由于设置了锚点，在不同的屏幕尺寸下，控制自动适配

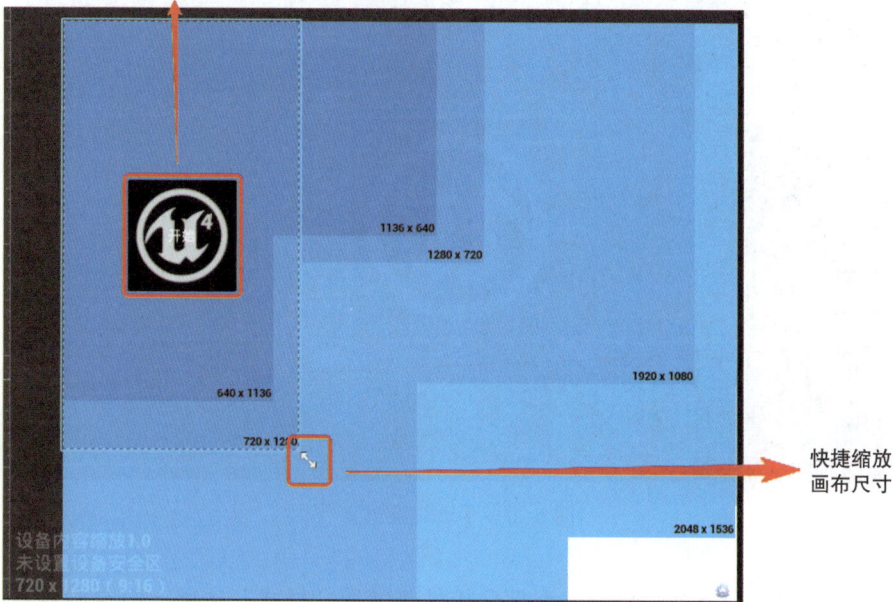

图 6-20　控件自动适配

锚图案，它表视画布面板上锚点的位置

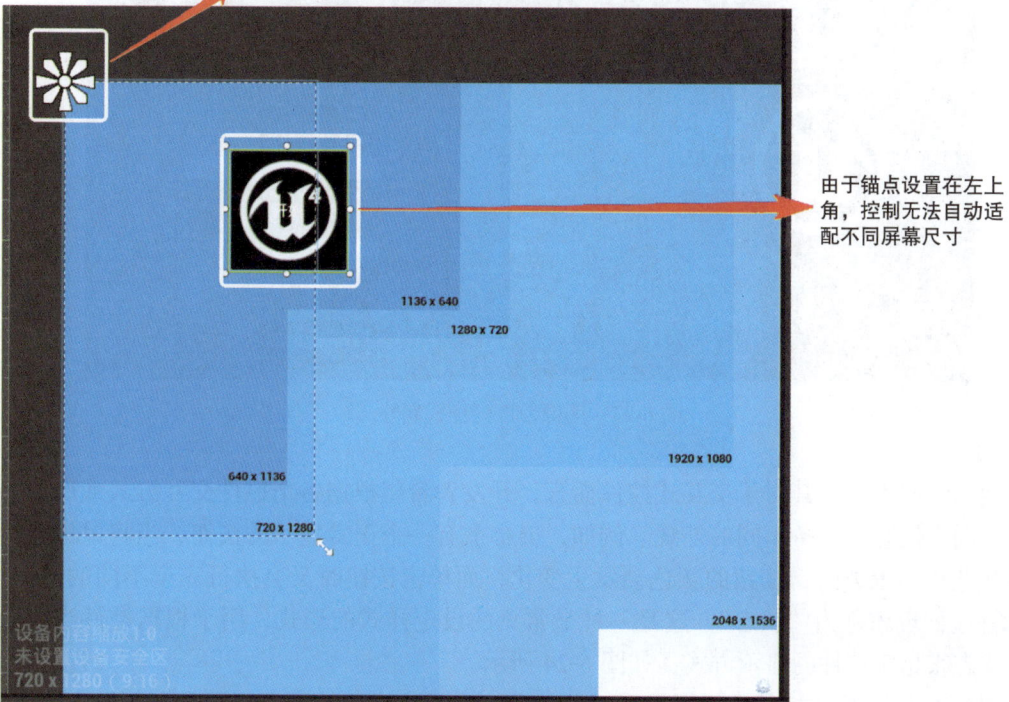

图 6-21　控件无法自动适配

155

除了使用预设，也可以手动任意设置锚点来固定控件，如图 6-22 所示。

图 6-22　手动设置锚点

3. 外观

在外观（Appearance）属性下，大部分控件都使用"样式"选项，但它们各自的样式选项可能有所不同。图像控件的样式属性如图 6-23 所示。

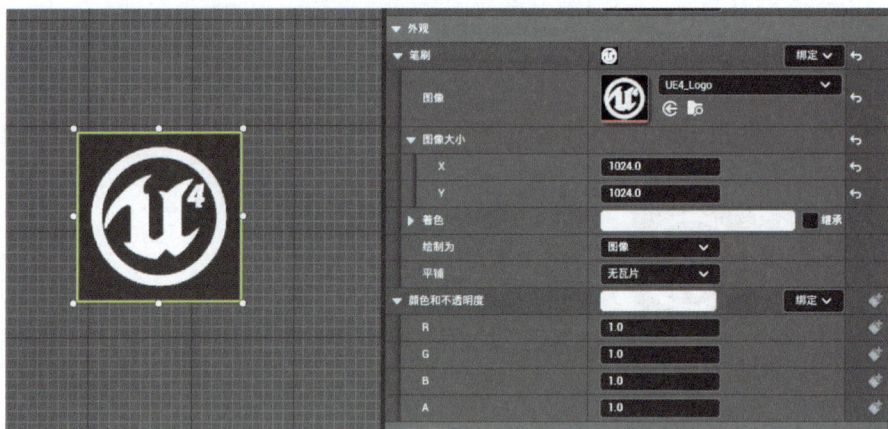

图 6-23　图像控件的样式属性

1）状态

通常情况下，尤其对于交互式控件而言，开发者希望根据各个控件交互方式或所处条件的不同，使它们具备不同的外观。例如，屏幕上有一个正常显示的按钮，当将鼠标光标悬停在此按钮上方时，按钮的颜色会发生变化，而单击按钮时又会执行完全不同的操作。通常将这种现象称为"状态"，这是一种最常见的设定样式的形式，用于根据控件当前所处的状态来指定控件的显示方式，如图 6-24 所示。

图 6-24 中，按钮控件会根据普通、已按压、已悬停或已禁用的不同状态而发生变化，如图 6-25 所示。大部分控件都会使用普通、已按压、已悬停或已禁用状态，但根据控件类型的不同，可能有更多选项可用。

图 6-24　按钮控件样式属性

2）设置图像

对于每种状态，开发者都可以为控件设置要使用的图像（纹理或材质资产）。"图像大小"选项是图像资源的大小，"着色"可以对目前状态下的资源进行染色，默认白色为不染色状态，如图 6-26 所示。

图 6-25　按钮控件状态测试

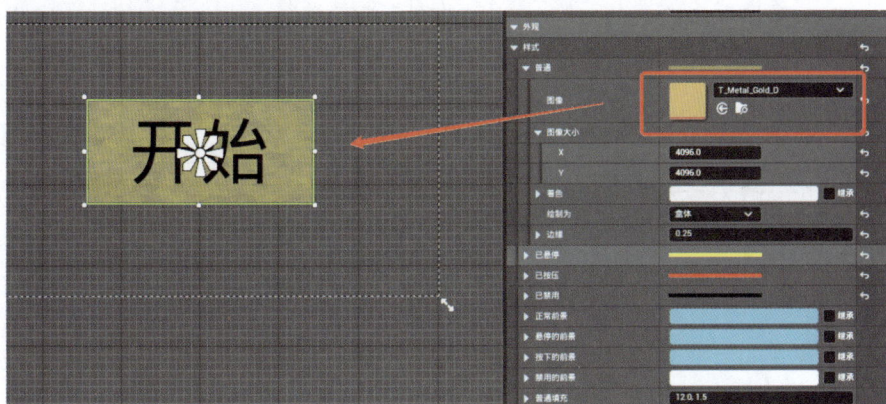

图 6-26　设置控件图像状态

图 6-26 中的"绘制为"选项使用 9 个缩放框，用于指定以"盒体""边界"或"图像"的形式绘制控件。每种形式的示例如图 6-27 所示。

- 盒体：绘制一个 3×3 的框，其中根据边距（虚线）确定侧面和中间区域的拉伸（双向箭头所指）。
- 边界：绘制一个 3×3 的边框，其中根据边距（虚线）确定侧面的图块（双向箭头所指）。
- 图像：绘制图像并进行拉伸（双向箭头所指），忽略边距。

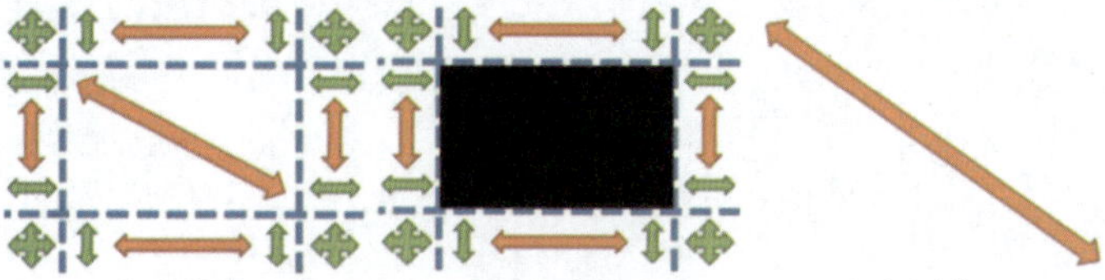

（a）盒体　　　　　　　（b）边界　　　　　　　（c）图像

图 6-27　控件图像绘制形式

3）填充

"填充"选项是指围绕控件创建的边框。例如，在方框按钮的内容中，"普通填充"负责绘制按钮背景图像中的边框，应用它时，按钮内容将与按钮的边框齐平显示。"按压填充"与"普通填充"相同，但它表示的是按下按钮时所应用的填充方式。如图 6-28 所示，根据使用的不同控件类型，可能会提供不同的"填充"选项。

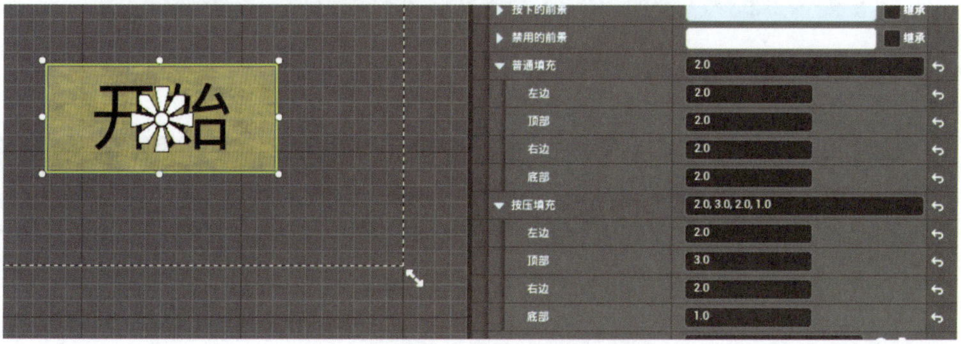

图 6-28　按钮控件默认填充样式

4）音效

根据控件所处的状态，为控件设置音效，如图 6-29 所示。

图 6-29　勾选框控件音效样式

允许应用音效的大部分控件都使用鼠标光标悬停或按压，即鼠标光标悬停在控件上方或单击控件时会播放指定的音效。图 6-29 中，在针对勾选框控件中存在相关选项，可以为"已勾选音效""未勾选音效"以及"悬停音效"状态设置播放音效。根据不同的控件类型，可能会提供不同的"音效"选项。

5）颜色和不透明度

此处可以对整个控件进行染色，即所有状态的资源都会叠加上这个颜色（用 RGB 值表示）。通过 Alpha 数值可以调节控件的透明度，如图 6-30 所示。

4. 行为

控件的行为（Behavior）属性主要控制控件的"工具提示文本""是否启用""可视性"，如图 6-31 所示。

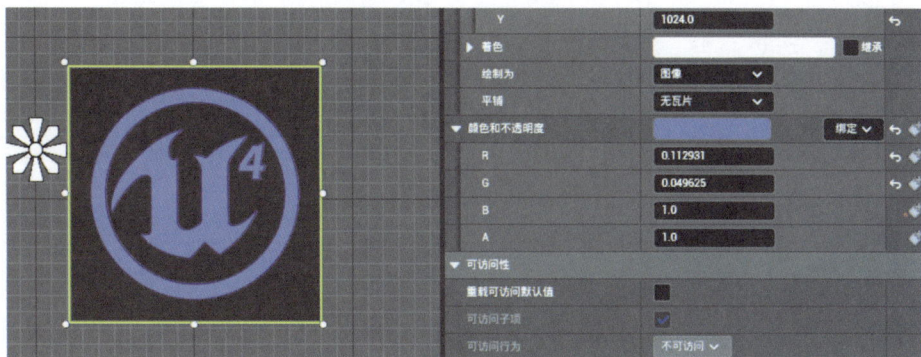

图 6-30 控件颜色和不透明度属性

图 6-31 控件的行为属性

1）工具提示文本

鼠标光标悬停在控件时可以显示出提示的文字内容，如图 6-32 所示。

2）已启用

"已启用"属性提供一个勾选框，设置控件能否被用户交互修改。此选项默认启用，控件允许被交互；取消勾选，则控件被禁用，如图 6-33 所示。

图 6-32 控件的鼠标悬停提示

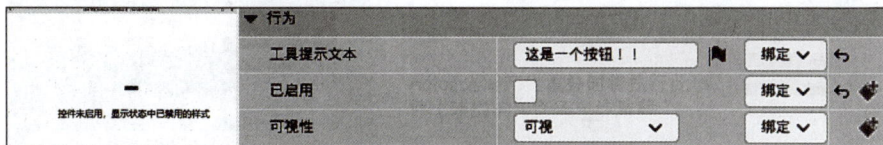

图 6-33 控件是否启用属性

3）可视性

可视性（Visibility）主要控制控件在游戏运行时的显示效果，修改此处不影响 UI 制作时画布面板中控件的显示与隐藏。可视性有如下选项。

- 可视：控件可见且能接收交互，为默认值。
- 已折叠：控件不可见且不占用布局中的空间，无法接收交互。
- 隐藏：控件不可见但占用布局中的空间，无法接收交互。
- 非命中测试（自身和子项）：控件可见但无法接收交互，且所有的子项（如有）也无法接收交互。
- 非命中测试（仅自身）：控件可见但无法接收交互，且不影响其子项（如有）接收交互。

> **小提示**
>
> UMG 在接收到交互事件时会遍历目前所有"可视"状态的控件。为了提高计算速度，需要将可见但不可交互的控件的"可视"属性设为"非命中测试"。在实际项目中，许多控件的默认状态为"可视"，如图像控件，所以在确认控件不接收交互事件时应将其设为"非命中测试"，这样可以减少不必要的性能开销。

5. 渲染变换

在控件细节面板的"渲染变换"属性下，提供更多样式的设置选项，它们可用于修改控件的外观，如图 6-34 所示。

利用"渲染变换"设置，可以平移、缩放、修剪或旋转控件，还可以调整其"枢轴"点。每个"渲染变换"属性都可以被设为"关键帧"，可通过动画功能、蓝图来修改，因此用户可以在游戏运行时根据设定完成的操作对控件进行修改。

6. 事件

事件（Events）属性是 UMG 用于处理控件接收交互时绑定事件的方式，单击后会进入控件蓝图的图表编辑器（蓝图系统），如图 6-35 和图 6-36 所示。

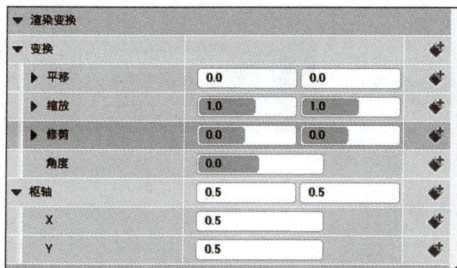

图 6-34 控件的渲染变换属性

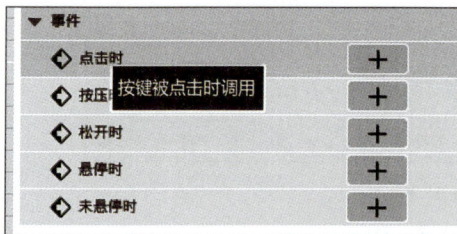

图 6-35 控件的事件属性

图 6-36 控件绑定事件

有些控件通过调整"交互"属性来协助事件的调用。上述内容中，除了控件的"点击时"事件，也可以通过设置"点击方法""触控方法"和"按压方法"来指定交互事件的处理方式，如图 6-37 所示。还可以通过"为可聚焦"选项指定控件是否仅可以单击，不可用键盘选择。

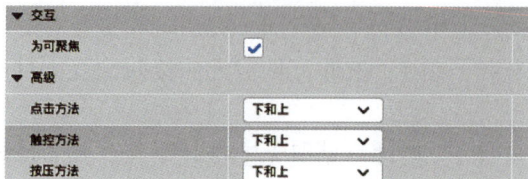

图 6-37 控件的交互处理方式

6.1.6 控件动画模块

控件蓝图编辑器的底部有两个窗口，可用来制作 UI 的动画。一是"添加动画"窗口，用来创建驱动控件动画的基础动画轨；二是"时间轴"窗口，用于在指定的时间上放置"关键帧"，并定义附加的控件在该关键帧如何显示（可以是尺寸、形状、位置甚至颜色选项），如图 6-38 所示。

图 6-38 控件动画面板

6.1.7 显示UI

游戏中，需将部分信息通过游戏 UI 传递给玩家，这些信息包括"主菜单""设置菜单"等界面，以及"生命值""经验值"等 HUD 元素，还有物品栏中的物品或在指定情景中指导玩家操作的帮助文本。在使用 UMG 完成 UI 的视觉布局设计后，需要用蓝图编写一定的逻辑，以便将其显示在用户的屏幕上。

1. 制作 UI 视觉布局

使用 6.1.3 小节中创建好的控件蓝图，向其添加控件以设计 UI 的视觉布局，制作过程如下。

步骤 1：在内容浏览器中，双击打开控件蓝图 BPW_UMG_Introduction。向画布面板中添加"图像"控件和"文本"控件，如图 6-39 所示。

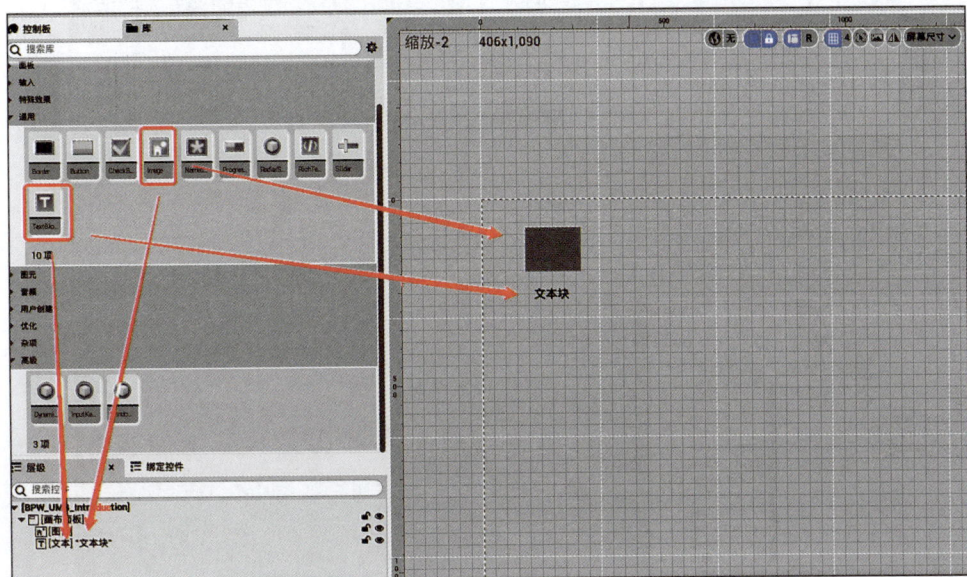

图 6-39 添加控件

步骤 2：设计"图像"控件和"文本"控件的视觉布局如图 6-40 所示。设置控件属性如图 6-41 和图 6-42 所示。

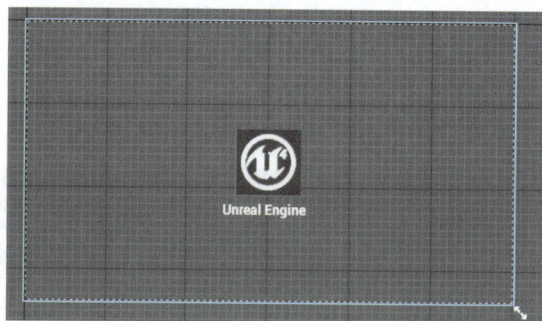

图 6-40 设计控件视觉布局

图 6-41 设置控件属性 1

图 6-42 设置控件属性 2

2. 向关卡添加 UI

使用"蓝图第一人称模板"作为项目资源，在其关卡蓝图中编写显示 UI 的逻辑，制作过程如下。

步骤 1：添加第一人称模板资源包，打开第一人称示例关卡地图。在主工具栏中，依次单击"蓝图"→"打开关卡蓝图"，如图 6-43 所示。

步骤 2：在关卡蓝图的事件图表中右击创建 Create Widget 节点，如图 6-44 所示。

步骤 3：在 Create Widget 节点上，单击 Class（选择类）下拉菜单，搜索并指定创建的控件蓝图 BPW_UMG_Introduction，如图 6-45 所示。

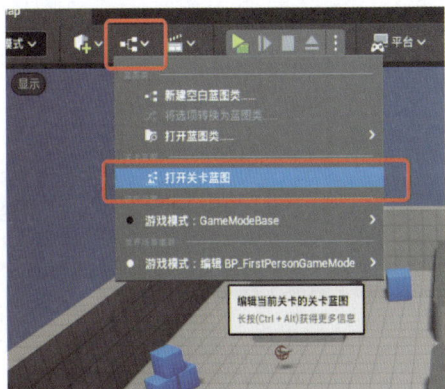

图 6-43　打开关卡蓝图

图 6-44　创建控件节点

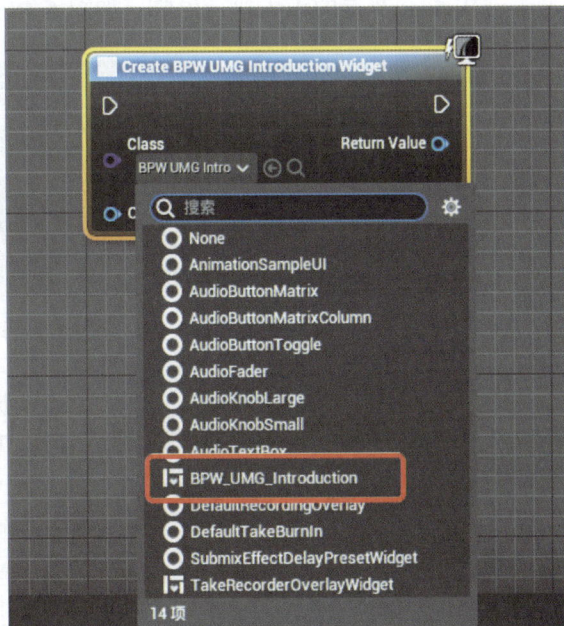

图 6-45　指定控件蓝图

步骤 4：从 Return Value 引脚拖出菜单，选择"提升为变量"（见图 6-46），并将变量命名为 SampleUI。

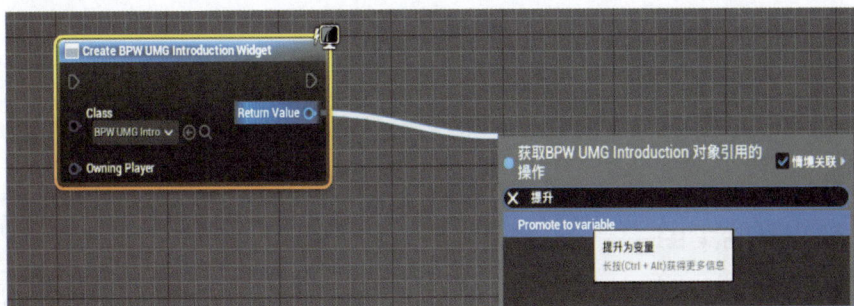

图 6-46　将控件提升为变量

步骤 5：从变量 Set 节点上的输出引脚拖出引线，并搜索"添加到视口（Add to Viewport）"节点，如图 6-47 所示。

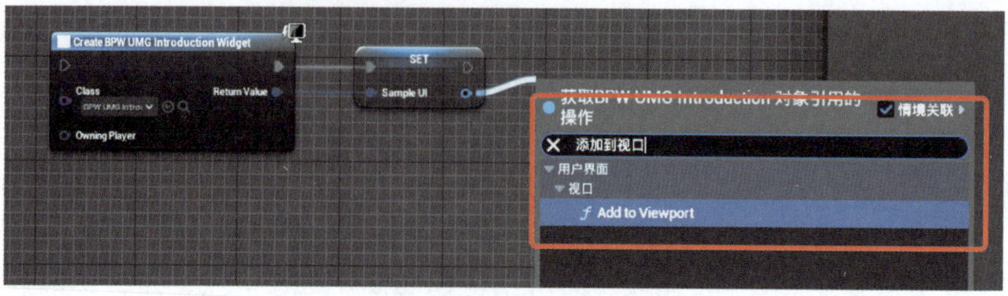

图 6-47　连接添加到视口节点

步骤 6：在事件图表中右击，搜索"空格键（Space）"事件，并将 Pressed 引脚连接到 Create Widget 节点的输入执行引脚，如图 6-48 所示。

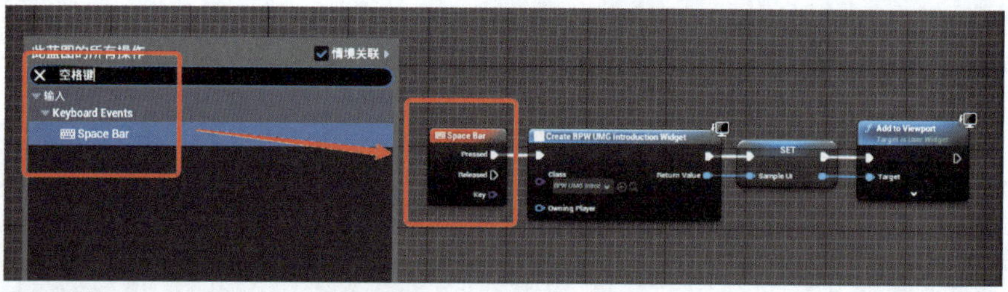

图 6-48　添加"空格键"事件

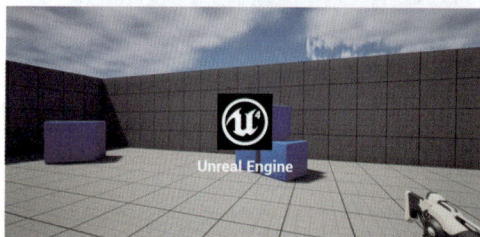

图 6-49　在游戏界面显示 UI

步骤 7：选择编译并保存关卡蓝图。回到主工具栏，单击"运行"按钮，进入第一人称游戏，按键盘上的空格键，查看 UI 的使用情况，如图 6-49 所示。

至此，使用 UMG 制作了一个简单的 UI，并通过按键将其显示在游戏的屏幕上。

> **小提示**
>
> 创建控件蓝图时，建议将其提升为变量，以便后续通过蓝图脚本访问控件的数据。

6.2　UMG 实践案例

6.2.1　制作开始菜单

本小节将使用 UMG 设计一个两层级的 UI，专门在游戏开始时显示，并提供多个按钮供玩家使用。游戏开始时将显示第一层级界面，如图 6-50 所示。其中包含 START、LEVEL、SHOP、EXIT 四个按钮，用于控制游戏的进入和退出。

单击 LEVEL 按钮进入第二层级界面，如图 6-51 所示。该界面包含关卡选项按钮，用于切换游戏关卡，也可以单击 BACK 按钮回到第一层级。

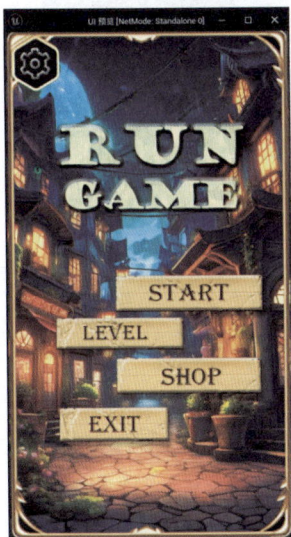

图 6-50 第一层级界面

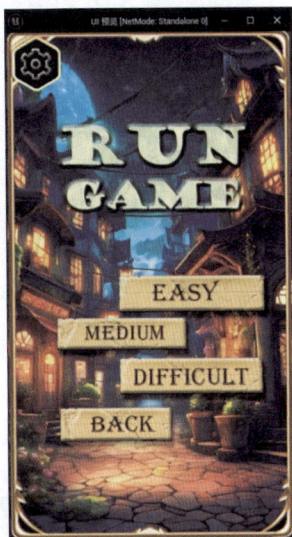

图 6-51 第二层级界面

6.2.2 制作交互

步骤 1： 添加画布控件，调整画布的尺寸为 562×1024 像素，如图 6-52 所示。

图 6-52 画布控件调整

步骤 2： 添加边界控件和图像控件，调整背景图片，如图 6-53 所示。

图 6-53 添加背景图片

步骤 3： 添加画布控件，修改其名称为"第一层级"，并修改尺寸为 562×1024 像素。在此画布中添加 START、LEVEL、SHOP、EXIT 四个按钮控件，如图 6-54 所示。

图 6-54　添加"第一层级"按钮并调整位置

步骤 4：选择 LEVEL 控件，添加事件"点击时"，如图 6-55 所示。

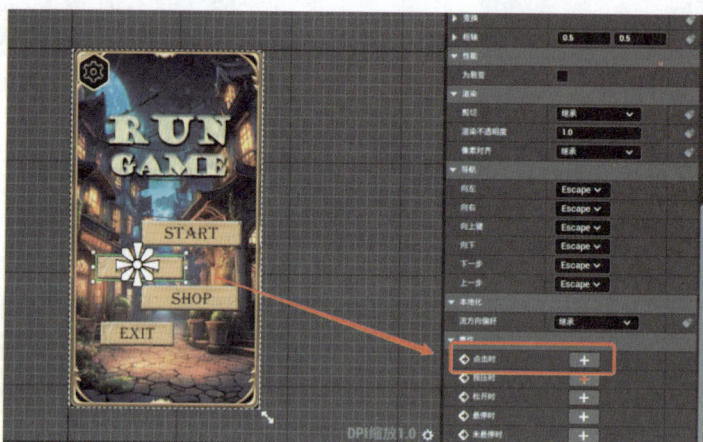

图 6-55　添加"点击时"事件

步骤 5：添加画布控件，修改其名称为"第二层级"，并修改尺寸为 562×1024 像素。在此画布中添加 EASY、MEDIUM、DIFFICULT、BACK 四个按钮控件，如图 6-56 所示。

图 6-56　添加"第二层级"按钮控件

步骤6：选择 BACK 控件，添加"点击时"事件，如图 6-57 所示。

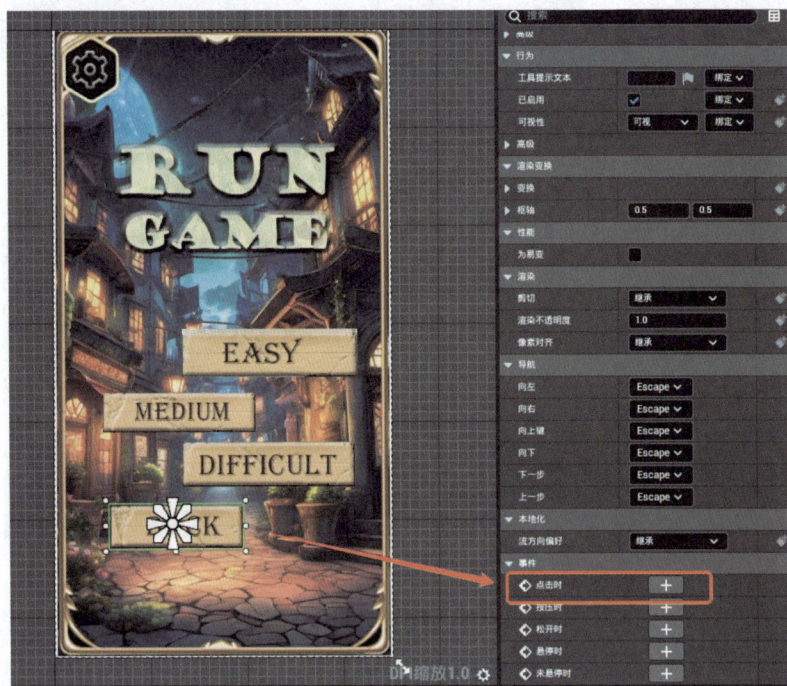

图 6-57　BACK 按钮添加"点击时"事件

步骤7：在制作交互之前，需要先将"第二层级"的画布可视性调整为隐藏状态，这样在运行过程中，不同层级的按钮可以通过"点击时"事件实现切换，如图 6-58 所示。

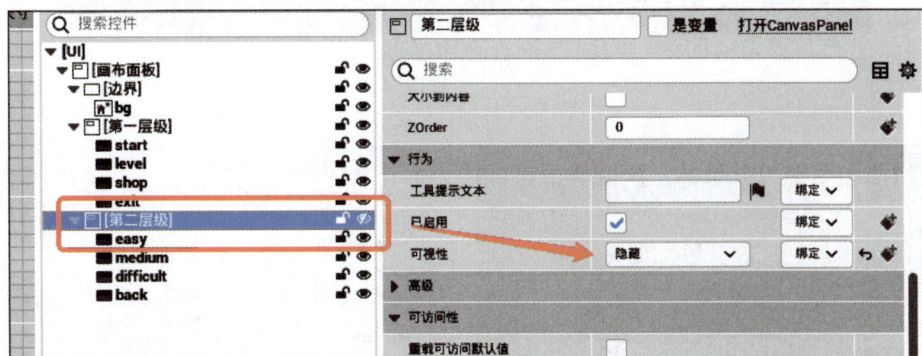

图 6-58　隐藏第二层级按钮

步骤8：切换到图表编辑器模式，制作交互。为 LEVEL、BACK 按钮"点击时"事件添加节点，如图 6-59 所示。

步骤9：前往关卡蓝图中添加节点，显示光标以及显示 UI 控件，如图 6-60 所示。

步骤10：单击运行按钮，此时运行窗口默认为横向显示。由于 UI 的背景图是竖向 UI，因此需要调整窗口的分辨率，选择 Play 功能后的"高级设置"，如图 6-61 所示。将窗口分辨率调整为 562×1024 像素，如图 6-62 所示。单击运行即可发现比例正常，如图 6-63 所示。

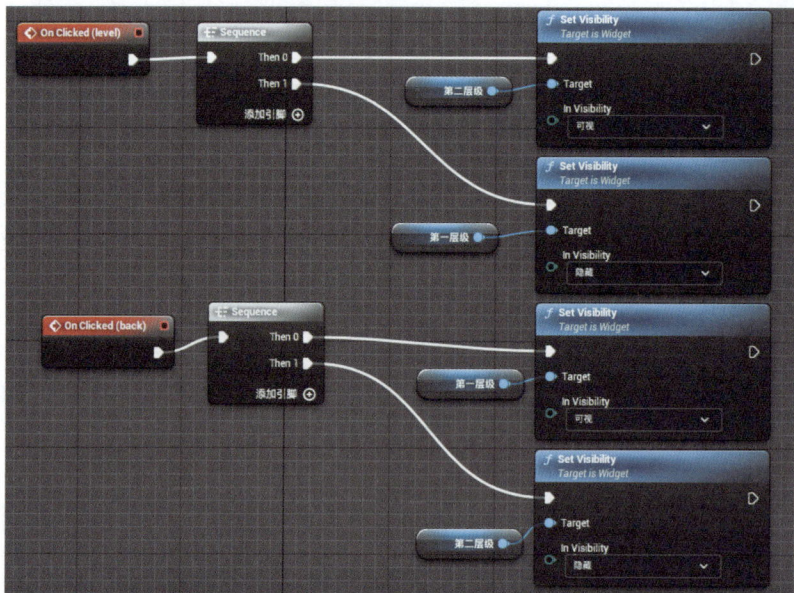

图 6-59　制作第一层级与第二层级 UI 的切换

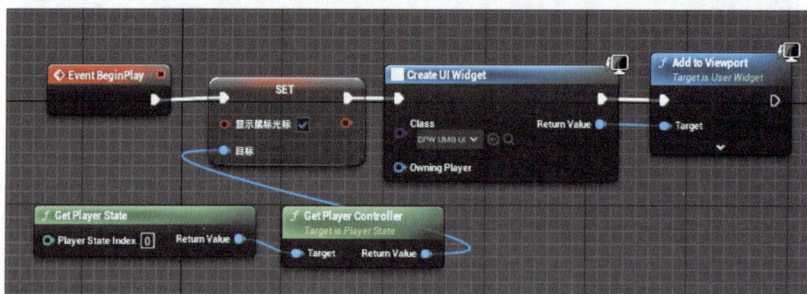

图 6-60　显示控件

图 6-61　高级设置

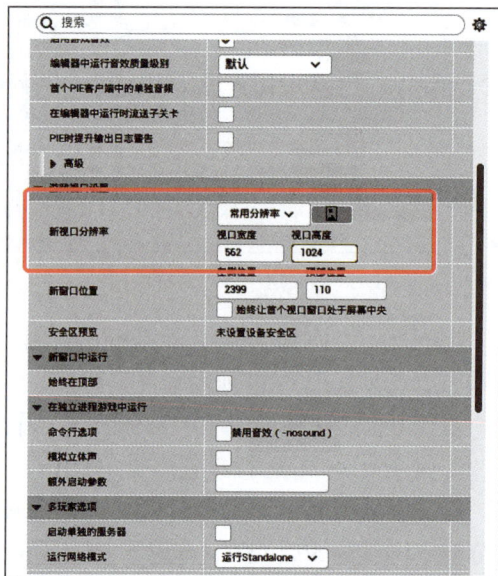

图 6-62　调整分辨率

图 6-63   UI 窗口预览

◆ 本 章 小 结 ◆

　　在设计一款游戏的 UI 时，首先需要了解游戏的类型。不同的游戏类型，所需要的界面内容不同，表现形式也不同，需要根据游戏的玩法来设计方便玩家操作的界面。

　　本章对 UE5 的 UMG 系统进行了基础概述。旨在帮助读者掌握使用 UMG 制作游戏 UI 的工作流程与设计各类 UI 元素视觉布局的方法，并为控件添加功能逻辑。一些关于 UMG 进阶的知识与复杂 UI 的制作技巧未能在本章中讲述，因为它们超出了本书的知识范畴，建议读者学习并掌握了本章的技能后，再进阶学习相关内容。另外，使用 UMG 制作 UI 时，建议对内容进行优化，以减少开销，提高性能。

◆ 巩 固 与 提 升 ◆

1. 制作开始菜单

要求：结合本章的实战案例，完成后续的 UI 制作。

2. 制作 HUD 元素

要求：结合本章的 UI 风格，寻找素材，搭建场景，并为搭建好的场景设计 HUD 元素。

第 6 章
工程文件

第7章

粒子系统

导读

　　粒子系统是一种在计算机图形学中用于模拟复杂动态效果（如火焰、烟雾、雨雪、爆炸、魔法特效等）的技术。它通过大量细小的独立元素（称为"粒子"）的集合行为来表现自然现象或抽象视觉效果。UE5 主要使用的粒子系统是 Niagara，取代了 UE4 常用的 Cascade 系统。Niagara 采用基于节点的可视化编辑器，使创建和调整粒子效果更加直观和简单。开发者可以通过连接不同类型的节点来定义粒子的外观、行为和交互。这种可视化的工作流程极大地提高了效率，同时也降低了学习和使用粒子系统的门槛。Niagara VFX 系统是 UE5 中创建和调整视觉效果（VFX）的主要工具，特效师能够利用系统的可编程性和节点模块来创建复杂且逼真的视觉效果。本章主要对 UE5 的 Niagara VFX 系统做详细介绍，为粒子系统如何工作提供扎实的原理基础。

知识目标

- 熟悉 Niagara VFX 系统以及主要模块工作原理。

能力目标

- 熟练使用 Niagara VFX 系统为场景环境搭建特效。
- 具有软件操作和制作流程的能力。

素质目标

- 具有良好的艺术素养，熟悉美术元素基本分类和应用。

7.1 Niagara 视觉效果概述

Niagara VFX 系统共有如下四大核心组件。

1. 系统

在 Niagara 系统编辑器中，可修改或覆盖发射器（Emitters）或模块（Modules）内的任何内容，包含多个发射器。这些发射器可在系统编辑器中的时间轴（Timeline）面板中显示和管理。多个发射器结合后可产生特定效果，例如，为制作烟花效果的多次爆发，需创建多个发射器，并将它们放置在名为烟花的 Niagara 系统中。

2. 发射器

发射器是模块的容器，每个模块都会有一个堆栈，整个发射器的执行是从栈顶到栈底依次进行的。发射器的特别之处在于，可使用模块堆栈创建模拟，并在同一发射器中以多种方式进行渲染。若烟花效果配合流光效果一同施放，可创建一个发射器，包含用于火花的 Sprite 渲染器和用于流光的条带渲染器。

3. 模块

Niagara 模块是 Niagara VFX 的基础层级，等同于 Cascade 的行为。模块将与一般数据通信、行为封装和其他模块堆栈一起写入函数。使用高级着色语言（HLSL）编译模块，而可视化编译可用节点在图表中进行。用户可创建函数，包括输入（或写入）值或参数图。甚至可使用图表中的 CustomHLSL 节点写入 HLSL 内联代码。

4. 参考和参数类型

参数是 Niagara 模拟中数据的抽象表现。为参数分配参数类型，以定义参数代表的数据。共有以下四种参数。

- Primitive（图元）：此类参数定义不同精度和通道宽度的数值数据。
- Enum（枚举）：此类参数定义一组固定的值，并从中取一个值。
- Struct（结构体）：此类参数定义一组图元和枚举类型的组合。
- Data Interfaces（数据接口）：此类参数定义从外部数据源中获取数据的函数。

这些参数可以是 UE4 其他部分中的数据，或外部应用程序中的数据。若是开发者设置发射器自定义模块，需要单击"+"按钮，并选择 Set new or existing parameter directly（直接设置新参数或现有参数）选项。在堆栈中出现一个设置参数模块后，单击 Set Parameter（设置参数）模块中的"+"按钮，选择 Add Parameter（添加参数）来设置现有参数，或者选择 Create New Parameter（新建参数）来设置新参数。

> **小提示**
>
> 若开发者在开发过程中需要使用 Cascade（级联）粒子系统，可在内容浏览器窗口中，右击选择"其他"→"Cascade 系统（旧版）"即可创建，如图 7-1 所示。

图 7-1　Cascade（级联）粒子系统

Niagara 粒子系统的创建与介绍

7.2 Niagara 编辑器

打开 Niagara 编辑器时，可以双击任意粒子系统资源，或在内容浏览器中右击 Niagara 系统资源调出快捷菜单。Niagara 系统包含 8 个主要区域，如图 7-2 和表 7-1 所示。

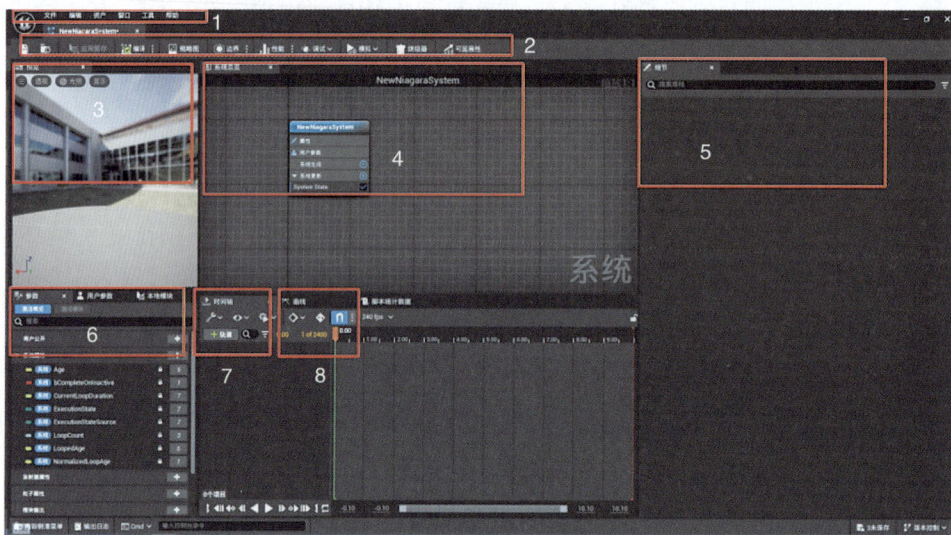

图 7-2　Niagara 编辑器面板

表 7-1　Niagara 编辑器面板概述

编　号	区　　域	描　　述
1	菜单栏	可以保存资源以及在内容浏览器中查找当前粒子系统
2	工具栏	可视化和导航工具
3	预览面板	显示当前粒子系统（包括该系统包含的所有发射器）
4	系统总览	总览正在编辑的系统和发射器，可平移、缩放图表视图
5	细节面板	用于显示系统节点、发射器节点的详细数值，其中，系统节点与细节面板关联的组使用蓝色标识，发射器节点和细节面板关联的不同组会用不同颜色标识：橙色表示发射器（Emitter）级别模块；绿色表示粒子（Particle）级别模块；红色表示渲染器（Render）项目
6	参数面板	其参数是 Niagara 系统中发射器以及粒子的所有参数，由激活的发射器或系统使用。参数右侧的数字显示引用的次数
7	时间轴面板	列出了系统中所有的发射器，并控制发射器的播放模式
8	曲线	可用于在粒子或发射器生命周期中调整需要变更的值

7.2.1 Niagara系统节点

在 Niagara 系统中，系统组中的模块会先执行，它们会处理各个发射器共享的行为。然后，发射器组中的模块（Module）和项目（Item）会针对各个组单独执行。接着，粒子组中的参数会针对单个发射器中的各个粒子执行。最后，渲染器组的项目描述如何将各个发射器的模拟粒子数据渲染到屏幕上。Niagara 系统节点如图 7-3 所示。

（1）"系统设置"组：包含用户参数（User Parameters）和属性（Properties）。用户参数只能在 Niagara 模拟之外进行设置，如在蓝图逻辑或 C++ 代码中进行设置。所有创建的系统（即使为空系统）均含有系统属性项，用于设置该系统的各项参数。

（2）"系统生成"组：每创建一个系统，都会生成一个系统生成模块，模块按照从堆栈顶部到底部的顺序执行。

（3）"系统更新"组：每个粒子每帧都会调用系统更新（System Update）模块，模块在更新时会按照从堆栈顶部到底部的顺序执行。

7.2.2　Niagara发射器节点

发射器可用来在 Niagara 中生成粒子，控制粒子的生成、在生命周期中的状态，以及外观和行为。发射器位于堆栈中，在该堆栈中有几个组，在组中可以放置用于实现各个任务的模块。发射器堆栈组如图 7-4 所示。

图 7-3　Niagara 系统节点

图 7-4　发射器堆栈组

1. 发射器生成组

发射器生成组仅在 CPU 创建发射器时出现一次，使用该组能够定义初始设置和默认值。本小节中列出的项仅为 UE5 中自动包含的模块，如表 7-2 所示。

表 7-2　发射器生成组模块

模块分类	模块名称	描　　述
位置模块	在网格中生成粒子（Spawn Particles in Grid）	该模块根据开发者定义的网格分辨率设置生成粒子
Max 脚本模块	生成 MS 顶点动画工具变换目标（Spawn MS Vertex Animation Tools Morph Target）	该模块生成并采样先前使用顶点动画工具创建的变换目标纹理。顶点动画工具生成表示变换目标混合形状的纹理。此模块为工具采集的每个顶点生成一个粒子，应与更新 MS 顶点动画工具变换目标（Update MS Vertex Animation Tools Morph Target）模块配合使用
	更新 MS 顶点动画工具变换目标（Update MS Vertex Animation Tools Morph Target）	该模块获取更新 MS 顶点动画工具变换目标（Update MS Vertex Animation Tools Morph Target）模块生成的粒子，并将这些粒子放置于开发者所选的位置

续表

模块分类	模块名称	描　　述
生成模块	每单位生成（Spawn Per Unit）	该模块根据以虚幻单位表示的传播距离生成粒子
	生成速率（Spawn Rate）	该模块以特定速率持续生成粒子
新建暂存区模块		在堆栈中放置该模块之后，在 Scratch 中创建的所有模块或动态输入都将自动连接到脚本
直接设置新值或现有值		从添加（Add）菜单中选择此项目，将在细节面板中放置设置参数（Set Parameter）模块

2. 发射器更新组

发射器在 CPU 上进行每帧更新时，发射器更新（Emitter Update）模块便会出现。此组中的模块应计算此帧中粒子生成或更新的参数值，以从堆栈顶部到底部的顺序执行模块。本小节中列出的项仅为 UE5 中自动包含的模块，如表 7-3 所示。

表 7-3　发射器更新组模块

模块分类	模块名称	描　　述
光束模块	光束发射器设置（Beam Emitter Setup）	该模块提供光束的起点、终点和切线设置
Chaos 模块	从 Chaos 中生成（Spawn from Chaos）	该模块导致在响应混沌事件时产生粒子
发射器状态		该模块设置发射器的执行状态
位置模块	在网格中生成粒子（Spawn Particles in Grid）	该模块根据开发者定义的网格分辨率设置生成粒子
MAX 脚本模块	生成 MS 顶点动画工具变换目标（Spawn MS Vertex Animation Tools Morph Target）	该模块生成并采样先前使用顶点动画工具创建的变换目标纹理。顶点动画工具生成表示变换目标混合形状的纹理。此模块为工具采集的每个顶点生成一个粒子，应与更新 MS 顶点动画工具变换目标（Update MS Vertex Animation Tools Morph Target）模块配合使用
生成模块	生成即时迸发（Spawn Burst Instantaneous）	该模块自发生成大量粒子
	每帧生成（Spawn Per Frame）	该模块在各个帧中生成大量粒子
	每单位生成（Spawn Per Unit）	该模块根据以虚幻单位表示的传播距离生成粒子
	生成速率（Spawn Rate）	该模块以特定速率持续生成粒子
工具模块	发射器帧计数器（Emitter Frame Counter）	在该模块中启用增量计数器，将设置一个计数器，该计数器会随着发射器动画中的每一帧递增

3. 粒子生成组

粒子生成时，每个粒子会调用一次粒子生成组。该组能够定义粒子的初始化细节，包括粒子的生成位置、颜色、大小等特征。本小节中列出的项仅为 UE5 中自动包含的模块，如表 7-4 所示。

表 7-4　粒子生成组模块

模块分类	模块名称	用　途
光束模块	光束宽度（Beam Width）	该模块控制生成光束的宽度，并将该宽度写入 Particles.Ribbon Width 参数。要改变沿光束长度的宽度，使用索引到 Particles. RibbonLinkOrder 中的曲线，默认生成光束模块中提供该曲线
	生成光束（Spawn Beam）	该模块沿贝塞尔样条或直接沿两点间的直线放置粒子。该参数对面向光束式路径的 sprite 有用，或与经典式光束的条带渲染器一起使用。生成光束会创建但不会重新计算每帧起点和终点的静态光束
混沌模块	应用混沌数据（Apply Chaos Data）	该模块通过混沌解算器设置粒子的位置、速度和颜色
颜色模块	颜色（Color）	该模块直接设置 Particles.Color 参数，以及 Float3 颜色和标量 Alpha 组件的比例因子
事件模块	生成位置事件（Generate Location Events）	该模块生成包含粒子位置的事件。每个粒子的事件负载还包含粒子速度、可用于创建每个粒子条带 ID 的粒子 ID、事件生成粒子的存在时间以及能够以各种方式使用的随机数
位置模块	形状位置（Shape Location）	该模块生成球体、圆柱体、盒体 / 平面、圆环、锥体等形状的粒子
	网格位置（Grid Location）	该模块在网格上生成均匀分布的粒子
	抖动位置（Jitter Position）	该模块根据延时定时器在随机方向上抖动生成粒子
质量模块	按体积计算质量和旋转惯性（Calculate Mass and Rotational Inertia by Volume）	该模块根据粒子的边界和密度值计算质量和旋转惯性。密度单位为 kg/m^3
材质模块	动态材质参数（Dynamic Material Parameters）	该模块写入材质编辑器中的动态参数顶点内插器（Dynamic Parameter Vertex Interpolator）节点。要使用索引 1-3，需在材质编辑器中将节点自身的参数索引（Parameter Index）更改为相应编号。利用此参数，可在给定材质中使用最多四个唯一动态参数节点
网格体模块	初始化网格体复制 Sprite（Initialize Mesh Reproduction Sprite）	该模块在骨架网格体上随机选择位置
朝向模块	将 Sprite 与网格体朝向对齐（Align Sprite to Mesh Orientation）	该模块将 Sprite 与网格体粒子的朝向对齐
	初始网格体朝向（Initial Mesh Orientation）	该模块将网格体与向量对齐，或使用旋转向量将其旋转到位
	将网格体朝向向量（Orient Mesh to Vector）	该模块将网格体与输入向量对齐

续表

模块分类	模块名称	用　途
物理模块	添加旋转速度（Add Rotational Velocity）	该模块添加到开发者定义空间中的旋转速度（Rotational Velocity）值
SubUV 模块	SubUVAnimation	某些 Sprite 在网格中制作，每个单独的 Sprite 代表一个动画帧。此模块接收要进行动画处理的 Sprite 总数，并沿着曲线绘制这些 Sprite，以便 Sprite 顺利完成动画处理
纹理模块	取样纹理（Sample Texture）	该模块在特定的 UV 位置取样纹理，然后返回该纹理部分的颜色
纹理模块	场景对齐纹理取样（World Aligned Texture Sample）	该模块根据粒子位置取样纹理的颜色，与材质编辑器中的世界对齐纹理的行为方式非常类似
工具模块	执行一次（Do Once）	该模块跟踪其触发条件在上一帧中是否为 True
向量场模块	应用向量场（Apply Vector Field）	该模块通过向量场取样器获取向量样本，并将其作为力或速度应用
向量场模块	取样向量场（Sample Vector Field）	该模块取样向量场，并应用逐粒子强度因子和可选衰减因子，该衰减因子将弱化向量场对边界框边缘的影响
速度模块	添加速度（Add Velocity）	该模块向已生成粒子分配速度。可以添加各种动态输入，以修改在此模块中输入的值
速度模块	继承速度（Inherit Velocity）	该模块添加来自另一个源的继承速度。该源默认为当前发射器的系统位置
速度模块	涡旋速度（Vortex Velocity）	该模块计算绕涡轴的角速度，并将其注入 Particles.Velocity 参数中

4.粒子更新组

每一帧上的每个粒子都会调用粒子更新组，它能够定义在粒子生命周期中逐帧更改的所有特征。粒子生成组与粒子更新组部分模块名称相同，作用也相同。由于各堆栈组执行方式不同，最终会产生不同的效果。本小节中列出的项仅为 UE5 中自动包含的模块，且粒子生成组中已经出现的模块，本小节不再赘述，如表 7-5 所示。

表 7-5　粒子更新组模块

模块分类	模块名称	描　述
光束模块	光束宽度缩放（Beam Width Scale）	该模块根据开发者定义缩放因子缩放初始光束宽度
光束模块	更新光束（Update Beam）	该模块沿贝塞尔样条或直接沿两点间的直线放置粒子
摄像机模块	摄像机偏移（Camera Offset）	该模块在粒子与摄像机之间沿向量偏移粒子
摄像机模块	保持摄像机粒子比例（Maintain in Camera Particle Scale）	通过考虑摄像机的 FOV、粒子的摄像机相对深度和渲染目标的大小，该模块可保持摄像机内的粒子大小

模块分类	模块名称	描　述
碰撞模块	粒子与碰撞平面对齐（Align Particles with Collision Plane）	该模块随时间将 Sprite 与平面对齐
	碰撞（Collision）	该模块必须放在解算器模块前面。在 CPU 发射器中使用时，该模块将发射光线并计算其与场景的碰撞。在 GPU 发射器中使用时，该模块将使用场景深度或全局距离场来查找碰撞表面
颜色模块	颜色（Color）	该模块设置 Particles.Color 参数，并提供 Float3 颜色和标量透明度组件的比例因子
	缩放颜色（Scale Color）	该模块默认接收初始颜色（粒子生成组中决定），并分别缩放 RGB 和 Alpha 组件
	按速度缩放颜色（Scale Color by Speed）	该模块根据粒子速度向量的量级来缩放粒子颜色，此速度向量设有最小和最大速度阈值
约束模块	两点之间维持设定距离（Maintain a Set Distance Between Two Points）	该模块获取两个不同位置：粒子位置和目标位置
	钟摆约束（Pendulum Constraint）	该模块引入非物理性正确的钟摆约束，该约束与力交互。必须具有钟摆设置（Pendulum Setup）模块，才能使用钟摆约束（Pendulum Constraint）模块
	钟摆设置（Pendulum Setup）	该模块引入非物理性正确的钟摆约束，该约束与力交互
事件模块	生成碰撞事件（Generate Collision Event）	该模块在发射器中生成碰撞事件。另一发射器中的事件处理函数可使用该模块，以在系统中操作
	生成死亡事件（Generate Death Event）	该模块在发射器中生成死亡事件。另一发射器中的事件处理函数可使用该模块，以在系统中操作
	生成位置事件（Generate Location Event）	该模块在发射器中生成位置事件。另一发射器中的事件处理函数可使用该模块，以在系统中操作
力模块	加速力（Acceleration Force）	添加到 Physics.Force 参数，将在解算器中平移到加速中
	施加初始力（Apply Initial Forces）	该模块将旋转力和线性力（如留英力）转换为旋转速度和线性速度
	留英力（Curl Noise Force）	添加到使用留英域的 Physics.Force 参数。通常对中等分辨率烘烤的平铺留英域进行采样，也可选择直接对 Perlin 派生的旋度函数进行采样
	拖动（Drag）	无视质量，将拖动直接应用于粒子速度 / 旋转速度
	重力（Gravity Force）	将重力（以 cm/s 计）应用于 Physics.Force 参数
生命周期模块	粒子状态（Particle State）	当粒子的生命周期结束时，该模块负责杀死模拟中的粒子
朝向模块	Sprite 旋转率（Sprite Rotation Rate）	该模块随时间旋转 Sprite
	更新网格体朝向（Update Mesh Orientation）	该模块随时间旋转网格体朝向参数

模块分类	模块名称	描 述
后期结算模块	计算准确速度（Calculate Accurate Velocity）	该模块计算上一位置到当前位置的准确速度
条带模块	条带宽度（Ribbon Width）	该模块控制生成条带的宽度，并写入 Particles.RibbonWidth
大小模块	缩放网格体尺寸（Scale Mesh Size）	该模块采用粒子生成组中设置的初始网格体尺寸比例，并通过用户设置的因子提升比例
子 UV 模块	子 UV 动画（SubUVAnimation）	部分 Sprite 在网格中创建，每个 Sprite 各代表一个动画帧
纹理模块	子 UV 纹理采样（Sub UV Texture Sample）	该模块以子 UV 方式对单个纹理像素进行采样
工具模块	生成网格条带 ID（Generate Grid Ribbon IDs）	可用该模块生成输出粒子参数，此类参数用于生成具有 3 个条带发射器的 3D 网格
	基于时间状态机（Time Based State Machine）	该模块输出浮点参数（Particles.Module.OnOffPercentage），该参数表明粒子处于开启状态或是关闭状态

5. Niagara 渲染器

Niagara 系统中渲染器是单独的模块，并且在堆栈中的位置不一定与绘制顺序相关，目前支持七种渲染器。

- 组件渲染器（Component Renderer）：可生成任何类型的组件，并使用粒子模拟中的数据更新其属性。使用组件类型（Component Type）设置粒子模拟使用的组件（如点光源），并在细节（Details）面板的组件属性（Component Properties）类别下显示与之相关的属性和设置。可以直接从此列表中编辑属性，所有由渲染器生成的组件都将基于这些属性构建。
- 光源渲染器（Light Renderer）：光源渲染器经常与其他渲染器搭配使用，设置光渲染效果。
- 网格体渲染器（Mesh Renderer）：通过网格体的方式渲染粒子。
- 条带渲染器（Ribbon Renderer）：会产生一串粒子附属到一个点上，能在一个移动的发射器后形成一个色带。
- Sprite 渲染器（Sprite Renderer）：通过 Sprite 的方式渲染粒子。
- 贴花渲染器（Decal Renderer）：生成贴花并将其投影到表面上。
- 几何体渲染器（Geometry Renderer）：通过几何体的方式渲染粒子。

7.2.3 事件与事件处理器

当系统中的多个发射器产生交互时，才能形成事件，进而对应出现事件处理器。这意味着一个发射器生成一部分数据，其他发射器侦听该数据，并执行相应行为来响应。在 Niagara 系统中，此操作通过 Events（事件）和 Event Handlers（事件处理器）来完成。Events 是生成粒子生命周期中发生特定事件的模块；Event Handlers 是侦听生成事件并启动相应行为来响应该事件的模块。

1. 事件

1）位置事件

将 Generate Location Event（生成位置事件）模块置于发射器的 Particle Update（粒子更新）组中时，该发射器中生成的每个粒子将在其生命周期内生成位置数据，然后设置 Event Handler，接收该位置数据并触发相应行为。例如，为了达到烟花尾迹效果，可将 Generate Location Event 模块放到烟花发射器的 Particle Update 组中，而尾迹发射器会使用位置数据生成跟随烟花的粒子，如图 7-5 所示。

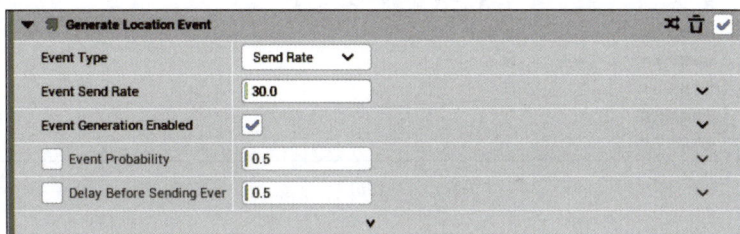

图 7-5　位置事件

2）消亡事件

将 Generate Death Event（生成消亡事件）模块置于发射器的 Particle Update 组中时，该发射器中生成的每个粒子将在其生命周期结束时生成事件。使用这种事件的模式有两种：一种是在一个发射器的粒子消亡时触发另一个发射器的粒子效果；另一种是制造连锁反应，让每个发射器在前一个发射器的粒子消亡时生成各自的效果。根据具体结合的位置事件和消亡事件创建多种交互。以烟花为例，在烟花发射粒子生命结束时生成炸裂效果。位置事件可确定粒子的位置，即爆炸发生的位置；消亡事件可确定粒子的生命结束时间，即爆炸效果发生的时间，如图 7-6 所示。

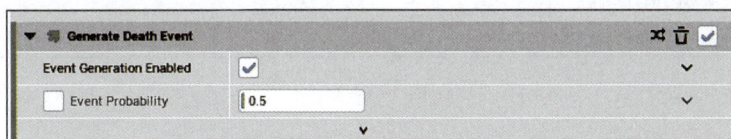

图 7-6　消亡事件

3）碰撞事件

将 Generate Collision Event（生成碰撞事件）模块放入发射器的 Particle Update 组后，粒子与 Actor 碰撞时生成事件。这意味着，若在烟花效果中设置粒子与静态或骨骼网格体碰撞时触发爆炸事件，那么作为 Actor 来说，这就是一项合格的武器，如图 7-7 所示。

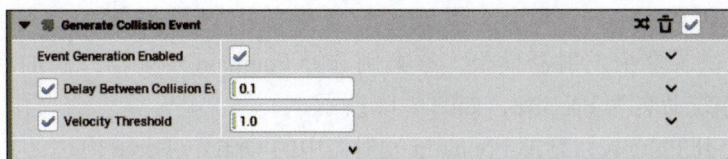

图 7-7　碰撞事件

2. 事件处理器

Event Handler Properties（事件处理器属性）和 Receive Event（接收事件）构成了事件处理器，针对需要发射器予以响应的每个事件，添加 Event Handler Properties 和 Receive Event 模块。在 Event Handler Properties 中，使用下拉列表设置事件的 Source（源）。另外，在下拉列表中列出了所有可用的 Generate Event（生成事件）模块，可以选择对应受事件影响的粒子，设置每帧事件发生的次数；或者选择事件生成粒子，设置生成粒子的数量，如图 7-8 所示。

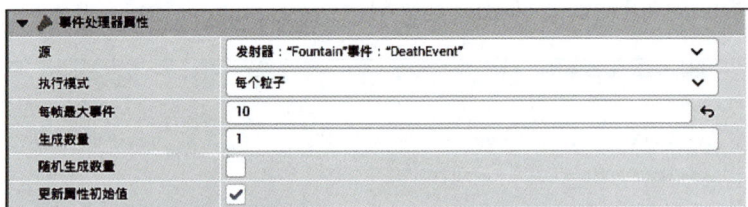

图 7-8　事件处理器

设置 Event Handler（事件处理器）属性后，需要再选择一个接收事件，这个选中的事件必须与放置在生成事件发射器的粒子更新组中的生成事件模块相匹配，如图 7-9 所示。

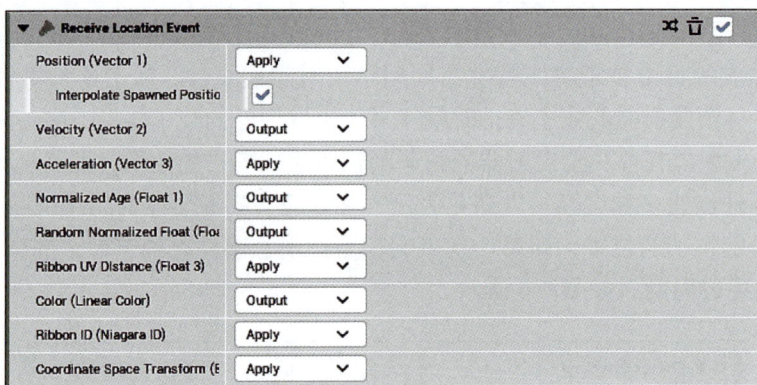

图 7-9　设置接收事件

7.3　烟 花 案 例

粒子系统的
实践案例

本案例将使用 Niagara 系统制作烟花绽放的特效。具体实现步骤如下。

步骤 1： 创建一个空白的工程文件并命名为 Particle，如图 7-10 所示。

步骤 2： 创建 Niagara 系统，将该粒子系统放入提前新建的文件夹中，UE5 中 Niagara 系统提供了多个发射器模板。本案例选择 Fountain 发射器，添加后单击"完成"即可创建，将系统命名为 PN_fire，如图 7-11 所示。

步骤 3： 打开 PN_fire，删掉 Fountain 发射器中的 Gravity Force 模块，如图 7-12 所示。

步骤 4： 单击 Spawn Rate，将 SpawnRate 参数设置为 3.0，如图 7-13 所示。

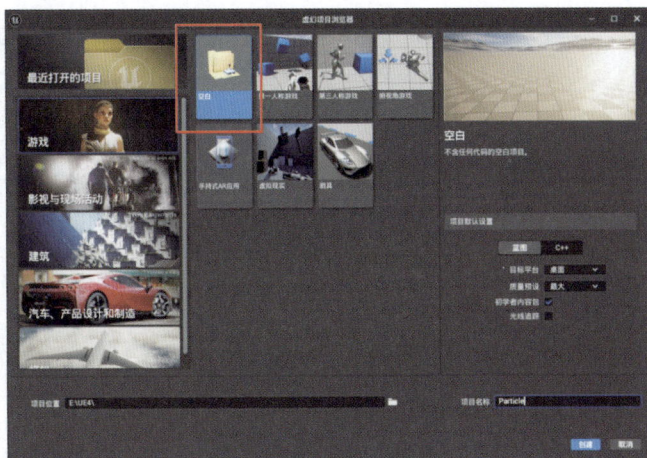

图 7-10 创建工程文件

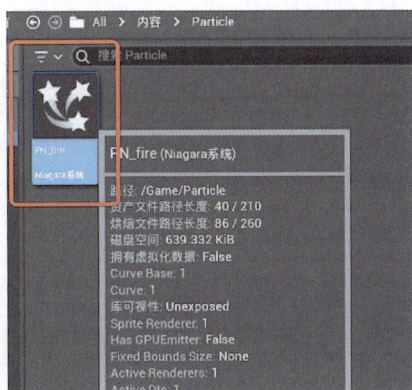

图 7-11 新建 Niagara 系统

图 7-12 删除 Gravity Force 模块

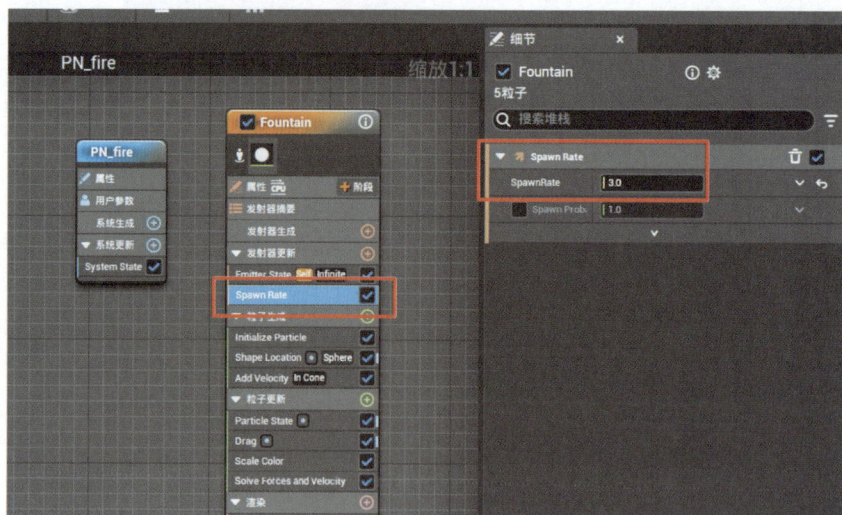

图 7-13　设置 SpawnRate 参数

步骤 5：设置粒子初始状态，单击 Initialize Particle，将 Lifetime Min 设置为 2，Lifetime Max 设置为 3，Uniform Sprite Size Min 设置为 30，Uniform Sprite Size Max 设置为 50，Color 的 RGB 设置为 100、1、1，如图 7-14 所示。

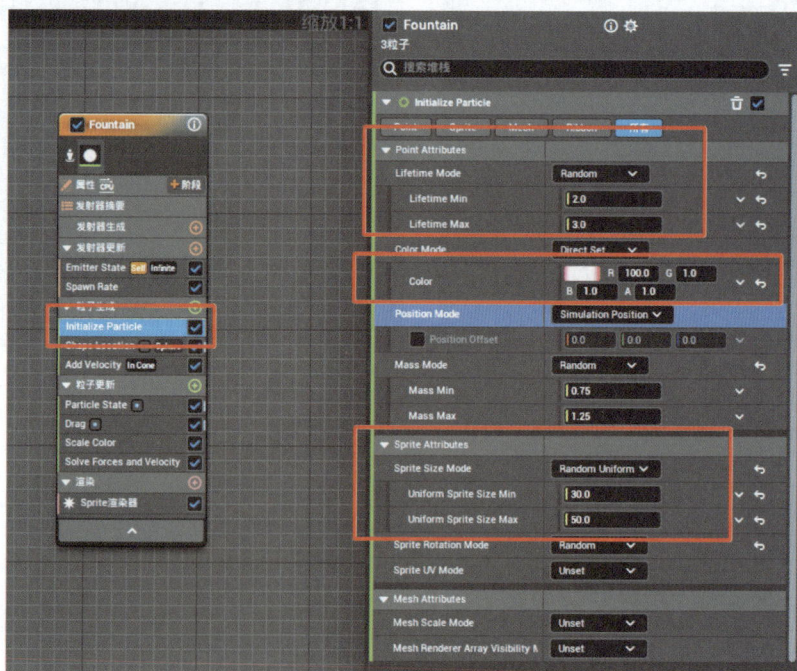

图 7-14　设置粒子初始状态

步骤 6：单击 Add Velocity In Cone，设置 Velocity Speed 的 Minimum 值为 2000、Maximum 值为 3000，如图 7-15 所示。

步骤 7：复制 Fountain，并添加 Generate Location Event，如图 7-16 所示。

步骤 8：单击"属性"标签，勾选"需要固定 ID"，如图 7-17 所示。

图 7-15　设置发射速度

步骤 9： 选择发射器 Foundation001，单击"阶段"按钮，选择"事件处理器"，如图 7-18 所示。

图 7-17　设置属性

图 7-16　添加"位置"事件

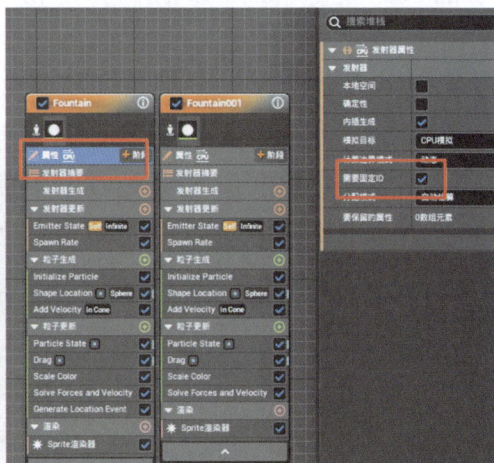

图 7-18　添加事件处理器

步骤 10： 单击"事件处理器属性"，源属性的事件选择 Location Event，执行模式为"生成粒子"，每帧最大事件数值为 10，生成数量设置为 1，如图 7-19 所示。

步骤 11：添加 Receive Location Event，如图 7-20 所示。

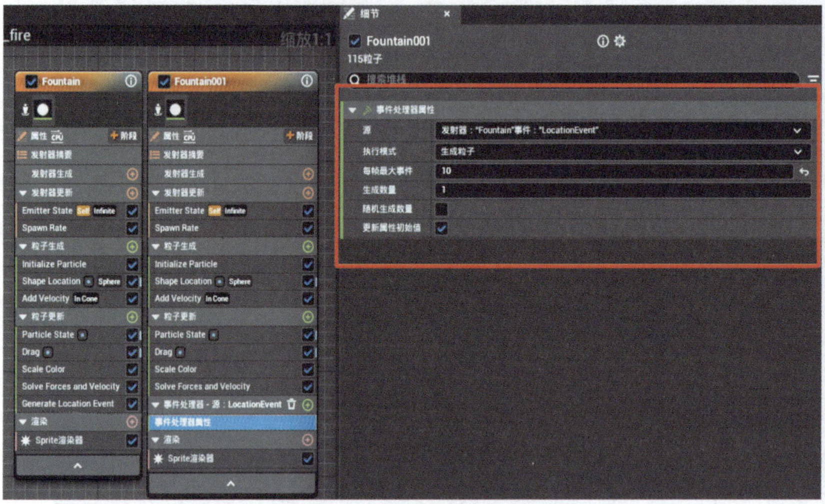

图 7-19　设置事件处理器

图 7-20　添加接收位置
事件

步骤 12：修改 Fountain001 的 Initialize Particle 参数，将 Lifetime Min 设置为 0.2，Lifetime Max 设置为 0.3，Color 的 RGB 修改为 10、3、1；Uniform Sprite Size Min 设置为 10，Uniform Sprite Size Max 设置为 20，如图 7-21 所示。

步骤 13：删掉 Shape Location Sphere 和 Add Velocity In Cone 两个模块，如图 7-22 所示。

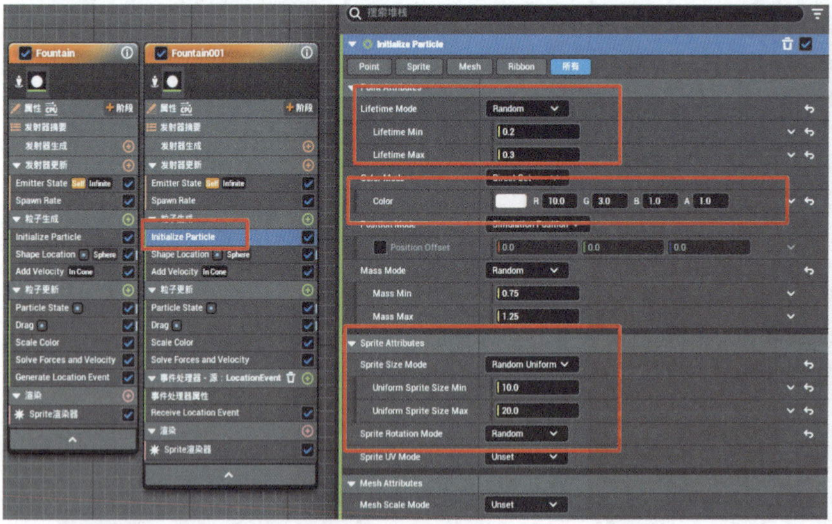

图 7-21　粒子初始效果设置

图 7-22　删除多余模块

步骤 14：新建 Niagara 系统，选择 Simple Sprite Burst 发射器，修改 Niagara 名称为 PN_boom，如图 7-23 所示。

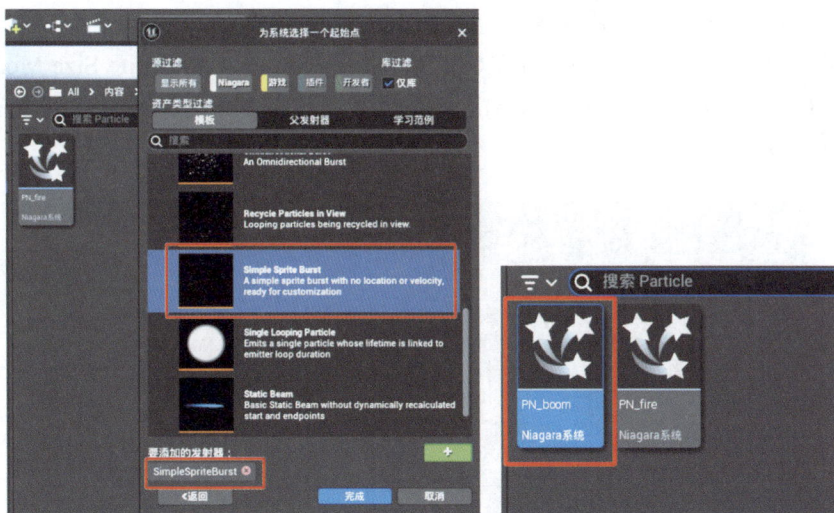

图 7-23　新建烟花绽放粒子特效

步骤 15：打开 PN_boom，修改 Spawn Burst Instantaneous 的 Spawn Count 的值为 50，如图 7-24 所示。

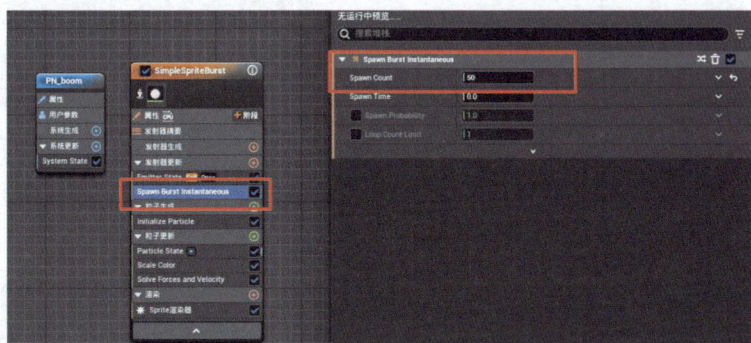

图 7-24　修改粒子数量

步骤 16：添加 Add Velocity，修改 Velocity Mode 为 From Point，Velocity Speed 修改为 Random Range Float，Minimum 的值为 1000，Maximum 的值为 2000，如图 7-25 所示。

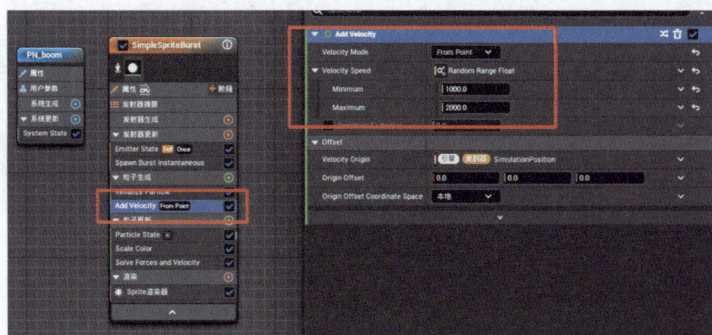

图 7-25　设置粒子发射速度

步骤 17：单击 Initialize Particle，Lifetime Mode 修改为 Random，Lifetime Min 参数设

置为 2，Lifetime Max 参数设置为 3；Color 修改为 Random Range Linear Color，Minimum RGB 参数设置为 0、1、0，Maximum RGB 参数设置为 1、0、0；Sprite Size Mode 修改为 Random Uniform，Uniform Sprite Size Min 参数设置为 50，Uniform Sprite Size Max 参数设置为 80，如图 7-26 所示。

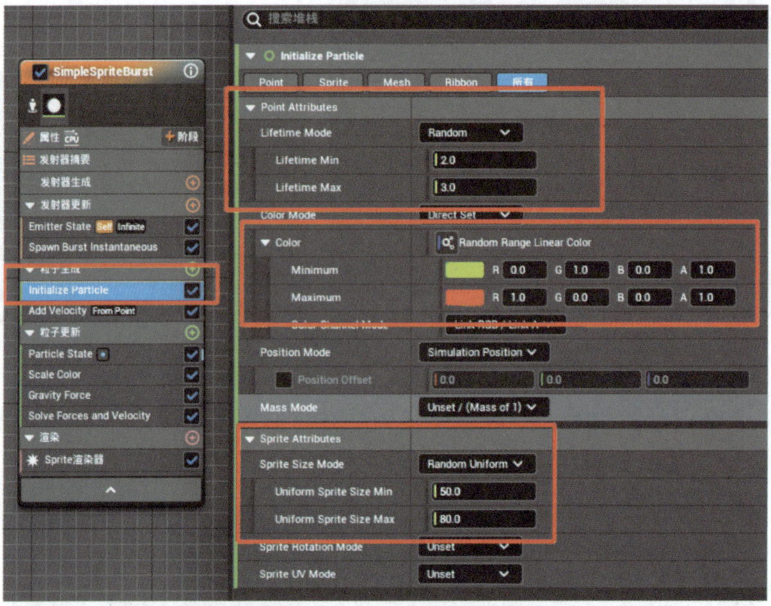

图 7-26　设置粒子生成状态

步骤 18：选择 Scale Color，勾选 Scale RGB，并修改 RGB 的数值为 100、100、100，如图 7-27 所示。

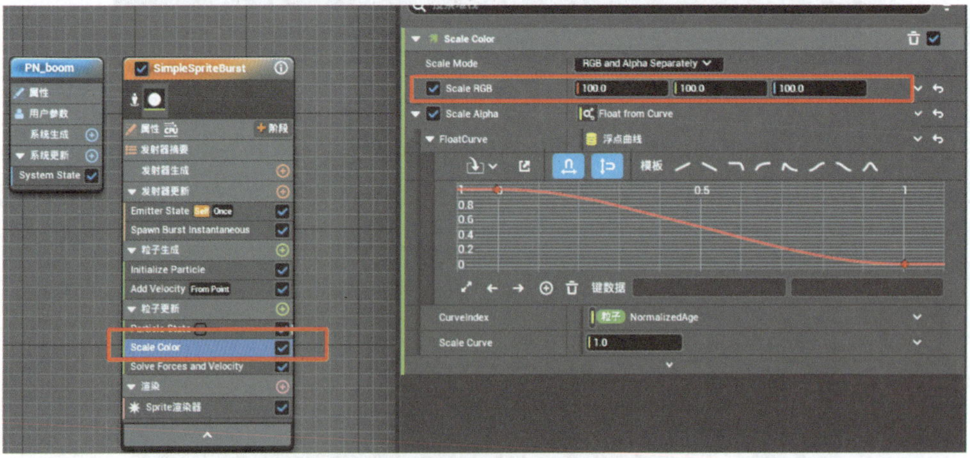

图 7-27　设置粒子发光

步骤 19：添加 Gravity Force 模块，如图 7-28 所示。

步骤 20：单击"发射器更新"，Loop Behavior 修改为 Infinite，如图 7-29 所示。

步骤 21：复制 SimpleSpriteBurst 发射器，并添加 Generate Location Event，如图 7-30 所示。

图 7-28 添加重力

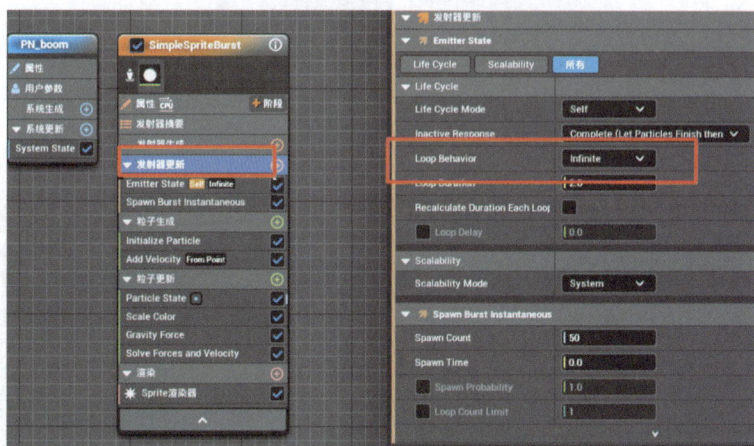

图 7-29 修改发射器属性

图 7-30 添加位置事件

步骤 22： 单击"属性"，勾选"需要固定 ID"，如图 7-31 所示。

图 7-31　设置属性

步骤 23： 选择发射器 SimpleSpriteBurst001，添加"事件处理器属性"并单击，源属性的事件选择 Location Event，执行模式为"生成粒子"，每帧最大事件数值为 50，生成数量设置为 1，如图 7-32 所示。

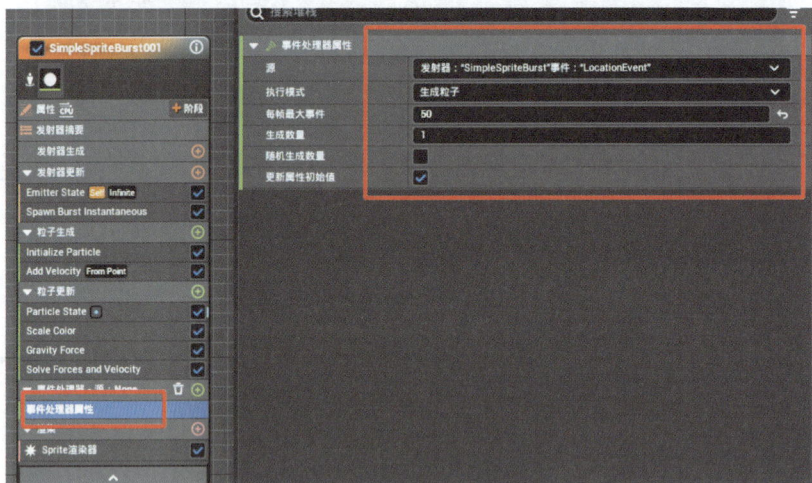

图 7-32　设置事件处理器

步骤 24： 添加 Receive Location Event，如图 7-33 所示。

步骤 25： 删除 Add Velocity From Point 和 Spawn Burst Instantaneous 模块，如图 7-34 所示。

步骤 26： 单击 Initialize Particle，Lifetime Min 参数设置为 0.5，Lifetime Max 参数设置为 0.8，Uniform Sprite Size Min 参数设置为 10，Uniform Sprite Size Max 参数设置为 20，如图 7-35 所示。

步骤 27： 打开名称为 PN_fire 的 Niagara 系统，复制 Fountain001，删除"Sprite 渲染器"模块。如图 7-36 所示。

图 7-33 添加接收位置事件

图 7-34 删除多余模块

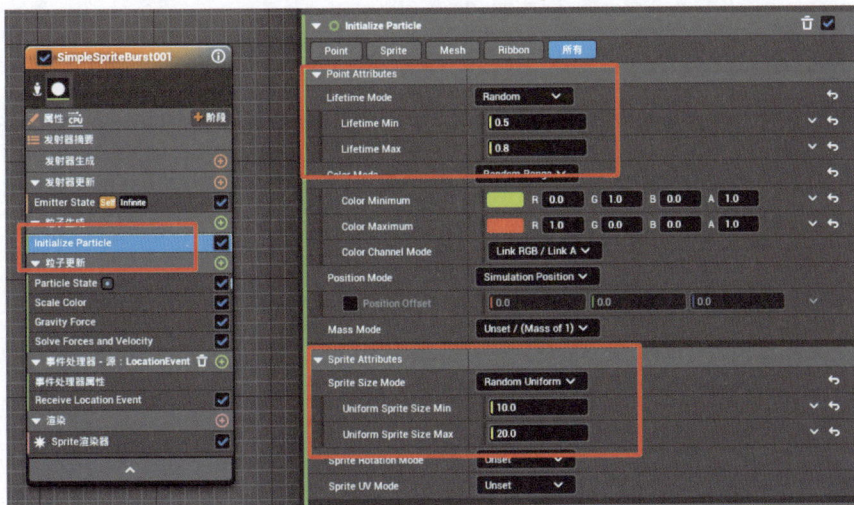

图 7-35 设置粒子生成状态

步骤 28：选择发射器 Fountain，添加 Generate Death Event，如图 7-37 所示。

步骤 29：选择发射器 Fountain002，单击"事件处理器属性"，源修改为 Death Event，执行模式修改为"每个粒子"，如图 7-38 所示。

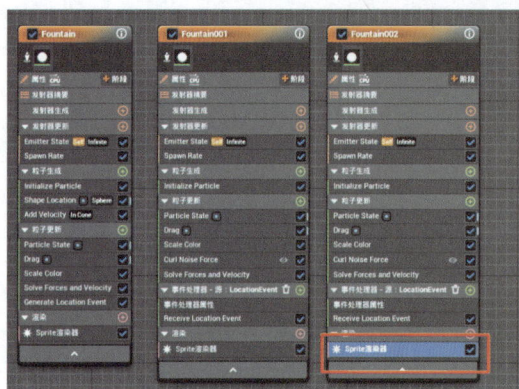

图 7-36 删除渲染器　　　　　　　　图 7-37 添加消亡事件

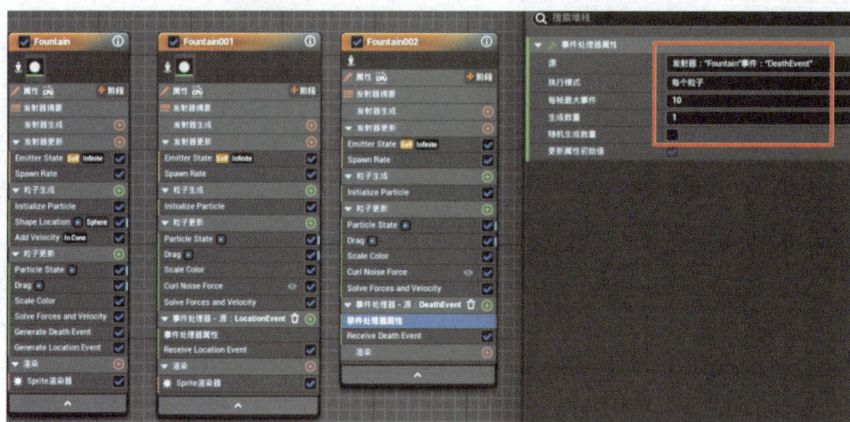

图 7-38 设置事件处理器

步骤 30：删掉 Receive Location Event，添加 Receive Death Event，如图 7-39 所示。

图 7-39 添加接收消亡事件

步骤 31：添加"Niagara 粒子系统组件 Render"模块，修改组件类型为 Niagara Component，Niagara 系统资产为 PN_boom，如图 7-40 所示。

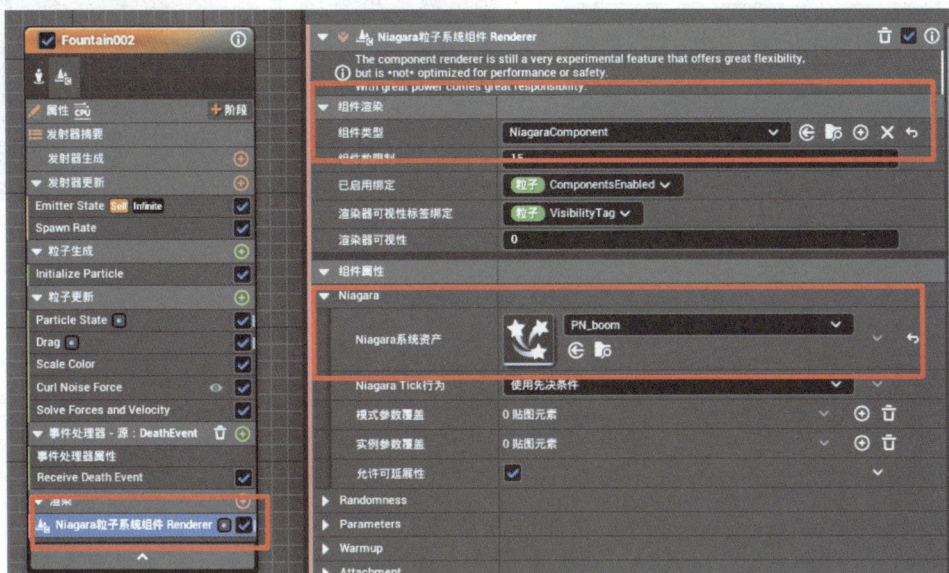

图 7-40　添加组件渲染器

步骤 32：单击 Initialize Particle，LifeMode 修改为 Direct Set，Lifetime 设置为 3，如图 7-41 所示。

步骤 33：新建关卡 Particle，如图 7-42 所示。

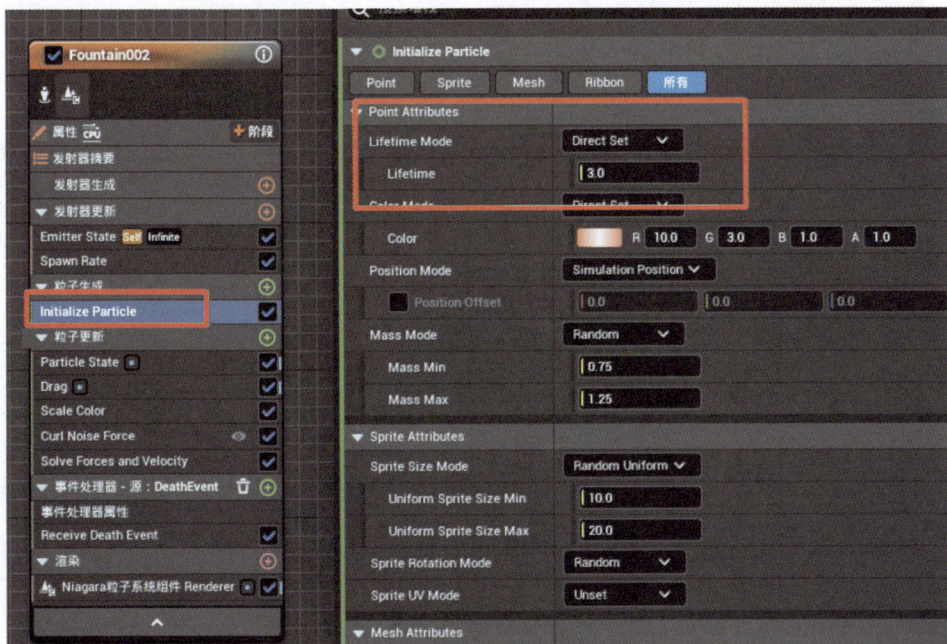

图 7-41　修改粒子生命周期

步骤 34：打开关卡，并将 PN_fire 拖入关卡中。烟花效果如图 7-43 所示。

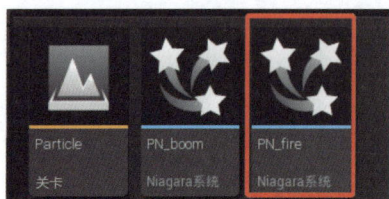

图 7-42　新建关卡

图 7-43　烟花效果图

◆ 本 章 小 结 ◆

　　本章主要认识 UE5 中的 Niagara 系统，熟悉编辑器的各个功能，掌握在 UE5 中运用该系统的方法和粒子特效的基本概念，了解各种效果的渲染特性，以及不同特效添加模块的方式。能很好地区分粒子编辑器、模块和蓝图三者的关系，并能综合性地运用蓝图系统。其中实践任务主要是通过粒子系统来制作一个烟花特效，并使用事件处理器制作不同类型的粒子特效。

◆ 巩固与提升 ◆

1. 制作爆炸特效

　　要求：利用本章学习的烟花特效，制作一个爆炸类型的特效。

2. 拓展作业

　　要求：结合本章讲述的粒子特效，使用 Niagara 系统的碰撞事件处理器，制作下雨后溅起水花的特效。

第 7 章
工程文件

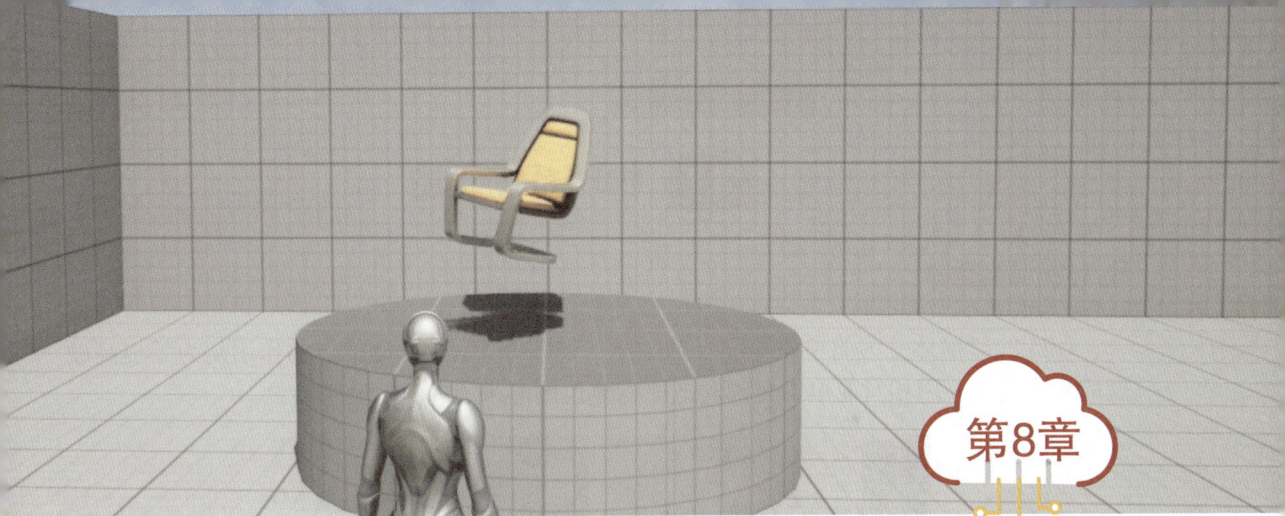

第8章

物理引擎

📖 导读

在 UE5 中设置物理效果，对于增强场景的沉浸感至关重要。这是因为物理效果能够让玩家确信他们正在与模拟环境进行真实互动，并且能够获得相应的反馈。为了进一步提升玩家的沉浸体验，UE5 默认启用物理运算引擎来处理物理模拟和碰撞检测。该物理系统不仅能够执行精确的碰撞检测，还能模拟对象间在虚拟世界中的物理交互。

✏️ 知识目标

- 理解 UE5 物理引擎的基本概念和组件，如刚体动力学、碰撞检测和物理材质等。
- 熟悉物理引擎中的约束和连接（如铰链、弹簧）及其在项目中的应用。

💡 能力目标

- 能够设计和实现游戏中的物理交互场景，如物体的拾取、投掷和破坏。
- 能够识别和解决与物理引擎相关的问题，如物体的不稳定行为或碰撞问题。
- 开发复杂的物理模拟场景，如车辆动力学或布料模拟。
- 学习并应用流体动力学、柔体和刚体联合模拟等高级物理效果。

📂 素质目标

- 探索和实现复杂的物理现象，如流体交互、破坏和粒子系统的物理效果，了解国际主流游戏和影视作品的相关设计趋势，借鉴先进的设计理念和技术手段，提升自己的设计水平。

8.1 物理系统概述

8.1.1 碰撞体

UE5 的碰撞体分为简单碰撞和复杂碰撞，如图 8-1 所示。碰撞体的作用是为了提高碰撞的检测速度，用相对简单的包围盒把原物体包围起来，并进行碰撞检测。

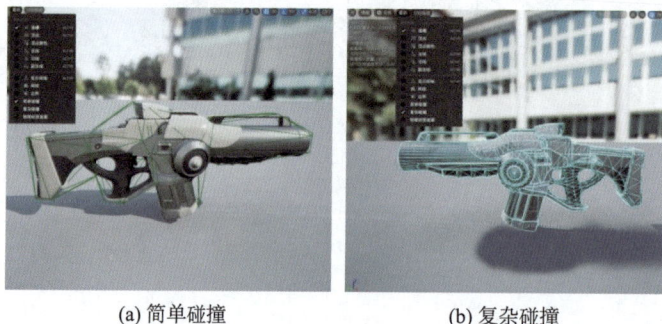

(a) 简单碰撞　　　　　　　　　　(b) 复杂碰撞

图 8-1　简单碰撞与复杂碰撞

当采用复杂碰撞检测，即直接利用场景中物体的顶点和三角面作为碰撞体时，碰撞检测过程会变得极为复杂。因此，用简单碰撞来替代复杂碰撞显得尤为必要。

碰撞检测算法中的图元从原理上可以分为以下三类：对齐包围盒（Axis-Aligned Bounding Box）、有向包围盒（Oriented Bounding Box）和离散有向包围盒（Discrete Oriented Polytope）。

8.1.2 碰撞检测

碰撞检测是游戏逻辑的重要组成部分，包含移动、自动瞄准、逻辑触发等。

主要用到的碰撞检测（Query Only）方法分为三种：第一种的 Block 可以阻挡物体从另一个物体内部穿过，且物理引擎会检测其碰撞事件；第二种的 Overlap 是物体可以从另一个物体穿过，但是物理引擎会检测一些事件，如物体恰好进入物体和物体恰好穿出物体时会触发；第三种就是完全忽略，无事情发生。三种检测类型具体如下。

- Raycast：零大小的射线检测，即有向线段碰撞检测，如 SingleLineTrace。
- Sweeps：非零大小的检测，即扫描体积，如 SingleSphereTrace、SingleBox Trace。
- Overlaps：空间体积相交检测。

三种检测方法中，Sweeps 能够体现 UE5 中角色的移动并非基于物理模拟，也就是说，角色不会受真实的重力、摩擦力以及其他力场的影响。在逻辑层中，首先对角色在当前的速度方向上进行很短的距离移动；然后通过 Sweeps 对角色与场景以及其他物体进行自上而下的碰撞检测，得到碰撞的位置；最后通过一个接口，将角色强行设置到这个位置。

接下来，通过一个示例来讲解对象之间碰撞的设置。具体操作步骤如下。

步骤 1：将一个角色（Pawn 类型）和一个墙体（静态网格体类型）拖放到场景中，如图 8-2 所示。

步骤 2：选中墙体，在"细节"面板中找到碰撞预设，设置"碰撞预设"为 BlockAll，表示静态网格体默认情况下会阻挡所有对象，如图 8-3 所示。运行项目后，角色将无法穿过墙体。

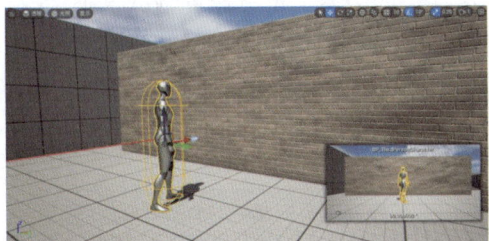

图 8-2　角色与墙体

图 8-3　墙体碰撞预设

步骤 3：将碰撞预设从 Block 修改为 Custom，下方的碰撞响应选项将被激活。针对 Pawn 类对象，勾选"重叠"的计算方式，如图 8-4 所示。

步骤 4：运行项目，角色将能够无障碍地穿过墙体，如图 8-5 所示。

图 8-4　修改墙体碰撞设置

图 8-5　角色穿过墙体

8.1.3　物理模拟

物理模拟通过"模拟物理（Simulate Physics）"选项来开启或关闭。一旦开启物理模拟，物体的所有运动状态便交由物理引擎全权控制，物体会受到多种力的影响，如重力、摩擦力、空气阻力等。

在 UE5 中，尽管逻辑层不提供直接操控物理状态的接口，但可以通过其他接口强制设定物理状态（如速度）。然而，必须注意的是，这种强制设定可能会导致被控制对象表现出一些出乎意料的物理行为。因此，当使用物理模拟时，应将对象的所有运动状态交由物理引擎进行模拟，并且应尽量避免人为干预，例如流体模拟、物体破碎以及汽车等载具的模拟。

1. 刚体

刚体（Rigid Body）能产生运动但不会发生形体变化，可以模拟真实物体的运动轨迹。

在项目中，常见的带有物理属性的物体一般有五种：胶囊体、静态网格体、骨骼网格体、地形和物理体积。

对于在场景中直接创建的物体，将其设置为刚体，在细节面板的"物理（Physics）"选项下勾选"模拟物理"，同时碰撞属性下的碰撞预设自动变成 Physics Actor。物体可以根据所需物理效果设定显示的形态，开启使用模拟物理后，物体会加设相关物理现象，如撞飞或自由落体等物理效果，效果的真实性与重力存在一定的关系，可以设置物体是否"启用重力"。例如，一块石头有重力，就可以在物理选项下勾选"启用重力"，如图 8-6 所示。

2. 设置物理模拟

默认情况下，静态网格体对象的可移动性是静态的，如图 8-7 所示。

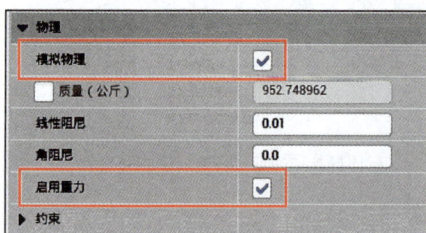

图 8-6　开启物理模拟并启用重力　　　　图 8-7　设置物理模拟的移动性

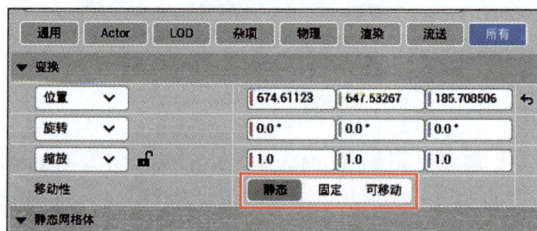

启用"模拟物理"功能后，Actor 的可移动性将自动设置为"可移动"。这表明，一旦启用"模拟物理"，对象必须具备动态属性。需要注意的是，开启"模拟物理"时，模型必须配备碰撞器组件，否则将无法激活模拟物理。

在进行物理模拟时，务必启用碰撞检测类型，如图 8-8 所示，否则引擎将发出警告，并且在运行时不会展现任何物理模拟效果。

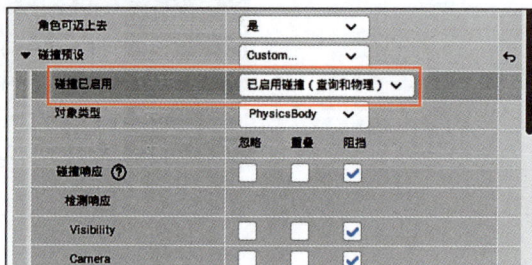

图 8-8　启用碰撞类型

3. 动态修改碰撞设置

动态修改碰撞设置通常是通过蓝图脚本或 C++ 代码实现。这允许开发者在游戏运行时调整对象的碰撞行为，以适应不同的游戏场景和玩法需求。如在穿越特定物体或创建临时无敌状态时，可以禁用复杂对象的碰撞，以优化游戏性能。下面是使用蓝图进行动态修改碰撞设置的方法。

（1）在蓝图中，首先需要获取要修改的静态网格体组件（StaticMeshComponent）或骨骼网格体组件（SkeletalMeshComponent）。

（2）在事件开始时，使用 Set Simulate Physics 节点启用物理模拟。接着，使用 Set Collision Eanbled 节点启用或禁用碰撞。可以选择"查询和物理"以启用所有碰撞，"纯查询"仅启用查询碰撞，"纯物理"仅启用物理碰撞，如图 8-9 所示。

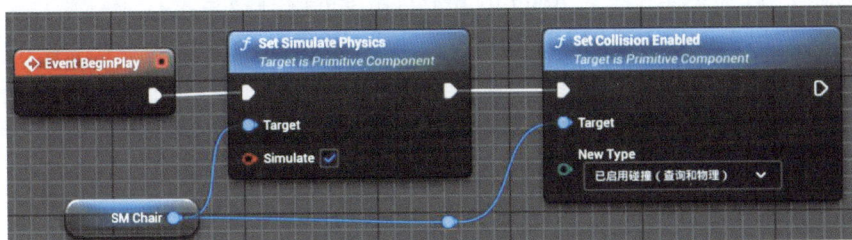

图 8-9　使用蓝图动态修改碰撞设置

8.2　物理约束

8.2.1　物理约束基础概述

物理约束（Constraint）是通过对刚体各个自由度的移动限制来实现特殊的模拟效果。一个普通的刚体运动由 6 个自由度来控制，分别是 3 个位置方向的位移与 3 个轴方向的旋转。这些自由度可以单独或组合控制，如限制对象只能沿着 XZ 平面移动，就可以实现类似摩天轮和钟摆的效果。

在游戏中，如果需要对两个对象进行物理约束（如关节），那么多个 Actor 的约束就需要有特定的参照对象。一旦对两个对象进行约束，那么二者就必须有一个统一的约束参照对象，然后根据参照对象的坐标系进行模拟。通常这个参照对象是 ConstraintActor 或 ConstraintComponent。

用一个 ConstraintActor 对两个 Actor 进行约束，以限制它们只能绕 X 轴旋转。那么，这两个 Actor 是绕哪个 X 轴旋转呢？难道是世界坐标系的 X 轴吗？显然不是，这里应该选择一个合适的可以配置的参考对象，这个对象就是上面提到的 ConstraintActor。完成配置后，Actor 即可绕着 ConstraintActor 的 X 轴旋转。

约束也可以看成是一种连接点，利用约束可将两个角色连接起来，并应用限制和力度。UE5 具备一个数据驱动且灵活度高的约束系统，开发者只需改变系统中的相关选项即可创建出许多不同类型的连接点。设定物理约束 Actor 的配置时，一个物理约束 Actor 能且只能绑定两个 Actor 对象，这两个对象至少有一个要开启物理模拟，如图 8-10 所示。

图 8-10　物理约束组件

197

UE5 有一些默认的关节类型，如球窝式（Ball-and-socket）、铰链式（Hinge）和棱柱式（Prismatic），区别只存在于对 Actor 的 6 个自由度的限制差异。

其中，物理约束组件的使用方法和物理约束角色相同，不同之处是在蓝图中使用，且可在 C++ 中进行创建。物理约束组件结合了蓝图的灵活性和 C++ 的强大性，用户可利用物理约束对项目中的任意物理形体设置约束，也可将物理形体限制在一个总体区域内。

8.2.2　使用物理约束组件

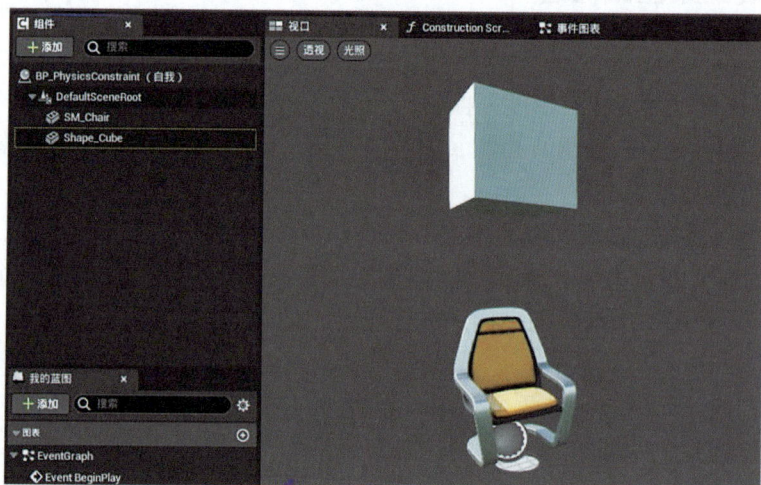

物理约束组件（Physics Constraint Component）用于在游戏中创建逼真的物理连接和约束。这些组件可用于模拟机械装置、关节、弹簧等。以下是使用物理约束组件的基本步骤。

步骤 1：在编辑器的内容浏览器中，创建一个名为 BP_PhysicsConstraint 的 Actor 蓝图类，并双击将其打开。

步骤 2：使用初学者内容包中的 SM_Chair 和 Shape_Cube 两个静态网格体作为约束对象，添加到组件面板，并将 Shape_Cube 放置到 SM_Chair 的上方位置，如图 8-11 所示。

使用物理
约束组件

图 8-11　添加约束对象

步骤 3：添加物理约束组件，并将约束连接点放置在 Shape_Cube 底部，如图 8-12 所示。

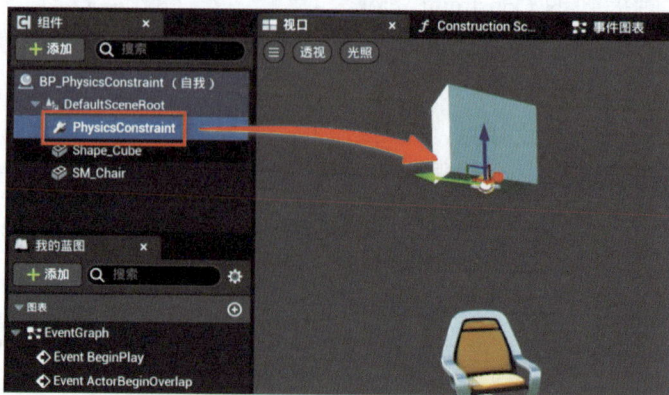

图 8-12　添加物理约束组件并放置约束连接点

步骤 4：选中约束组件，在细节面板中设置组件命名 1（Component Name 1）为 Shape_Cube，组件命名 2（Component Name 2）为 SM_Chair，如图 8-13 所示。

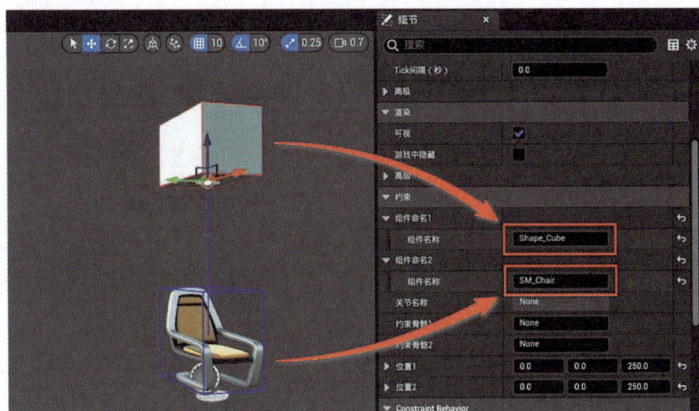

图 8-13 设置约束组件的名称

步骤 5：设置角度限制，在 Angular Limits 选项下，将摇摆 1 运动和摇摆 2 运动修改为"受限"，限度设置为 45，如图 8-14 所示。

图 8-14 设置约束组件的角度限制

步骤 6：选择 SM_Chair，并开启物理模拟。将 BP_PhysicsConstraint 蓝图拖放至场景内，并调整其位置。运行项目后，让角色撞击椅子模型，椅子将被约束在上方的模型上，从而产生摇摆效果，如图 8-15 所示。

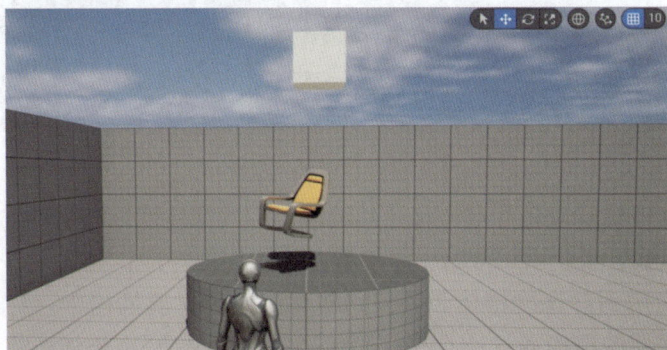

图 8-15 约束摇摆效果

8.3 物理材质

8.3.1 物理材质基础概念

物理材质用于定义物理对象和世界进行动态交互时的反应，其本质是一组参数，不是和渲染相关的材质。物理材质通过 UE5 逻辑层传递给 PhysX，用以描述物理的一些特质，如摩擦力、弹力、膨胀系数等。

在实际应用中，开发者可以根据不同的物理材质表面类型定制化地展现特效和音效，并为物理模拟提供相应的参数。需要注意的是，在 UE5 中，物理材质永远不会是"空"的。即使在编辑器中未对物理材质进行赋值，系统也会应用一个默认的物理材质，因此绝不会出现没有物理材质的情况。

> **小提示**
>
> PhysX 是由 NVIDIA 开发的一种跨平台物理引擎，用于模拟真实世界中的物理现象。它广泛应用于电子游戏、视觉特效以及其他需要物理模拟的领域。

8.3.2 创建和使用物理材质

在内容浏览器中，右击弹出创建菜单，从"创建高级资产"字段下选择"物理"→"物理材质"，如图 8-16 所示。

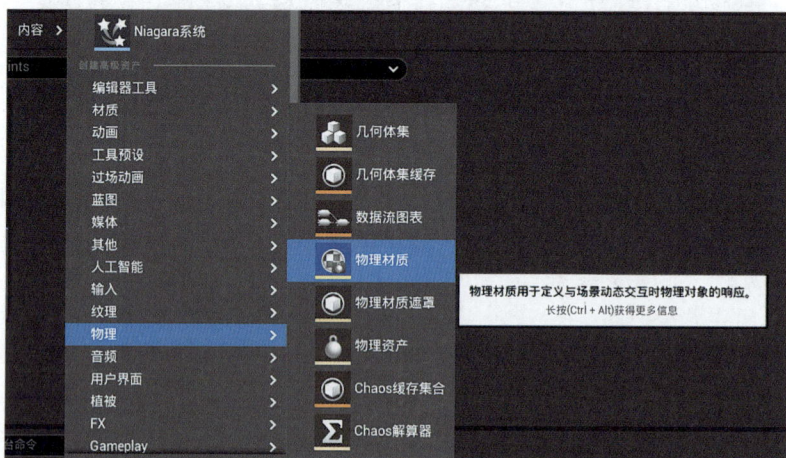

图 8-16　创建物理材质

为新创建的物理材质命名并双击打开其编辑器，调整属性以满足特定需求。可以根据不同的表面类型（如金属、水、混凝土）设置不同的物理特性，如图 8-17 所示。

将物理材质应用到静态网格体和骨骼网格体的物理材质插槽中。打开一个静态网格体模型，在其编辑器的碰撞属性中选择"简单碰撞物理材质"，添加所需的物理材质，如图 8-18 所示。

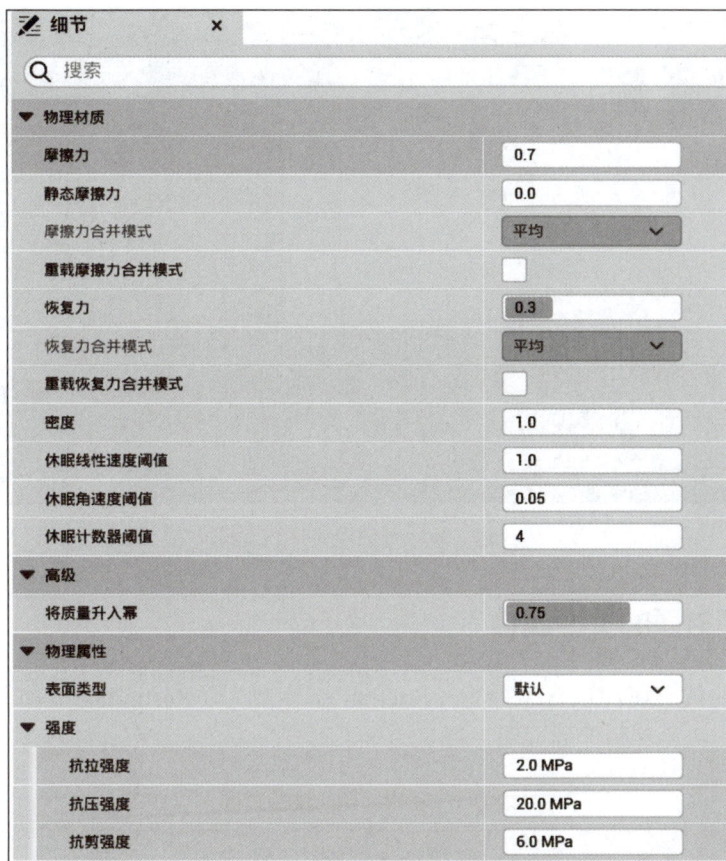

图 8-17 修改物理材质的属性

图 8-18 赋予静态网格体物理材质

打开一个角色的物理资产，在物理资产编辑器的骨骼树面板选择骨骼，然后在物理属性中选择"简单碰撞物理材质"，添加所需的物理材质，如图 8-19 所示。

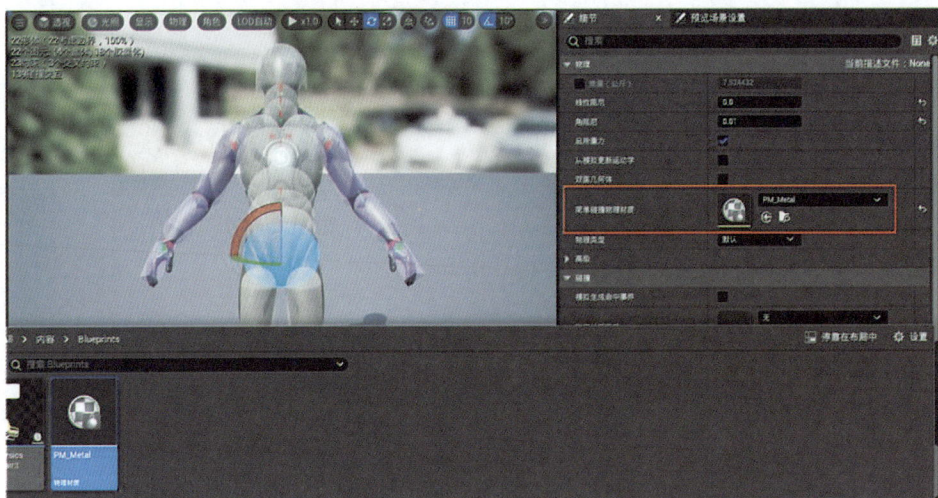

图 8-19　赋予骨骼网格体物理材质

8.3.3　物理材质的关键属性

物理材质的核心属性包含摩擦力（Friction）、恢复力（Restitution）和密度（Density）等，以下列出这些关键属性的说明，详见表 8-1。

表 8-1　物理材质的关键属性

属　　性	说　　明
摩擦力	表面的摩擦力值，控制物体在该表面上滑动的容易程度。分为静态摩擦力和动态摩擦力
恢复力	指的是表面的"弹性"。定义物体碰撞后的反弹程度。值越高，物体反弹越多
密度	影响物体的质量，尤其是对于体积一定的物体。密度越高，质量越大
摩擦力合并模式	此属性允许调整物理材质摩擦力的组合方式。默认情况下，此属性设置为平均值（Average），但是可以使用摩擦力合并模式（Override Friction Combine Mode）属性来覆盖
恢复力合并模式	此属性允许调整物理材质恢复力的组合方式。默认情况下，此属性设置为平均值（Average），但是可以使用恢复力合并模式（Override Restitution Combine Mode）属性来覆盖

> **小提示**
>
> 一些应用场景提供如下。
> - 不同表面的交互：使用不同的物理材质模拟冰面光滑、砂地摩擦大等效果。
> - 物体行为差异：在碰撞和交互中模拟物体之间的真实物理反应。
> - 游戏反馈：通过物理材质的设置提供更真实的游戏反馈，例如角色在不同表面上的移动速度和反应。

◆ 本 章 小 结 ◆

本章通过学习 UE5 的物理引擎模块,读者可以掌握如何有效利用物理特性来提升游戏的沉浸感和互动性。通过合理应用物理材质、约束和碰撞检测,能够创建更丰富、更真实的游戏世界。UE5 的物理引擎系统功能强大,也比较复杂,本章对物理引擎的一些基础概念和对应的功能细节进行阐述,希望能够帮助读者规避一些常见问题。若要进一步学习,则需要补充对应逻辑编码及相关物理力学知识。

◆ 巩固与提升 ◆

1. 小弹球自由落体运动效果实例

要求:结合本章讲述的物理引擎基础知识,制作一个小弹球自由落体运动效果实例。

2. 制作物体碰撞效果

要求:利用制作完成的小弹球创建其他交互示例,设计与其他刚体物体碰撞。

3. 拓展案例

要求:结合本章知识点、交互碰撞实例的特性和本书附带的视频资源,制作至少两种交互设计,如开关、射击等。

第 8 章
工程文件

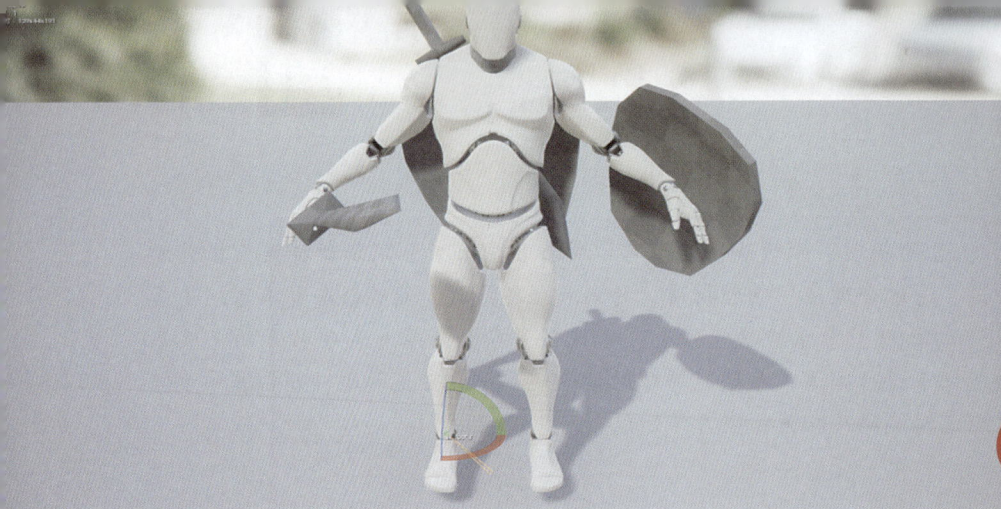

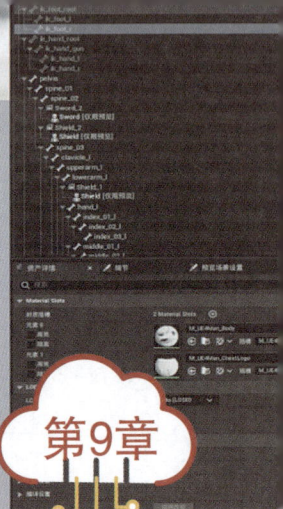

第9章

骨骼动画

导读

UE5 动画系统由多个动画工具和编辑器构成，它将基于骨骼的变形与基于顶点的变形相结合，从而构建出复杂的动画。该系统可用于播放和混合预先准备好的动画序列，创建自定义特殊动作，使基本玩家的运动显得更加真实。例如，使用动画蒙太奇伸缩台阶和墙壁，使用骨骼控制直接操纵骨骼变形，或创建基于逻辑的状态机来确定角色在指定情境下应该使用哪个动画。

知识目标

- 理解动画的概念、UV 贴图的概念。
- 理解贴图纹理、模型和骨骼的关系。
- 理解网格体与空间碰撞之间的关系。
- 理解动画制作的工作流程。

能力目标

- 掌握常用的模型选择节点方法。
- 掌握骨骼动画和模型节点参数集。
- 熟练使用虚幻引擎开发三维项目，熟悉项目开发工作流程。
- 熟悉相关 DCC 软件（如 3ds Max、Maya、Substance、Photoshop 等）的使用。

素质目标

- 具有良好的三维造型能力，熟悉 UV 展开与贴图绘制的工作流程。
- 具有良好的艺术素养，熟悉动画基本原理和应用。
- 具有良好的自主学习和沟通能力，在工作中能够灵活寻找信息并解决实际问题。对虚幻引擎有强烈的爱好和兴趣。

9.1 创建角色的混合动画

9.1.1 导入骨骼动画资源

（1）在浏览器中显示项目的路径，如图 9-1 所示。

（2）将资源文件夹 DynamicSwordAnimset 复制到该路径下，如图 9-2 所示。

导入
动画资源

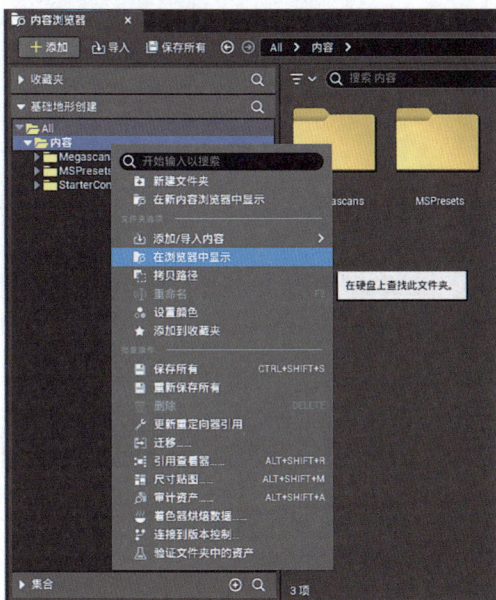

图 9-1 导入资源准备工作

图 9-2 导入资源

（3）至此，内容浏览器（Content Browser）中的动画（Animations）文件夹中应该有全部动画资源，如图 9-3 所示。

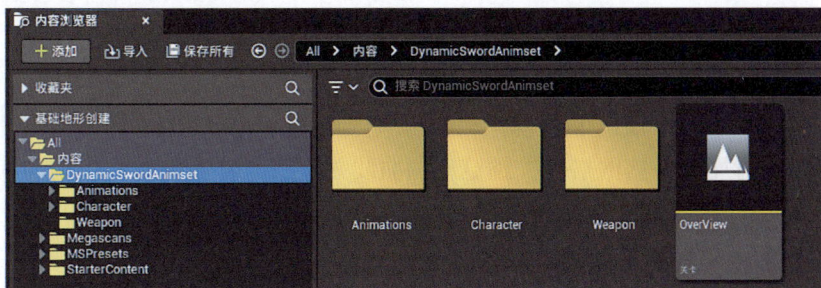

图 9-3 资源导入成功

9.1.2 动画编辑器

在 UE5 中创建带动画的角色需要使用几种不同的动画工具或编辑器，每种工具对应动画的不同方面。例如，骨骼编辑器是所有操作的起点，用于管理驱动骨骼网格体和动画的骨骼（或关节层级）；骨骼网格体编辑器用于修改连接到骨骼的骨骼网格体，是角色的外观；动画编辑器可以创建并修改动画资源，用于对动画进行微调 / 调整；动画蓝图编辑器可用于创建逻辑，驱动角色使用的动画、使用时机以及动画混合的方式；物理编辑器可创建和编辑用于骨骼网格体碰撞的物理形体。每个工具都可以通过编辑关联资源或使用每个动画编辑器顶部的导航按钮进行访问，如图 9-4 所示。

图 9-4　通过编辑关联资源工具访问

> **小提示**
>
> 　　因为此角色还没有创建动画蓝图，所以动画蓝图编辑器暂未在图 9-4 的导航中显示。在后续操作中会创建此角色的动画蓝图，此角色动画蓝图编辑器也会添加到导航中，五种动画工具就能互相访问了。

1. 骨骼编辑器

骨骼编辑器是一种用于处理 UE5 中骨骼资源的工具，可实现与骨骼网格体（Skeletal Mesh）关联的骨骼或关节层级的可视化和控制。在此编辑器中，用户可以创建骨骼网格体套接字以将项目附加到骨骼网格体，预览动画曲线并跟踪与骨骼关联的相关动画通知。此外，用户还可设置动画重定位选项，并使用重定向管理器管理其重定向源，如图 9-5 所示。

2. 骨骼网格体编辑器

每当从内容浏览器或编辑器工具栏（Editor Toolbar）中打开一个骨骼网格体资源时，骨骼网格体编辑器（Skeletal Mesh Editor）也会被打开。此编辑器允许用户通过设置骨骼网格体的材质（Materials）来添加布料元素，通过设置 LOD 和测试任何应用到网格体的变换目标（Morph Target）来更改多边形网格体。此编辑器包括一些可在其他动画工具中找到的窗口，如工具栏 / 视口（和其他一些默认隐藏的窗口），但大部分网格体工作将在资源详细信息（Asset Details）和变换目标预览（Morph Target Preview）窗口中完成，如图 9-6 所示。

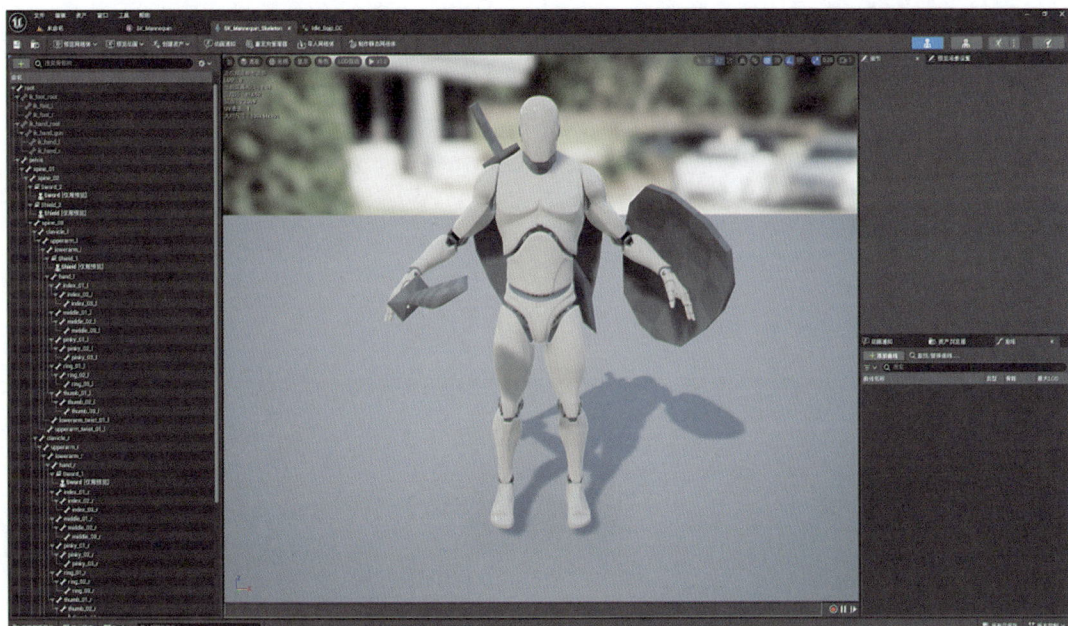

图 9-5 骨骼编辑器

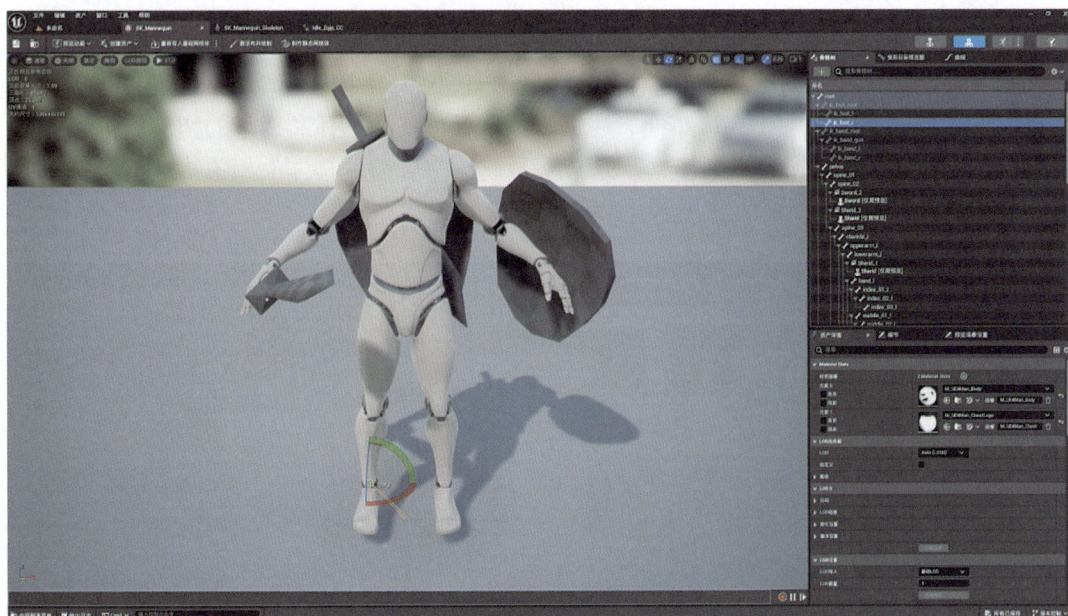

图 9-6 骨骼网格体编辑器

3. 动画编辑器

使用动画编辑器能轻松访问骨骼网格体的各种动画资源。在动画编辑器中，用户可以
预览动画序列、混合空间、动画蒙太奇等动画资源的播放，并编辑这些动画资源，为材质
参数或变形目标添加并编辑曲线，以及定义动画通知（即在动画中的特定点发生的事件），
如图 9-7 所示。

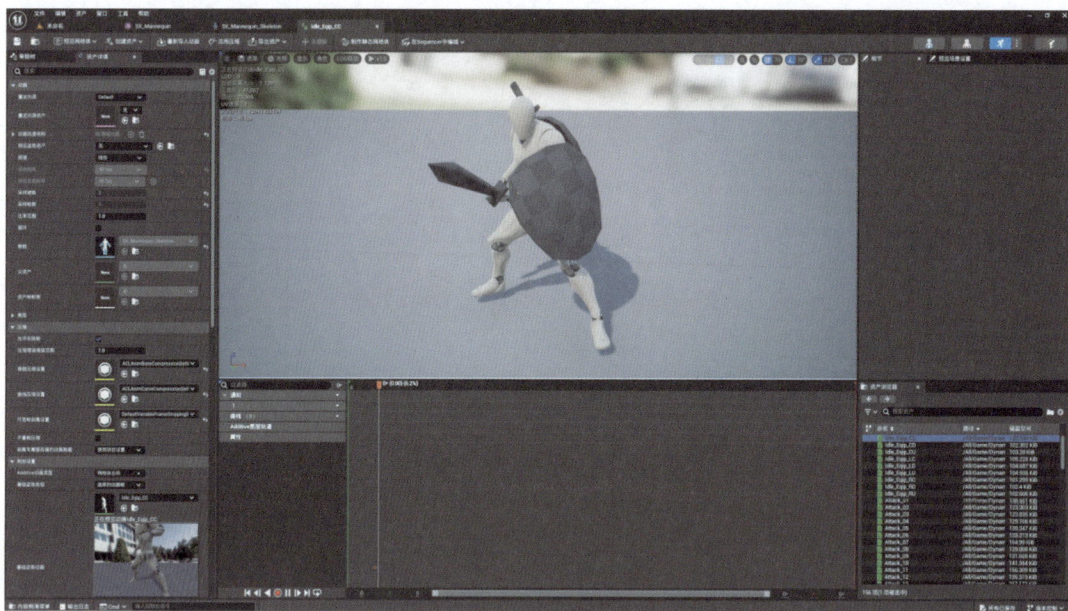

图 9-7　动画编辑器

4. 物理编辑器

物理编辑器是一个集成编辑器，专门用于操纵骨骼网格体的物理资产。这些物理资产定义了骨骼网格体使用的物理和碰撞特性。其中，包含一组刚体和约束，这些共同构成一个布偶，而布偶并不局限于人形布偶，还可以用于任何使用形体和约束的物理模拟。因为一个骨骼网格体只允许一个物理资产，所以可以将许多骨骼网格体的相关物理资产打开或关闭，如图 9-8 所示。

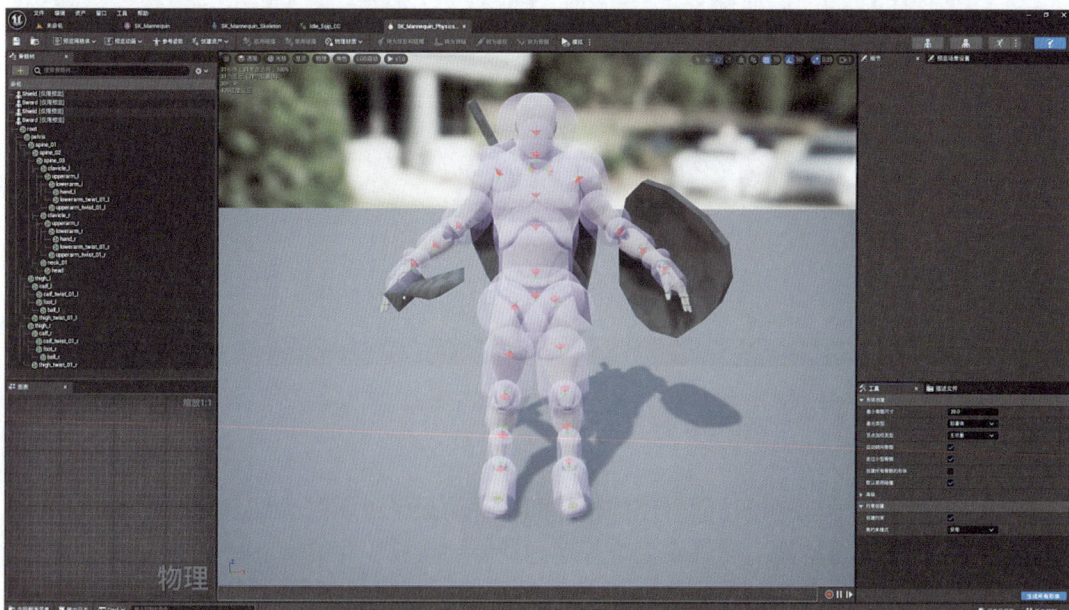

图 9-8　物理编辑器

9.1.3　创建角色动画蓝图

（1）在内容浏览器中右击 DynamicSwordAnimset 下的 Animations 文件夹，选择"添加 / 导入内容"命令，在"创建高级资产（Create Advanced Asset）"分段展开"动画"选项并选择"动画蓝图"命令，如图 9-9 所示。

创建角色
动画蓝图

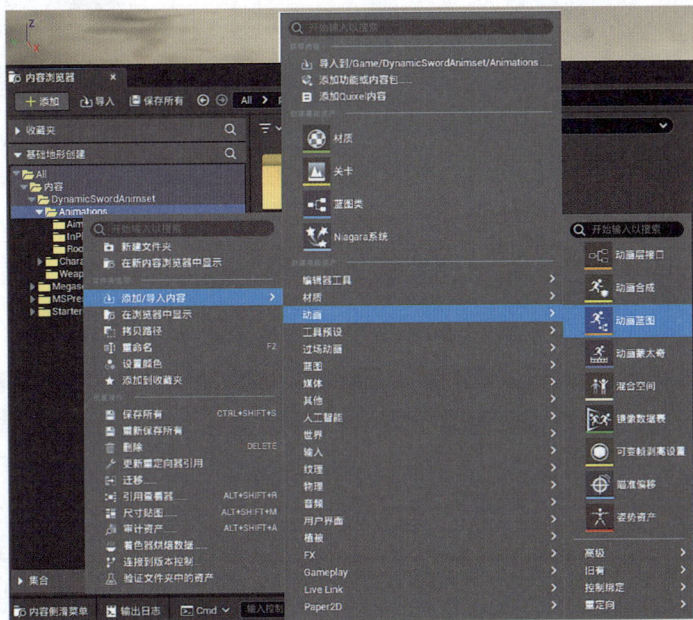

图 9-9　创建角色动画蓝图

（2）选择 AnimInstance 作为父类，并选择 SK_Mannequin_Skeleton 作为目标骨骼，如图 9-10 所示。

图 9-10　选择 SK_Mannequin_Skeleton 作为目标骨骼

（3）将新动画蓝图命名为 AnimBP，如图 9-11 所示。

图 9-11　新动画蓝图命名

（4）双击 AnimBP，打开即可进入动画蓝图编辑器（Blueprint Editor），如图 9-12 所示。

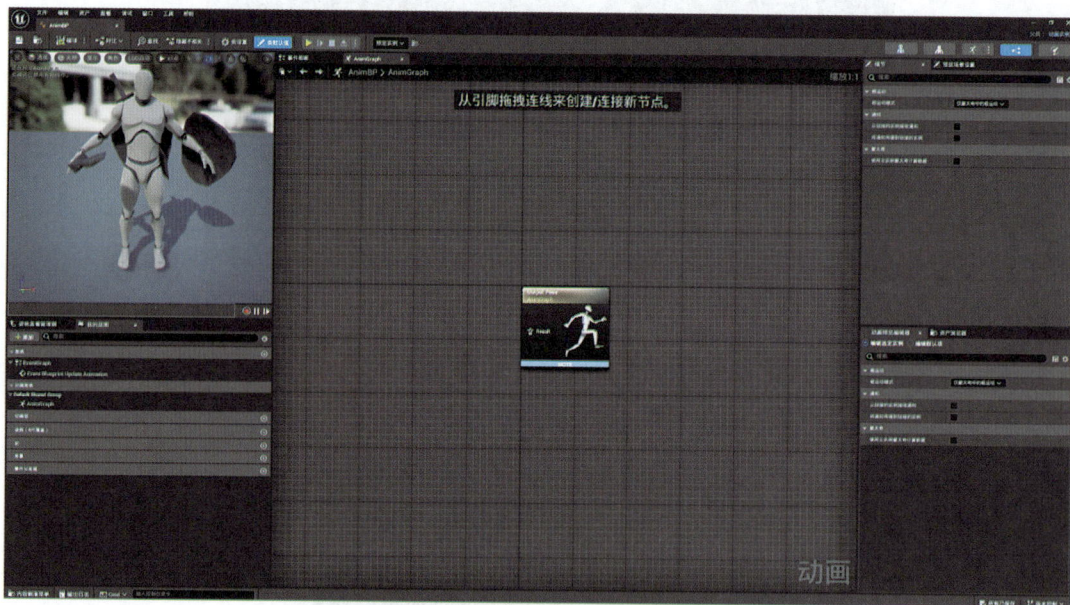

图 9-12　进入动画蓝图编辑器

小提示

创建完角色动画蓝图，图 9-12 中的蓝图编辑器顶部的导航按钮会变成五个，即骨骼编辑器、骨骼网格体编辑器、动画编辑器、动画蓝图编辑器和物理编辑器，此时这五个动画工具可相互访问。

（5）借助虚幻引擎中 ThirdPerson 资产 BP_ThirdPersonCharacter 测试创建的动画蓝图 AnimBP，如图 9-13 所示，创建 BP_ThirdPersonCharacter 的实例。选中实例，并在细节面板中修改动画类和骨骼网格体资产，如图 9-14 所示。

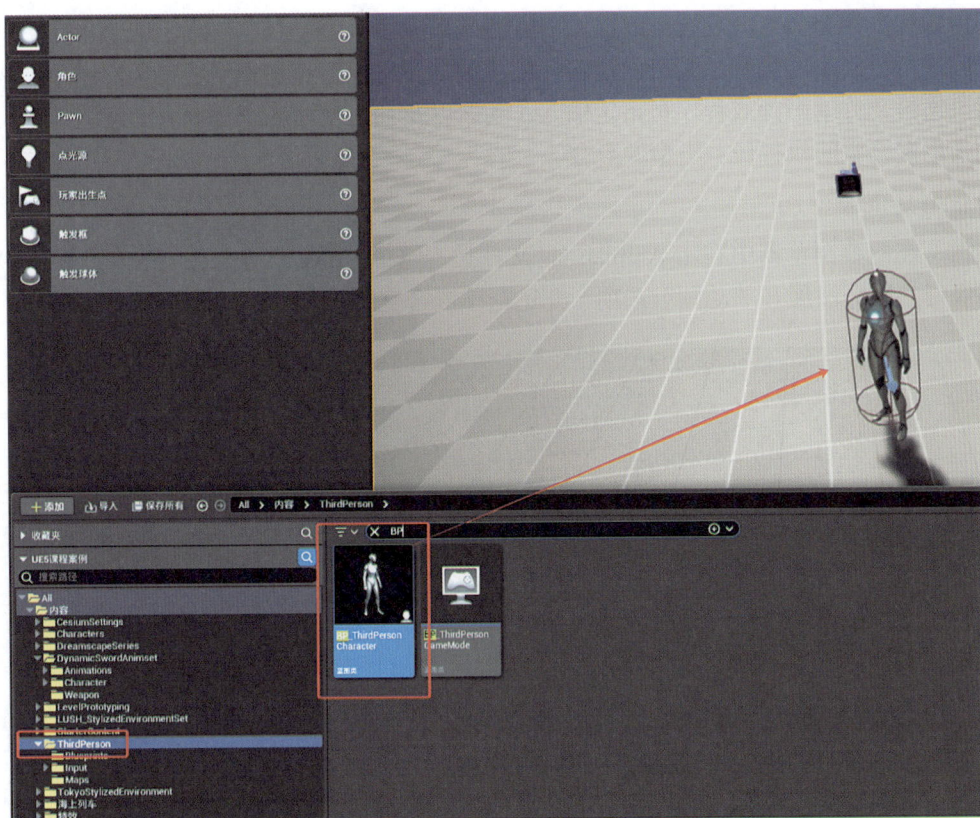

图 9-13　创建 BP_ThirdPersonCharacter 的实例

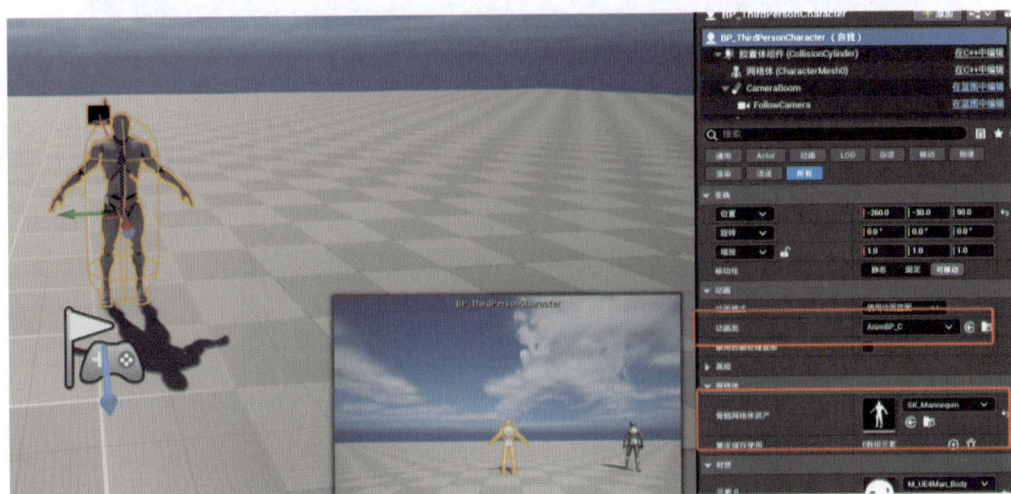

图 9-14　修改实例的动画类和骨骼网格体资产

9.1.4　混合空间

混合空间（Blend Space）是可以在动画图（AnimGraph）中采样的特殊资源，允许根据两个输入的值混合动画。要根据一个输入在两个动画之间实现简单混合，可以使用动画蓝图中的标准混合节点。混合空间提供的方法是根据多个值（目前仅限于两个）在多个动画之间进行更复杂的混合。其目的是避免创建单个硬编码节点来根据特定属性或条件执行混合。通过允许动画师或程序员指定输入、动画以及如何使用输入来混合动画，几乎可以使用通用混合空间执行任一类型的混合。

1. 创建混合空间

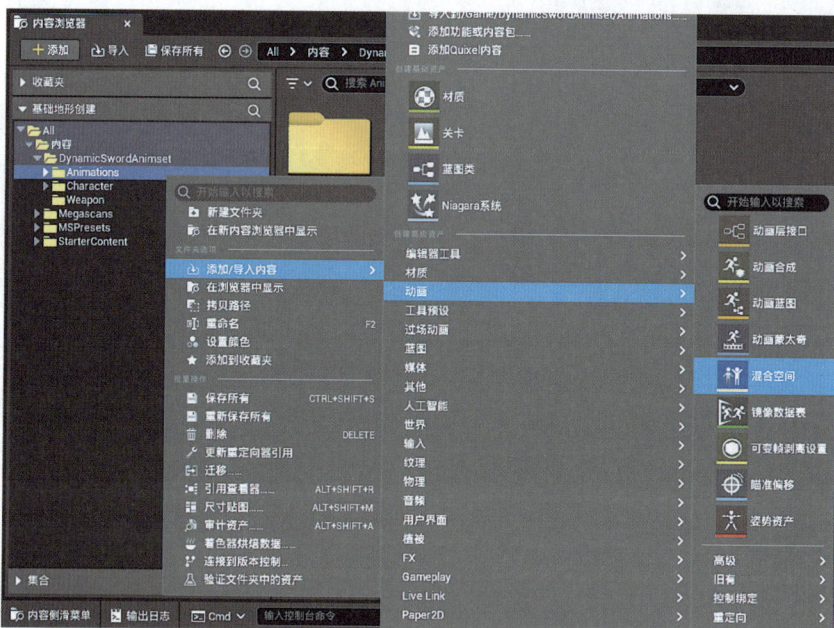

（1）在内容浏览器中右击 Animations 文件夹，选择"添加 / 导入内容"命令，在"创建高级资产"分段展开"动画"选项，并选择"混合空间"命令，如图 9-15 所示。

创建
混合空间

图 9-15　创建混合空间

（2）在"选取骨骼"对话框中，选择 SK_Mannequin_Skeleton 作为混合空间目标的骨骼，如图 9-16 所示。

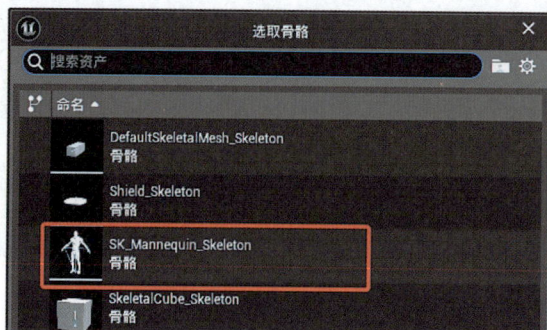

图 9-16　选择混合空间目标的骨骼

> **小提示**
>
> 项目中的骨骼资源数量不同，用户的资源列表可能也有所不同。

（3）输入新的混合空间资源的名称，如图 9-17 所示。

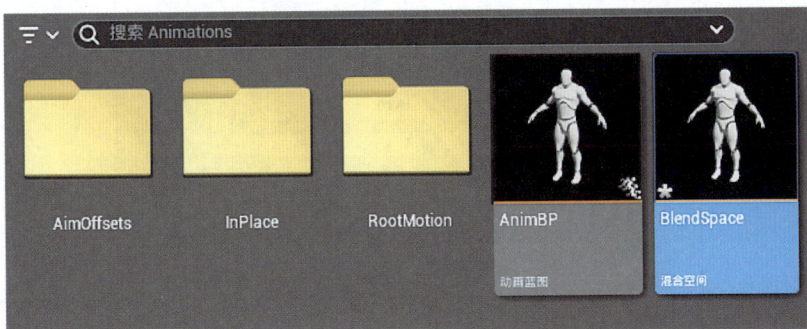

图 9-17 输入新的混合空间资源的名称

小提示

如果动画蓝图与混合空间具有相同的目标骨骼，那么该混合空间也可以在该动画蓝图的动画图（Anim Graph）中使用。

2. 编辑混合空间

（1）双击创建的混合空间资源，进入混合空间资源编辑器，如图 9-18 所示。

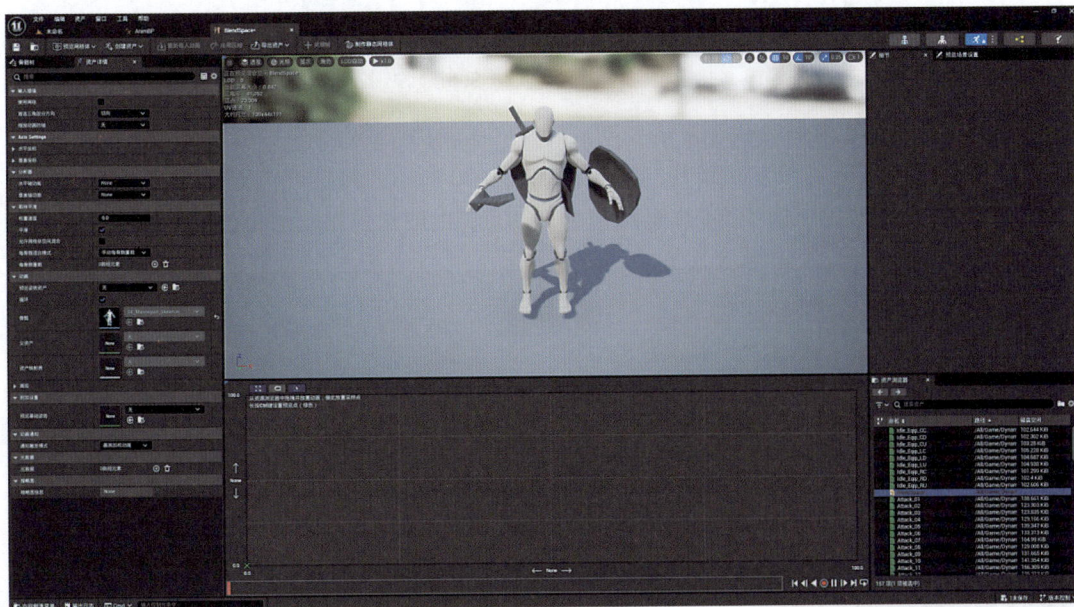

图 9-18 编辑混合空间

（2）从资产细节（Asset Details）面板的轴设置（Axis Settings）来设置网格。通常对于多方向运动而言，应该以度为单位将水平坐标定义为方向（Direction），最小轴值为 −180，最大轴值为 180；将另一个垂直坐标定义为速度（Speed），最小轴值为 0，最大轴值为 800，如图 9-19 所示。

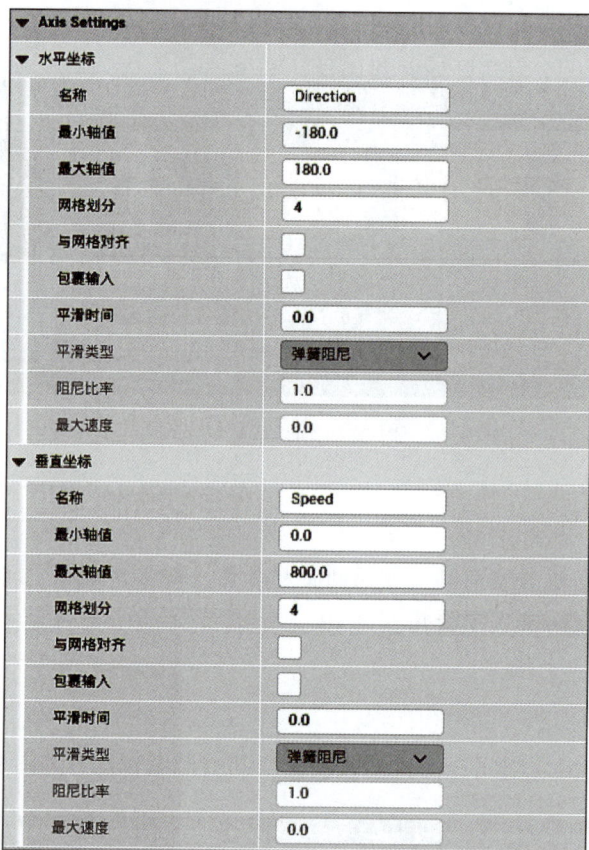

图 9-19 面板定义轴设置（Axis Settings）来设置网格

（3）定义了轴设置后，接下来需要向混合空间编辑器网格添加一些要采样的动画，采样动画的使用将根据速度和方向来共同决定，如图 9-20 所示，将资产浏览器（Asset Browser）中 Idle_Eqip_02 拖放到网格中方向 / 速度值为 0 的点，此时角色站立时将被赋予动画。

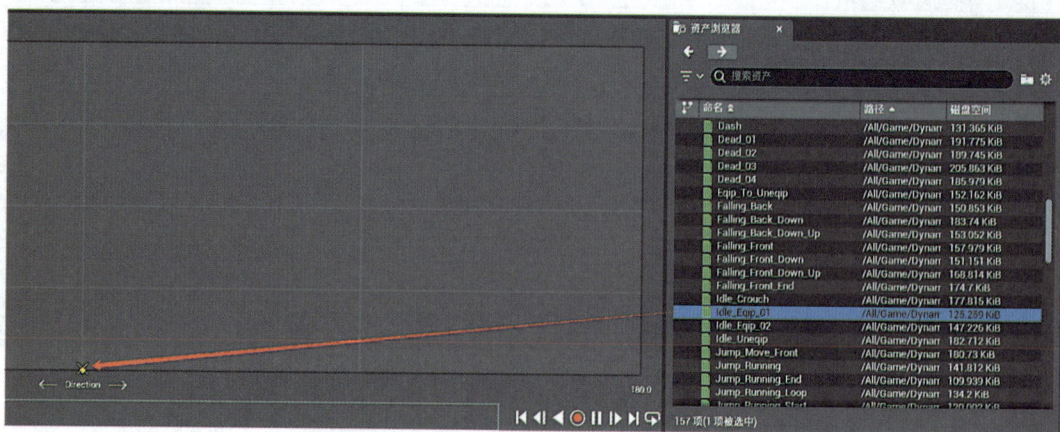

图 9-20 向混合空间编辑器网格添加站立动画

将不同方向和速度所需的采样动画拖放到网格中，如图 9-21 所示。各采用动画具体对应的方向和速度的参数见表 9-1。

214

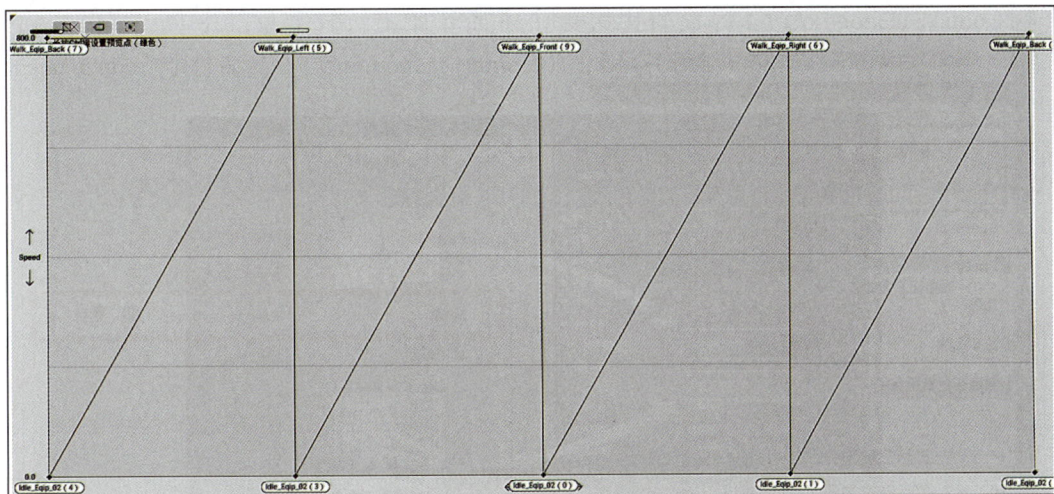

图 9-21　向混合空间编辑器网格添加所有采样动画

表 9-1　各采用动画具体对应的方向和速度的参数

采样动画名称	方向	速度 /（cm/s）	采样动画名称	方向	速度 /（cm/s）
Walk_Eqip_Back	−180°	800	Idle_Eqip_02	−180°	0
Walk_Eqip_Left	−90°	800	Idle_Eqip_02	−90°	0
Walk_Eqip_Front	0	800	Idle_Eqip_02	0	0
Walk_Eqip_Right	90°	800	Idle_Eqip_02	90°	0
Walk_Eqip_Back	180°	800	Idle_Eqip_02	180°	0

　　用户可以在采样点上右击以展开一个滑出菜单，其中包含可对样本调节的选项，如图 9-22 所示。

　　（4）用户可以通过使用轴值，为方向（Direction）或速度（Speed）更改样本的位置、动画或比率缩放。

> **小提示**
>
> 　　对于位于混合空间网格左上方部分的样本，还可以使用数字输入框编辑样本值。

　　除了使用滑出菜单更改轴值属性来移动样本外，还可以将样本拖放到网格上的新位置。如果从网格移除样本，可选择样本并按 Delete 键，还可以右击现有样本，通过更改混合采样中动画来更换样本，如图 9-23 所示。

　　（5）在网格上放置一些样本姿势后，用户可以通过长按 Ctrl 键并四处拖动绿色"十"号来查看姿势之间的混合效果，如图 9-24 所示。

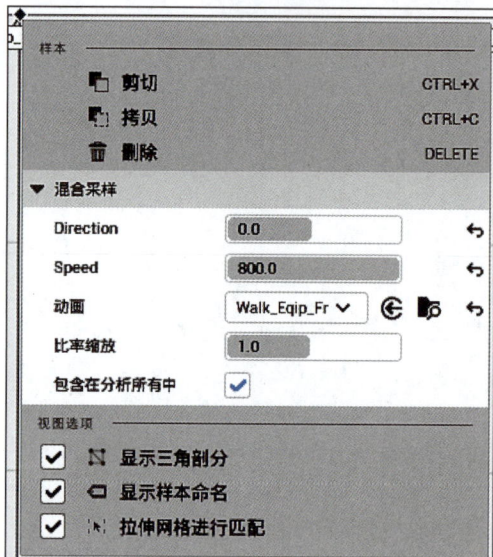

图 9-22　滑出菜单调节选项

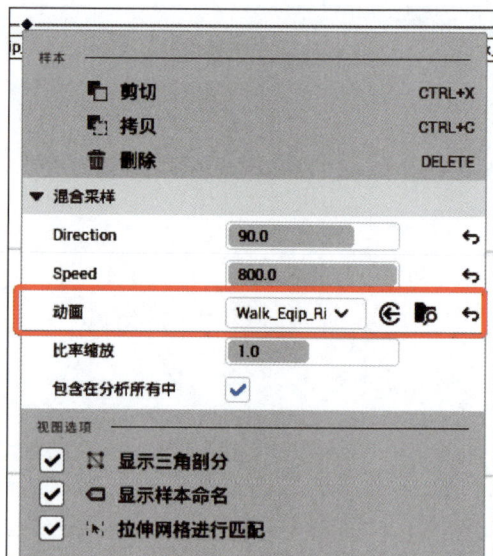

图 9-23　在混合采用中更换动画样本

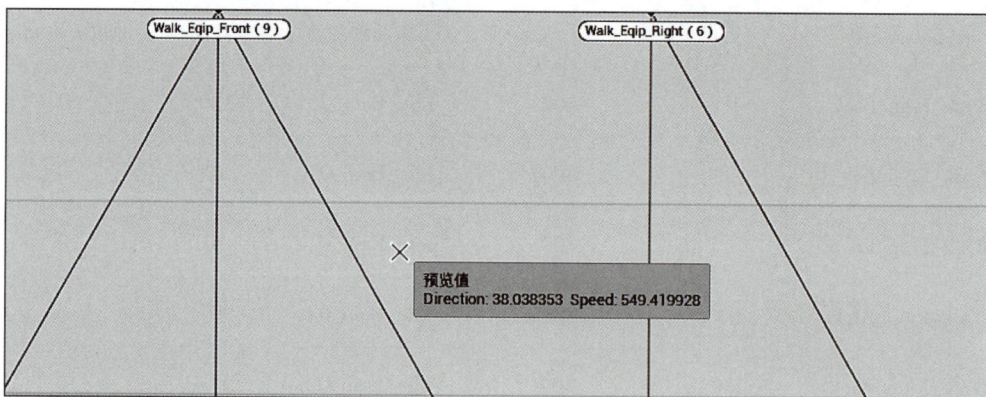

图 9-24　查看姿势之间的混合效果

9.1.5　动画蓝图

动画蓝图的使用

动画蓝图是专用蓝图，用于控制骨骼网格体的动画。用户可在动画蓝图编辑器中编辑动画蓝图图表，执行动画混合，直接控制骨骼的动画，或设置逻辑以定义每一帧骨骼网格体的最终动画姿势。动画蓝图编辑器用户界面如图 9-25 所示。

（1）工具栏：动画蓝图编辑器中的工具栏允许用户编译并保存蓝图，在内容浏览器中找到动画蓝图资源，以及定义类设置（Class Settings）和类默认值（Class Defaults），与蓝图编辑器工具栏相似。工具栏最右侧的是编辑器工具栏，它使用户能够在 UE5 中的不同动画工具间进行切换。

（2）视口：视口窗口允许用户预览选定骨骼网格体上的动画资源播放情况，并提供与资源相关的信息。用户可以更改照明模式，显示或隐藏骨骼，调整动画播放速度，甚至将骨骼网格体设置为在转盘上自动旋转，以便从各个角度查看。

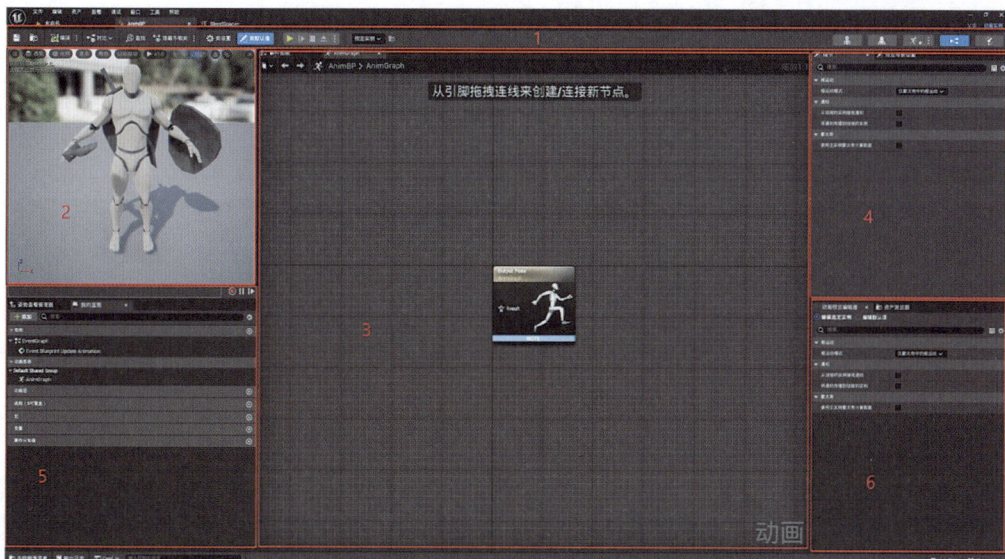

图 9-25 动画蓝图编辑器用户界面

（3）图表：图表面板包含两个主要的图表类型：一是事件图表，它包含用于触发骨骼网格体姿势更新的动画事件节点；二是动画图表，它用于计算骨骼网格体在当前帧实际采用的最终姿势。这两个图表配合工作，共同驱动逻辑和角色在游戏进程中采用的姿势。

（4）细节 / 预览场景设置：动画蓝图编辑器中的细节面板与蓝图编辑器中的细节面板相同，用户可以在其中访问和编辑任何已创建的变量以及已放置在图表中的节点相关属性。同样位于此部分的是预览设置选项卡，它允许用户定义用于预览的动画模式（Animation Mode）或动画（Animation）等视口设置，切换用于预览的骨骼网格体，以及设置要应用的视口照明和后期处理，以便用户可以在应用不同照明的情况下预览设置。

（5）我的蓝图：蓝图编辑器中还具有"我的蓝图"面板，涵盖图表、函数、变量和动画蓝图中包含的其他相关属性的列表。

（6）动画预览编辑器 / 资源浏览器：动画预览编辑器（Anim Preview Editor）允许用户视口中更改骨骼网格体的变量，用户也可切换到编辑默认值（Edit Defaults）模式并更改变量，然后将它们应用为默认值。资源浏览器（Asset Browser）位于单独的选项卡中，它允许用户查看与骨骼资源关联且可由其使用的所有动画资源。

动画蓝图中包含两个主要组件：事件图表和动画图表，它们配合工作以创建每帧的最终动画效果。

（1）事件图表：基于事件的图表，用于更新动画蓝图和计算动画图表中使用的值。每个动画蓝图都有单独的事件图表，该图表是一个标准图表，它使用一组与动画相关的特殊事件来初始化节点序列。事件图表最常见的用途是更新混合空间和其他混合节点使用的值，以驱动动画图表中的动画。

（2）动画图表：动画图表用于评估当前帧的骨骼网格体的最终姿势。默认情况下，所有动画蓝图都有动画图表，用户可在其中放入动画节点以采样动画序列，使用骨骼控制执行动画混合或控制骨骼变形，然后逐帧将结果姿势应用到骨骼网格体上。

在动画图表中，可使用事件图表或其他位置（如代码）计算出来的值，作为混合空间或其他混合节点的输入。此外，也可直接采样动画序列，而无须特殊混合。利用动画图表还可使用骨骼控制直接修改骨骼位置、旋转和缩放。

在动画蓝图 AnimBP 中使用混合空间（Blend Space），用户可以在资产浏览器中选择创建的 Blend Space 并将其拖入动画图表中，然后将其和输出姿势连接，如图 9-26 所示。

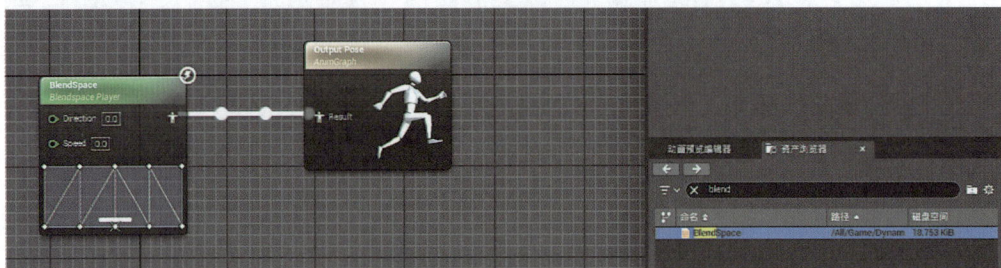

图 9-26　在动画蓝图 AnimBP 中使用 Blend Space

在动画蓝图的图表中，可以通过蓝图将人物的速度和方向传输给 Blend Space，从而使人物在不同的速度和方向下选用不同的动作，如图 9-27 所示。

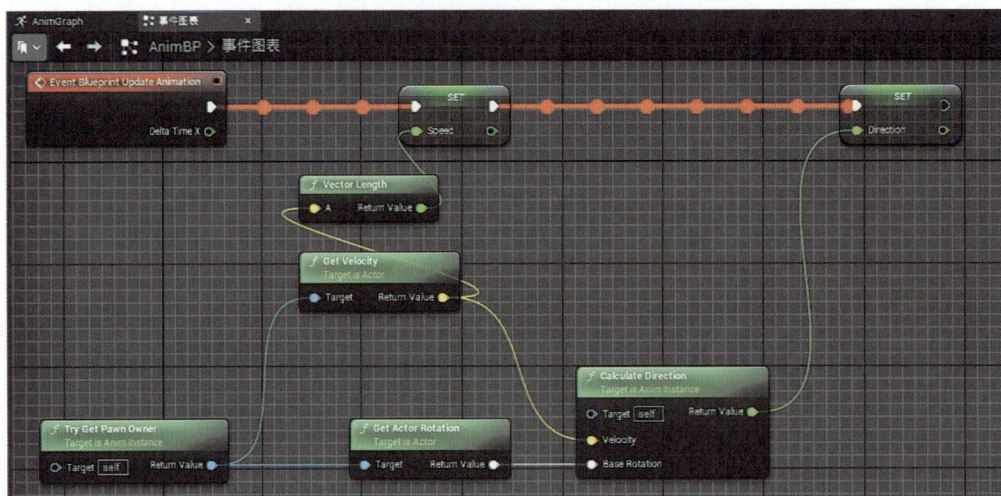

（a）

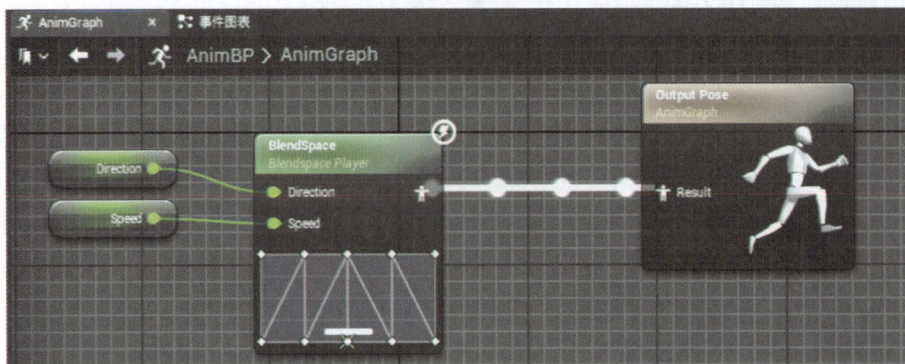

（b）

图 9-27　获得人物的速度和方向

9.2　状 态 机

创建状态机

1. 状态机总览

状态机（State Machines）可帮助用户以更模块化的方式理解动画蓝图。用户可定义角色或骨骼网格体的诸多状态。此外，与流程图相似，还可定义这些状态进入和退出的时机。

状态机的主要构成部分有两种：各种状态的网络和定义状态转入转出的规则。每种状态和每条规则都是其自身浓缩的蓝图网络。这易于处理复杂动画混合，而无须使用过于复杂的动画图表。

1）状态

从概念上讲，状态可以被视为动画图表的一个组成部分。角色和骨骼网格体将定期进入和退出此状态，然后即可转入转出图表的该部分。例如，角色动画含有"移动（Move）"状态，而该状态可能只包含单个动画。

2）转换规则

定义状态后，需要控制骨骼网格体如何从一个状态转换到另一个状态，这需要用到转换规则。转换规则沿连接状态的引线自动创建，可对变量值进行任意数量的检查和测试，目的是输出一个 True/False 值。此布尔输出决定了动画是否能通过转换。

2. 创建新状态机

（1）在动画蓝图的动画图表内部右击，并从快捷菜单中选择状态机→新状态机（State Machine），如图 9-28 所示。一般而言，最好在创建后立即对状态机命名。

（2）在"我的蓝图"界面中右击新状态机，并在名称字段中输入新名称，如图 9-29 所示。

（3）双击状态机将其打开，以定义其状态和转换规则，如图 9-30 所示。

这样会打开一个空的新图表标签页，其中只有一个输入点，这个输入点用于启动动画。

图 9-28　创建新状态机

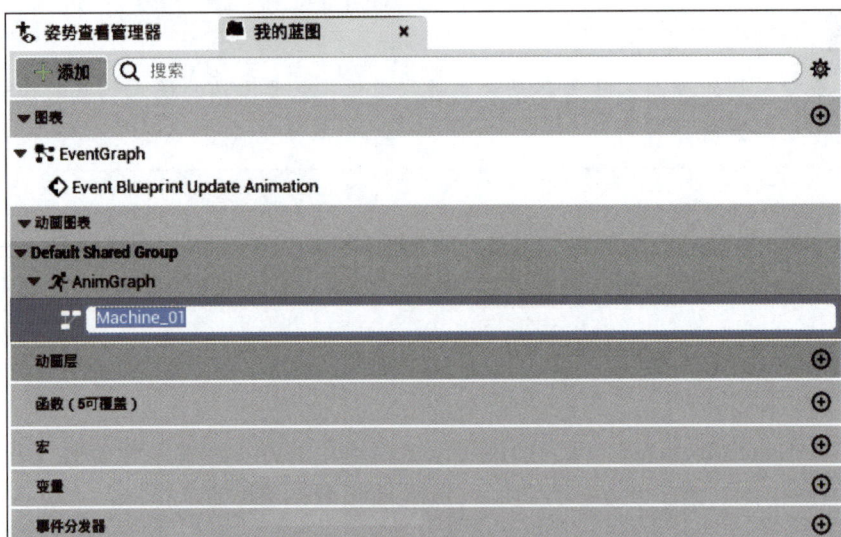

图 9-29　单击新状态机并输入新名称

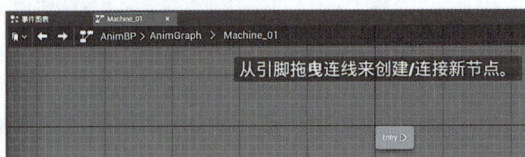

图 9-30　定义状态机状态和转换规则

1）创建状态

创建新状态类似于在蓝图中创建新节点。

（1）右击并从快捷菜单创建一个状态，如图 9-31 所示。

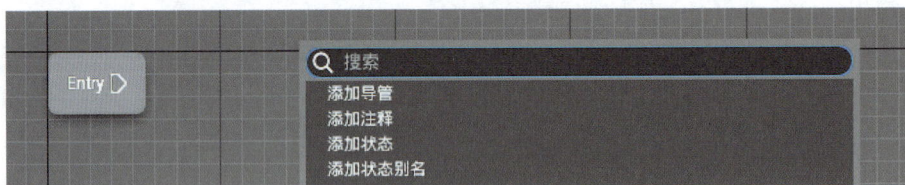

图 9-31　创建一个状态

还可以拖出一根引线，拉到图表的空部分，然后松开鼠标，这样也会调出快捷菜单，如图 9-32 所示。

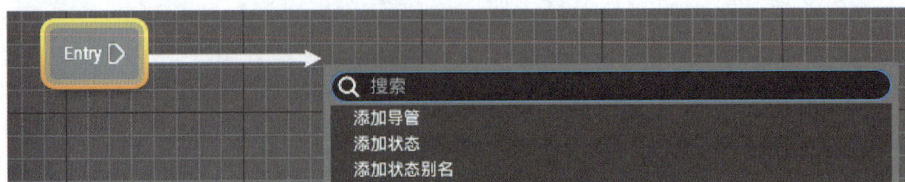

图 9-32　调出快捷菜单

（2）在图表中右击节点可重命名状态，如图 9-33 所示。

2）创建转换规则

转换规则会沿着连接状态的引线自动创建。如图 9-34 所示，从图形上看，转换规则显示为循环方向的小图标。这意味着，通过拖动引线到图表空位置来创建状态时，系统将自动针对该引线创建转换规则。

图 9-33　右击节点可重命名

图 9-34　创建转换规则

此外，可以将引线拖回到原始节点，创建表示转换回该节点的第二个转换规则；还可以在转换规则上双击以打开新图表，允许用户定义转换的成功或失败条件，如图 9-35 所示。

图 9-35　在转换规则上打开新图表

下面将通过一个样例介绍转换规则的运用过程。

步骤 1：在状态 Walk 中添加混合空间（Blend Space），如图 9-36 所示。

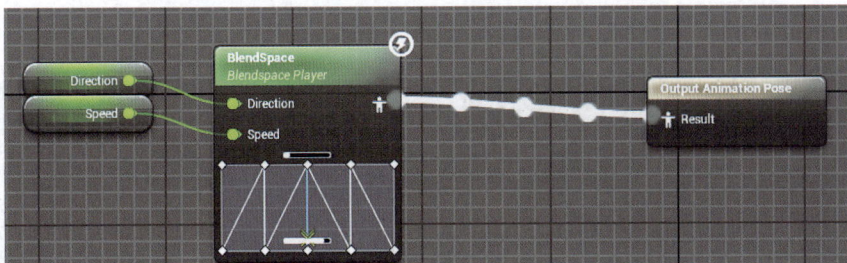

图 9-36　在状态 Walk 中添加混合空间（Blend Space）

步骤 2：在状态 Run 中添加动画序列 Run_Eqip，注意在细节面板中勾选动画序列的"循环动画"，如图 9-37 所示。

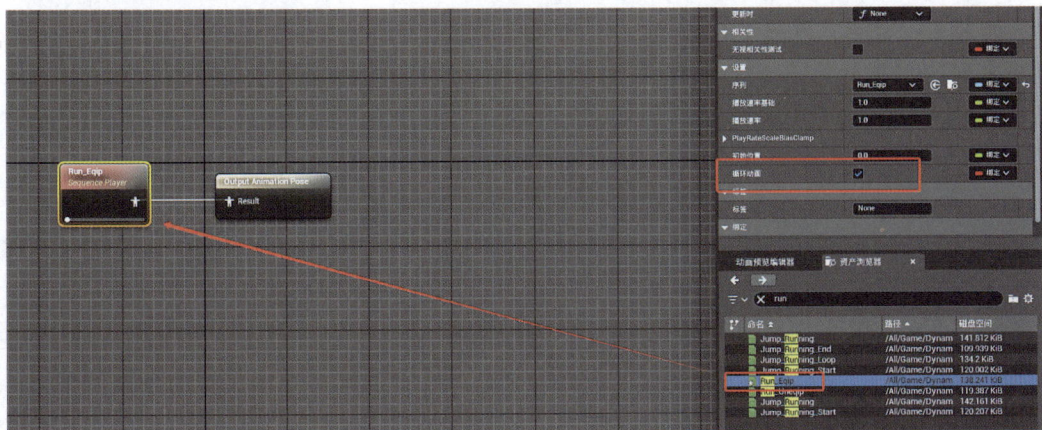

图 9-37　在状态 Run 中添加动画序列 Run_Eqip

步骤 3：创建布尔型变量 Walk 2Run，并在状态转换规则中将其作为使用条件，如图 9-38 所示。

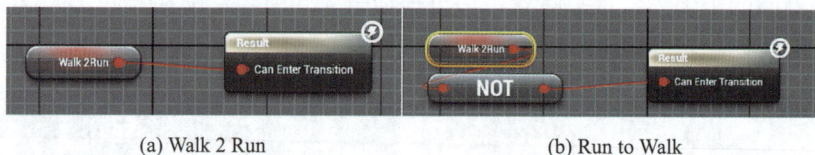

(a) Walk 2 Run   (b) Run to Walk

图 9-38　状态转换规则的设置

步骤 4：实现角色蓝图和动画蓝图的通信，目前的变量 Walk 2Run 无法与角色蓝图的数据进行绑定，因此首先需要在角色蓝图中创建一个由 Shift 键控制的布尔型变量，如图 9-39 中所示。而后在动画蓝图中将这两个变量的数值进行绑定，如图 9-40 所示。

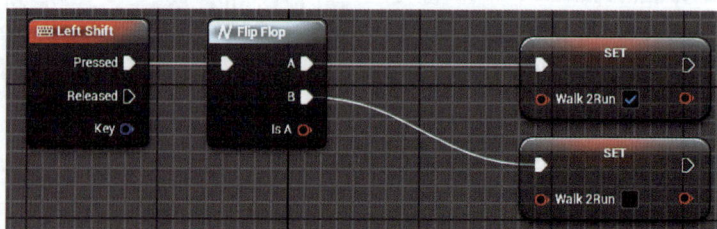

图 9-39　创建一个由 Shift 键控制的布尔型变量

图 9-40　将角色蓝图和动画蓝图的变量绑定

步骤 5：至此，再按下 Shift 键，角色将按照混合空间（Blend Space）动作进行移动，动画序列按照 Run_Eqip 进行移动。

9.3　骨骼动画的交互

9.3.1　动画蒙太奇概述

动画蒙太奇（Animation Montage）简称蒙太奇，它提供了一种直接通过蓝图或 C++代码控制动画资源的途径。用户可以使用动画蒙太奇将多个不同动画序列组合成一个资源，该资源可分成若干片段（Sections），选择播放其中的个别片段，或者选择播放所有片段，如图 9-41 所示。

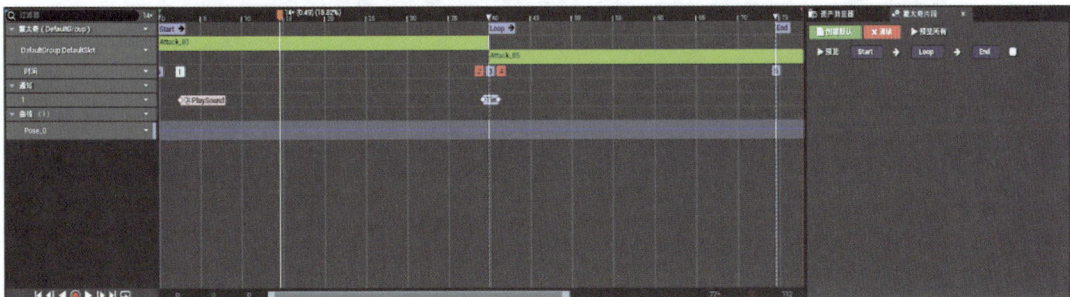

图 9-41　动画蒙太奇

1. 片段

通过创建片段，可将一个插槽分解为多个动画部分。每个片段都有一个名称，并在槽的时间轴中有自己的位置。可以使用该名称直接跳转到某个特定片段，或将某个片段安排在当前片段结束后播放。在蓝图中，可以查询当前片段、跳转到某个片段或设置将要播放的下一个片段。

可以将片段想象成音乐播放列表中的歌曲，而插槽就是音乐专辑。当正在播放某个片段（歌曲）时，可以排队或在当前片段结束后跳转到插槽（专辑）中的另一片段，或者直接跳转到想要立即播放的片段。

2. 插槽

在蒙太奇中，一个插槽（Slot）就是一条轨迹，可容纳任意数量的动画。用户可以任意命名插槽，并使用该名称混合到其中的动画中。如果指定了多个插槽，可单击要在编辑器中预览的插槽预览按钮进行预览。为了在使用多个插槽时获得最佳效果，请确保所涉及的多个动画的时间长度相同。

3. 时间

时间轨迹从蒙太奇和通知（Notifies）区域提取信息，以帮助设定不同片段的时间。轨迹中的每个节点都有一个号码，表示该对象在蒙太奇中的触发顺序。

4. 通知

通知可以将事件设置为在动画中的特定点发生。

5. 曲线

曲线可以在动画播放期间更改材质参数或变形目标值的方法，这样便可指定要更改的资源（材质或变形目标），相应地命名曲线，并在动画持续时间内调整关键帧值。

9.3.2　动画蒙太奇的调试

1. 创建动画蒙太奇

（1）在内容浏览器中右击 Animations 文件夹，选择"添加 / 导入内容"选项，在"创建高级资产"分段展开"动画"→"动画蒙太奇"命令，如图 9-42 所示。

动画蒙太奇
的调试

223

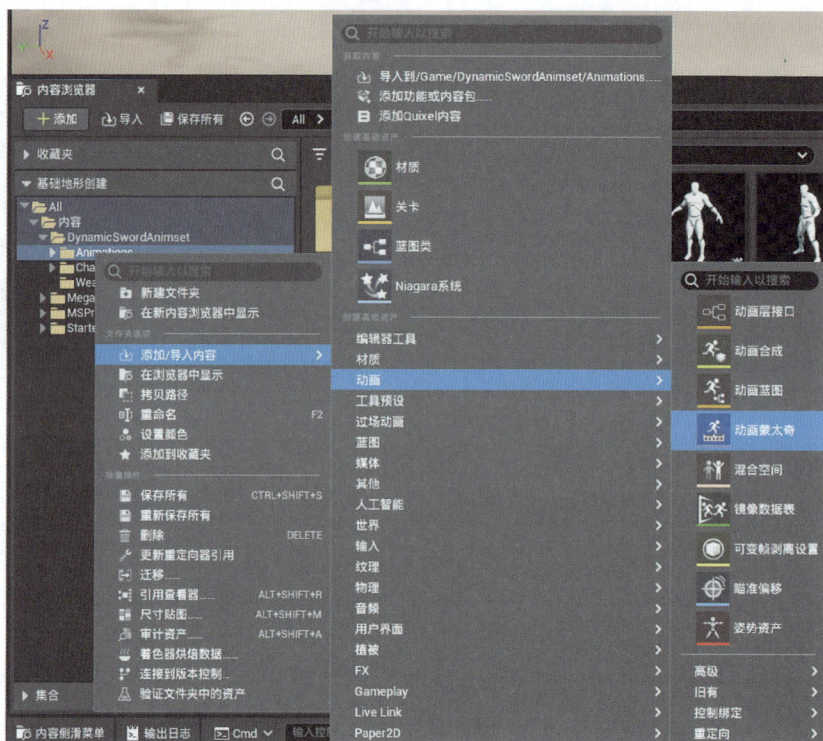

图 9-42　创建动画蒙太奇

（2）选择用于动画蒙太奇的骨骼资源，如图 9-43 所示。

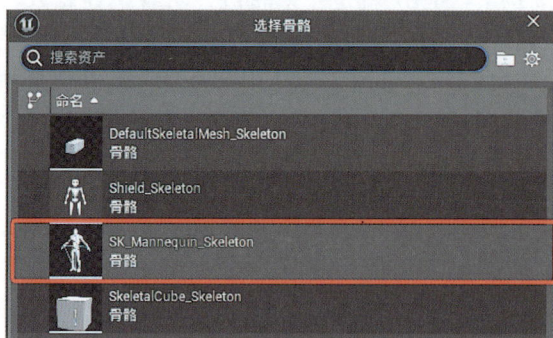

图 9-43　选择用于动画蒙太奇的骨骼资源

（3）为新建的动画蒙太奇输入名称，如图 9-44 所示。

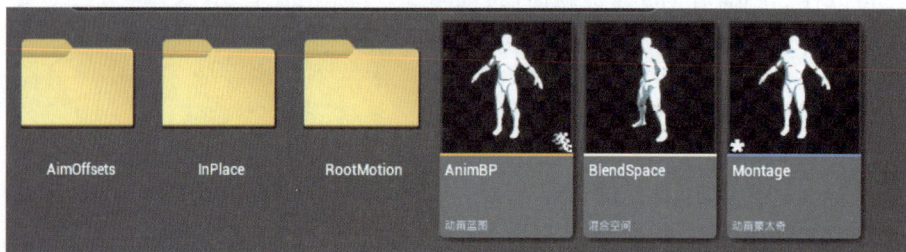

图 9-44　为新建的动画蒙太奇输入名称

2. 编辑 / 调试动画蒙太奇

（1）双击打开新建的动画蒙太奇，进入蒙太奇编辑器，如图 9-45 所示。

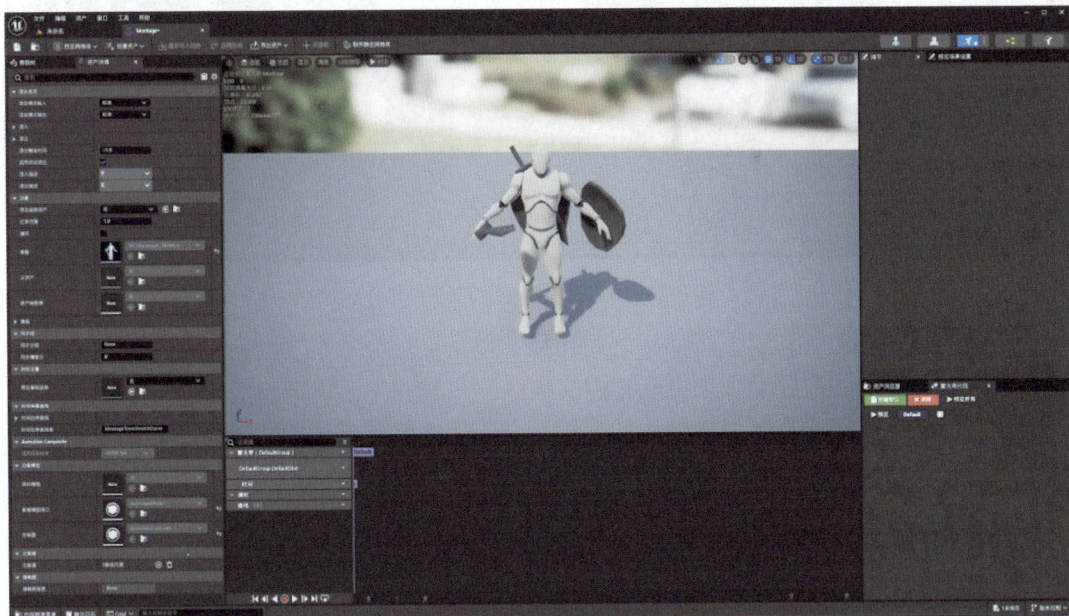

图 9-45　编辑 / 调试动画蒙太奇

（2）从资源浏览器窗口将动画序列拖放到蒙太奇插槽轨迹，如图 9-46 所示。

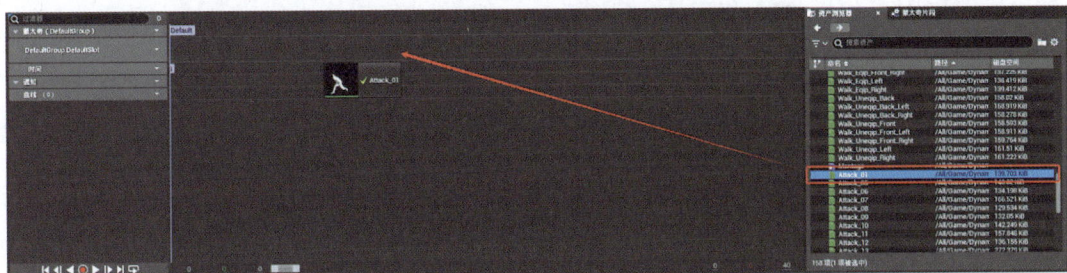

图 9-46　将动画序列拖放到蒙太奇插槽轨迹

在插槽轨迹上放置动画后，就会添加该动画，如图 9-47 所示。

图 9-47　添加该动画

若要将更多动画添加到蒙太奇，请将其拖动到插槽轨迹，动画将按顺序添加，如

图 9-48 所示。

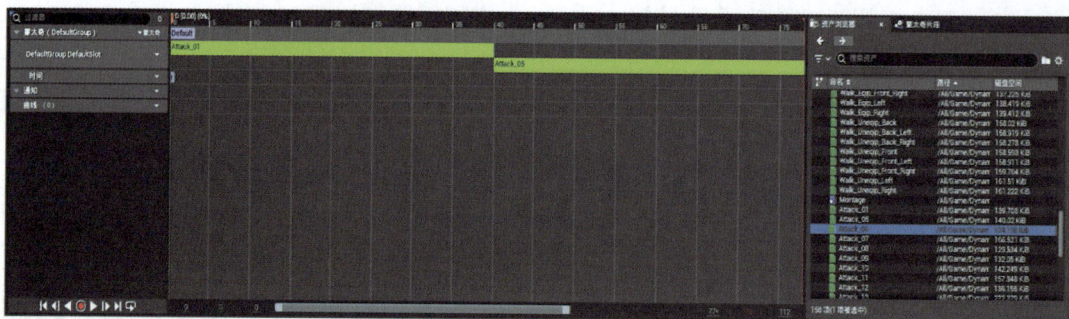

图 9-48　将更多动画添加到蒙太奇

　　动画会自动在第一和第二个插槽之间切换，以帮助区分每个动画何时开始和停止。还可在插槽轨迹单击并拖放动画来更改它们的顺序。

　　（3）创建要在蒙太奇区域中使用的片段，右击插槽轨迹或片段轨迹，然后选择新建蒙太奇片段，如图 9-49 所示。

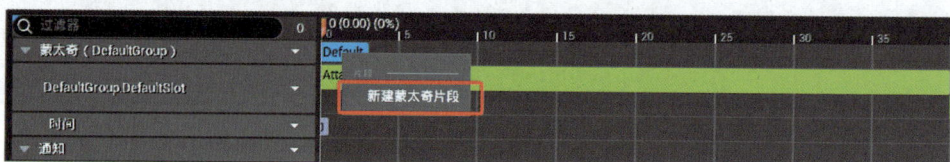

图 9-49　创建要在蒙太奇区域中使用的片段

　　（4）出现提示时，输入想用的片段名称，如图 9-50 所示。

图 9-50　输入片段名称

　　（5）添加新片段时，会将其添加到片段轨迹以及片段区域，如图 9-51 所示。

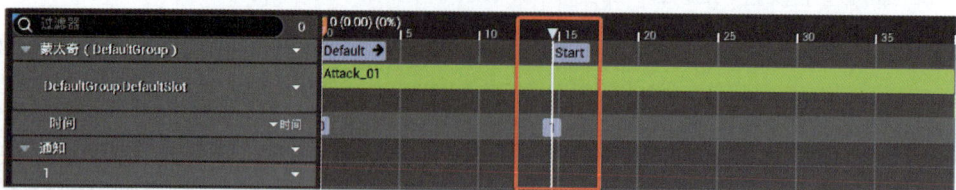

图 9-51　添加到片段轨迹以及片段区域

小提示

　　默认情况下，所有动画蒙太奇都包含默认（Default）片段，该片段自动使用时会播放整个蒙太奇。

（6）用户可以单击并拖动片段，将该片段移动到所需位置。如图 9-52 所示，将开始（Start）片段移动到蒙太奇的起始点，并移动了默认片段，或者也可以删除此片段。

图 9-52　移动默认片段

（7）为蒙太奇添加了两个额外的片段以便重新加载，并为动画设置了开始（Start）、循环（Loop）和结束（End），如图 9-53 所示。

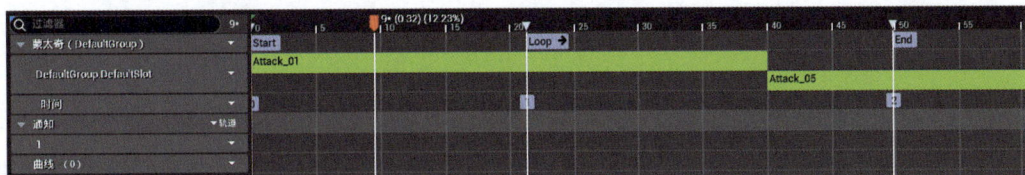

图 9-53　为蒙太奇添加了两个额外的片段

◆ 本 章 小 结 ◆

本章主要从认识 UE5 中的动画系统、熟悉动画编辑器的各个功能等内容展开，以便读者掌握动画的基本概念，了解各种动画渲染特性、不同动画设置表达式节点的使用方式，从而能很好地区分动画编辑器、状态机和蓝图三者的关系，并能综合性运用动画蓝图系统。实践任务主要是通过案例来制作一个符合项目要求的主动画，利用实例化模型的方式来快速迭代不同类型状态机的连接。

◆ 巩固与提升 ◆

1. 完成人物骨骼动画制作

要求：结合本章讲述的骨骼基础知识和本书附带的视频资源，制作一个能用于项目的主动画。

2. 制作人物行走动作动画

要求：利用制作完成的主人物行走动画示例和本书附带的视频资源，制作其他人物行为动作动画。

3. 拓展作业

要求：结合骨骼实例的特性，为其制作至少两种行为动作动画，如蹲下、跳起等。

第 9 章
工程文件

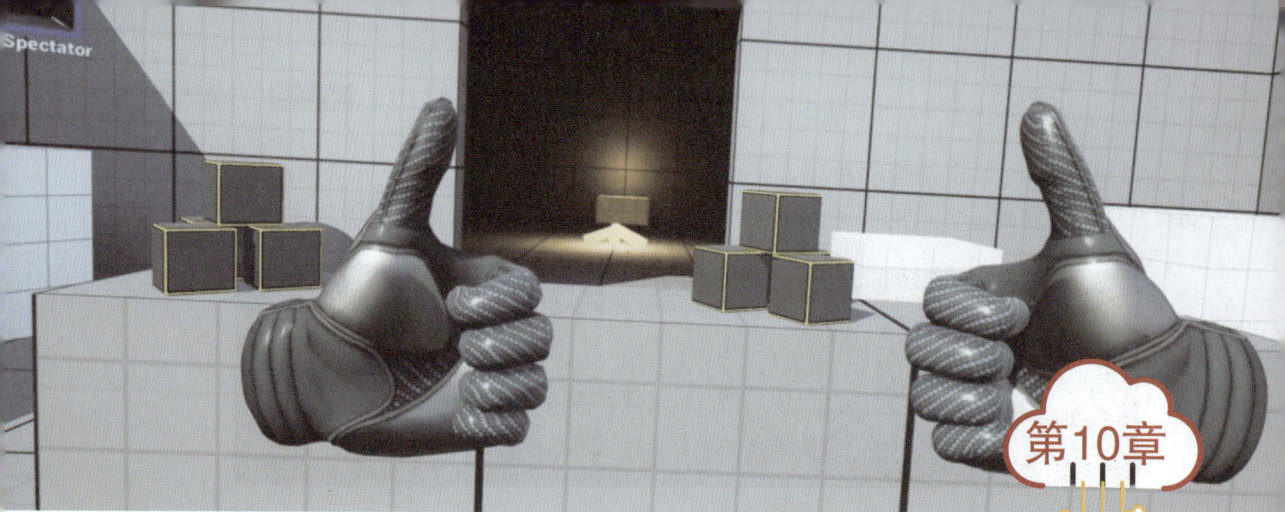

第10章

虚拟现实项目开发

导读

虚拟现实（Virtual Reality，VR）是一种集视觉、听觉、触觉于一体的计算机虚拟生成环境，是一个由数字构建的"宇宙"。VR技术不仅改变了我们娱乐和学习的方式，还在医疗、建筑、教育等多个领域展现出巨大的潜力，其无限的可能性和沉浸式的体验吸引着全球的开发者和用户。在这个领域中，UE5以其卓越的图形渲染能力、高效的开发工具和强大的跨平台支持，为开发者提供了构建沉浸式VR体验的理想环境。

知识目标

- 理解VR技术的基本原理，包括VR的发展历史、关键技术组件以及项目的设计流程。
- 熟悉主流VR设备（如HTC Vive、PICO系列）的硬件特性、追踪系统和输入方式。

能力目标

- 掌握SteamVR和PICO VR等平台开发环境的搭建和调试方法。
- 掌握UE5中VR模板的使用方法，能够实现与虚拟环境的交互功能，如物体抓取、传送、菜单操作等。
- 能够设计和搭建沉浸式VR环境，使用合适的资源和工具实现交互体验。
- 掌握性能优化的策略，确保VR项目达到流畅的帧率。
- 掌握将VR项目打包发布到PC端（如SteamVR）和移动端（如PICO、Meta Quest）的流程。

素质目标

- 学会与美术、策划、测试等团队成员协作，共同完成复杂的VR项目。

10.1　虚拟现实开发基础

10.1.1　虚拟现实技术概述

虚拟现实技术是一种通过计算机模拟产生一个三维空间的虚拟世界，为用户提供视觉、听觉、触觉等感官的模拟体验，使用户仿佛身临其境，可以即时、没有限制地观察三维空间内的事物。从技术的角度来说，虚拟现实 1.0 具有 Immersion（沉浸）、Interaction（交互）和 Imagination（构想）三个基本特征，而虚拟现实 2.0 在此基础上，还具有Intelligentize（智能化）、Interconnection（互通性）和 evolutionary（演变性）。虚拟现实技术通过高分辨率的显示和精确的追踪，提供强烈的沉浸感；通过控制器和追踪系统，实现与虚拟环境中对象的交互，可以是简单的选择和操作，也可以是复杂的物理模拟。另外，它还可以创造出任何想象中的环境，无论是现实世界的复制品还是完全虚构的世界。

作为一项高速发展的科技技术，虚拟现实因其独特的沉浸式体验和交互性，受到越来越多用户的认可，并且在很多传统行业领域有广泛的应用，例如影视娱乐、教育培训、工业设计、模拟训练、医疗、自动驾驶、社交和远程协作等。

10.1.2　虚拟现实硬件设备

虚拟现实项目需要借助专业的硬件设备来实现沉浸式的体验，如图 10-1 所示，包括头戴式显示器、运动控制器、基于外部基站的追踪系统等。

图 10-1　VR 硬件设备

表 10-1 给出了 VR 硬件设备中的三个重要组件。

表 10-1　VR 硬件设备三个重要组件

设　　备	名　　称	说　　明
	头戴式显示器（Head Mounted Display）	俗称 VR 头盔，通常包含两个小型显示器（每只眼睛一个），用于显示立体图像

设　备	名　称	说　明
	运动控制器（Motion Controller）	俗称 VR 手柄，用于与虚拟环境交互，控制器通常包含按钮、触摸板、传感器等，可以追踪用户的手部动作
	基于外部基站的追踪系统（Lighthouse Base Station）	俗称定位器，发射红外激光束以实现精确追踪用户的位置和动作

小提示

　　常见的 VR 设备类型有两类：一类是需要连接计算机才能使用的 VR 设备（如 HTC Vive 系列和 Valve Index）；另一类是无线 VR 一体机设备（如 Meta Quest 系列和 PICO 系列）。由于设备的不同，追踪系统可分为基于外部基站的追踪系统（如 SteamVR 的 Lighthouse 系统）和基于摄像头的内部追踪系统（如各种 VR 一体机）。

　　学习 VR 开发，除了需要具备一台能够流畅运行 UE5 的高性能计算机外，还需要有一套 VR 硬件设备。目前，市场上有多种不同品牌的 VR 硬件设备，各自具有独特的技术规格，适用于不同的使用场景和预算。目前行业内比较认可的产品见表 10-2，用户可根据自身需求和预算进行采购或租赁。

表 10-2　行业内比较认可的 VR 设备

设备名称	平台类型	规　格
HTC Vive Pro	计算机端	由 HTC 和 Valve 公司于 2018 年共同推出的 VR 开发套件。每眼 1440×1600 像素分辨率，使用 SteamVR 1.0 或 2.0 基站提供完整房间规模的追踪，支持最大 5m×5m 的游玩区域，需要与高性能 PC 连接
Valve Index	计算机端	由游戏开发和数字分发公司 Valve Corporation 开发的一款高端 VR 头戴设备。每眼分辨率为 1440×1600 像素，只支持 SteamVR 2.0 基站，支持最大 10m×10m 的游玩区域，需要与高性能 PC 连接
Meta Quest 2/3	移动端	Meta（原 Facebook）发布的独立式无线 VR 一体机设备，无须连接到计算机即可运行。每眼分辨率 2064×2208 像素（Quest 3），采用头盔上的广角摄像头进行内外追踪，支持手势追踪
Pico Neo 3/4	移动端	国产 VR 一体机设备，字节跳动旗下的产品。提供 128GB 或更高的内部存储空间，每眼分辨率 2160×2160 像素（PICO 4），自研 6DoF 空间定位方案，支持手势追踪

10.1.3 虚拟现实项目设计流程

如果具备虚幻引擎的使用经验，那么通常很快就能学会如何创作一个 VR 体验应用。但由于 VR 项目具有非常多的定制特性，对配套知识的需求多而复杂，同时多种细节的微调需要大量实践和项目经验的反复积累。因此，VR 项目开发的特点可以总结为"易于上手，难于精通"。其设计的流程一般分为四个阶段，如图 10-2 所示。

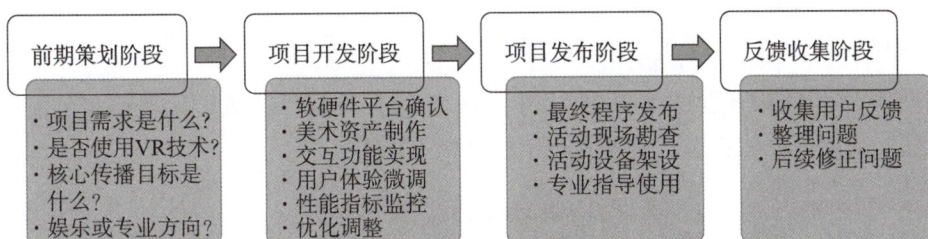

前期策划阶段	项目开发阶段	项目发布阶段	反馈收集阶段
·项目需求是什么? ·是否使用VR技术? ·核心传播目标是什么? ·娱乐或专业方向?	·软硬件平台确认 ·美术资产制作 ·交互功能实现 ·用户体验微调 ·性能指标监控 ·优化调整	·最终程序发布 ·活动现场勘查 ·活动设备架设 ·专业指导使用	·收集用户反馈 ·整理问题 ·后续修正问题

图 10-2　VR 项目设计流程

注：以上仅为框架，并非绝对。

10.1.4 基于OpenXR的开发标准

OpenXR 是一个由 Khronos Group 管理的开放标准，旨在提供一个跨平台的虚拟现实和增强现实应用程序接口（API）。这个标准的目的是允许扩展现实（Extended Reality，XR）软件和硬件无缝地集成和交互，不受设备厂商、操作系统或引擎限制。

UE5 既支持面向 XR 平台的开发，也支持在内容创建管线中使用 XR 设备。用户可以在项目中开启 OpenXR 插件，创造沉浸式体验应用程序，如图 10-3 所示。该体验可以在所有支持 OpenXR API 的系统上实现。

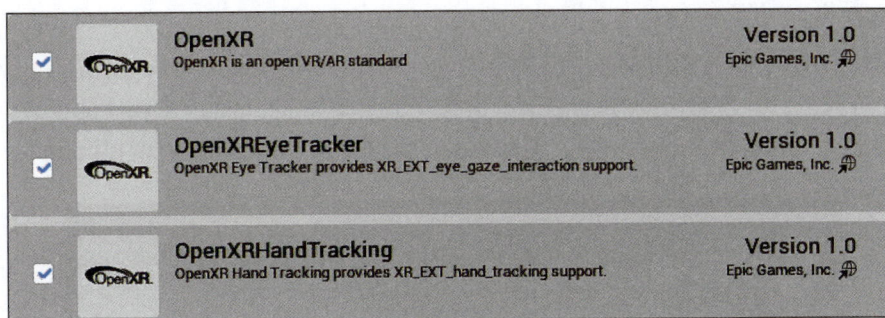

图 10-3　虚幻引擎中的 OpenXR 插件

> **小提示**
>
> 　扩展现实（XR）是虚拟现实、增强现实和混合现实（Mixed Reality，MR）的集合。

10.1.5　使用SteamVR开发先决条件

SteamVR 是由 Valve 公司提供的一个 VR 平台和生态系统，旨在为 VR 用户和开发者提供一个统一的环境，以体验和创建 VR 内容。SteamVR 基于 Valve 的 Steam 平台构建，并受到 OpenXR 和虚幻引擎的支持。

本小节将讲解虚幻引擎 5.3.2 版本如何支持 SteamVR，以及如何设置环境以使用 SteamVR 进行开发。

1. 系统和硬件要求

在使用 SteamVR 开发或体验项目的阶段，都需要确保计算机硬件能够满足虚拟现实应用程序所需的高性能要求，请参阅表 10-3 给出的建议。

表 10-3　使用 SteamVR 的建议要求

硬　　件	建 议 要 求
处理器	Inter i7/AMD Ryzen 7 的最新一代处理器或更高
显卡	NVIDIA GeForce RTX 3060/AMD Radeon RX 6600 或更高
内存	32GB RAM 或更高
视频输出	HDMI 1.4、DisplayPort 1.2 或更高版本
USB 接口	足够的 USB 端口（3.0 推荐）
操作系统	推荐 Windows 10

2. 安装 SteamVR 软件

无论使用的是何种 VR 设备，开发使用 SteamVR 的虚拟现实项目时都需要下载并安装 Steam 游戏平台，才能访问 SteamVR。根据以下步骤完成 SteamVR 软件的下载与安装。

步骤 1： 首先从 Steam 官方网站下载 Steam 客户端并安装，如图 10-4 所示。

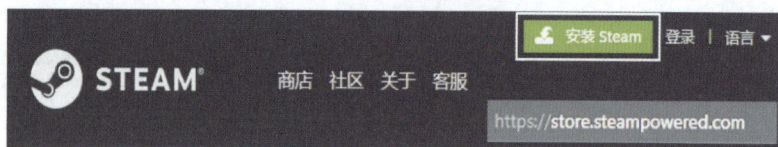

图 10-4　下载安装 Steam 平台

步骤 2： Steam 安装完成后，前往商店（Store），搜索 SteamVR 下载并安装，如图 10-5 所示。

步骤 3： SteamVR 安装完成后，前往"库（Library）"→"工具（Tool）"选项中启动 SteamVR，如图 10-6 所示。启动后在屏幕的右下角弹出 SteamVR 工具窗口，如图 10-7 所示。

图 10-5　下载安装 SteamVR 软件

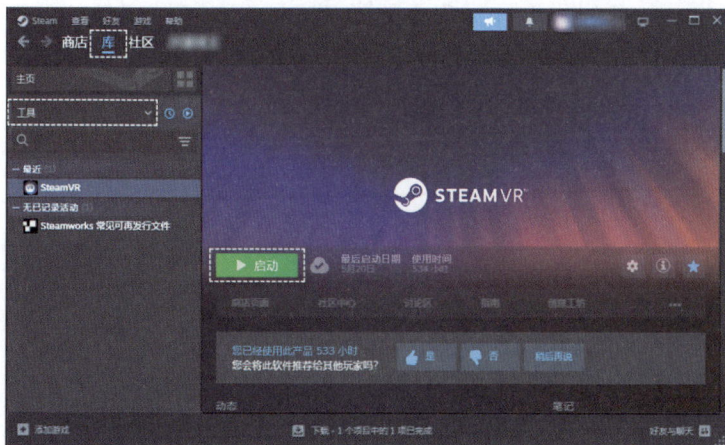

图 10-6　启动 SteamVR

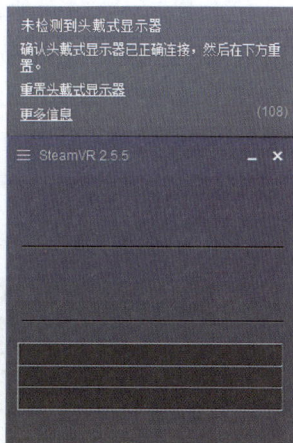

图 10-7　SteamVR 工具窗口

> **小提示**
>
> 　　在虚幻引擎中使用 OpenXR 对 SteamVR 进行开发，应确保 SteamVR 的软件版本已更新到最新。且在开发项目时必须同时运行 SteamVR 工具，可以最小化 SteamVR 工具窗口，但不要将其关闭。

3. 设备接入

　　启动 SteamVR 后，工具窗口提示"未检测到头戴式显示器"。这是因为 VR 设备没有接入计算机。接下来以 VR 设备 HTC Vive Pro 作为示例，演示基本的安装指南。

　　完成设备接入计算机后，确保头戴式显示器、Lighthouse 基站、运动控制器和接线盒均已正确连接并通电。此时，SteamVR 工具窗口呈现"已就绪"状态，并且五项设备图标显示为绿色，如图 10-8 所示。

HTC Vive
Pro 设备的
安装

233

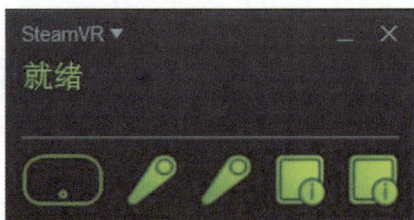

图 10-8　SteamVR 就绪

> **小提示**
>
> SteamVR 显示所有设备为绿色时，表示一切正常运行。如果某个设备显示为灰色，则此设备存在问题。将鼠标光标悬停在显示为灰色的图标上，SteamVR 将提示问题所在，并给出相应的解决方案。

4. 设备校准

为了让虚幻引擎在使用 SteamVR 创建内容过程中能够用 XR 设备预览项目，必须先设置 SteamVR 游玩区域。首先，右击 SteamVR 工具窗口，选择"房间设置（Room Setup）"，如图 10-9 所示。SteamVR 提供两种模式来体验 VR 应用：一种是"设置为房间规模"；另一种是"设置为仅站立"。用户可根据实际的活动空间大小选择相应模式进入，并跟随指引完成设置。若选择的是"设置为房间规模"，此模式还需要用户使用运动控制器来描绘游玩区域的边界。

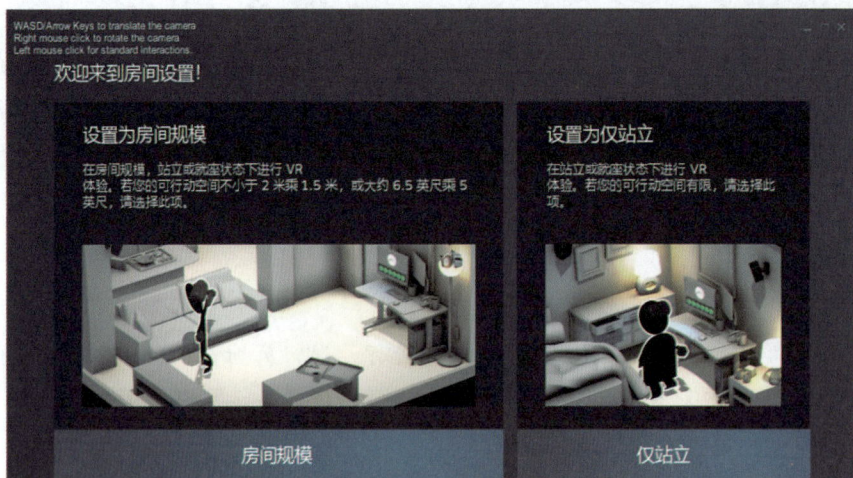

图 10-9　SteamVR 房间设置

完成以上步骤后，将头戴式显示器和运动控制器放在基站可以观测到的地方，确保它们都已开启，接着即可开始使用 HTC Vive Pro 来体验和开发 VR 项目。

10.1.6　使用 PICO VR 开发先决条件

PICO 是字节跳动公司旗下的 XR 品牌，代表的产品有 PICO 4、PICO Neo3 等系列

VR 一体机。PICO 配备了全新自研的 6DoF 追踪方案，包括基于四广角镜头的空间定位和光学手柄追踪，同时支持手部追踪（Hand Tracking）。最新一代的产品 PICO 4 还支持眼动追踪（Eye Tracking）和面部追踪（Face Tracking）技术，可以实现智能无极瞳距调节、真人表情模拟、视线交互及视线追踪渲染等前沿功能。

本小节将介绍虚幻引擎 5.3.2 版本如何支持 PICO VR，以及如何设置环境以使用 PICO 一体机设备进行开发。

1. 安卓开发环境配置

目前市面上大部分 VR 一体机采用的是安卓（Android）系统，PICO VR 也不例外。因此，在创建内容之前必须先在虚幻引擎中配置安卓开发环境，操作步骤如下。

步骤 1：从本章提供的教学资源中下载 Android-Studio-2022 安装程序，双击运行，在选择组件对话框中取消选择 Android Virtual Device，确保安装路径为默认，单击 Next 开始执行安装，如图 10-10 所示。

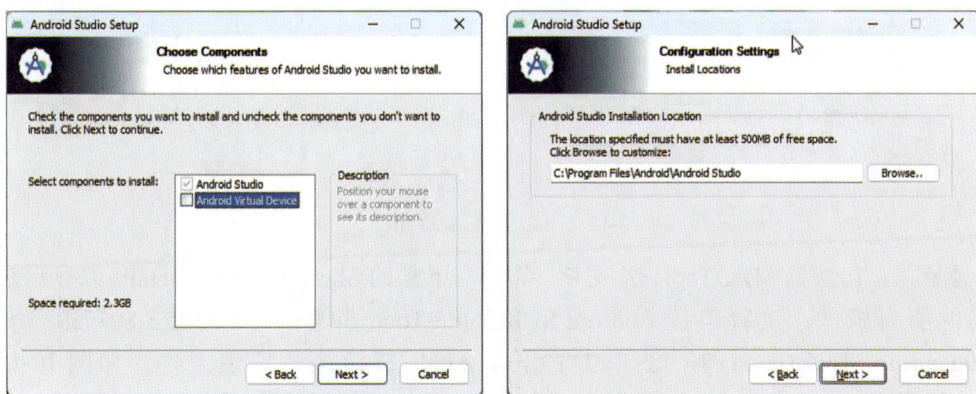

图 10-10　安装 Android Studio 2022

步骤 2：完成 Android Studio 安装，首次启动时，将弹出数据分享对话框，此处选择不发送，继续往下执行，直到出现 Welcome to Android Studio 对话框，如图 10-11 所示。单击更多操作（More Actions）展开下拉选项，然后单击 SDK Manager（SDK 管理器）。

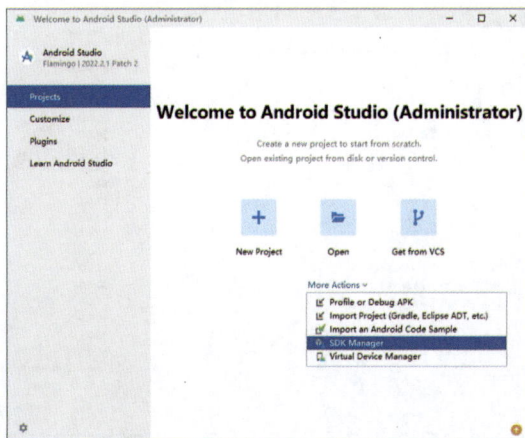

图 10-11　进入 SDK 管理器

步骤 3：进入 SDK Manager，确保 SDK Platforms 选项卡中 Android API 34 为已安装（Installed）状态。若为 Not installed 状态，请将其勾选，同时记录下 Android SDK 的路径（Location），如图 10-12 所示。

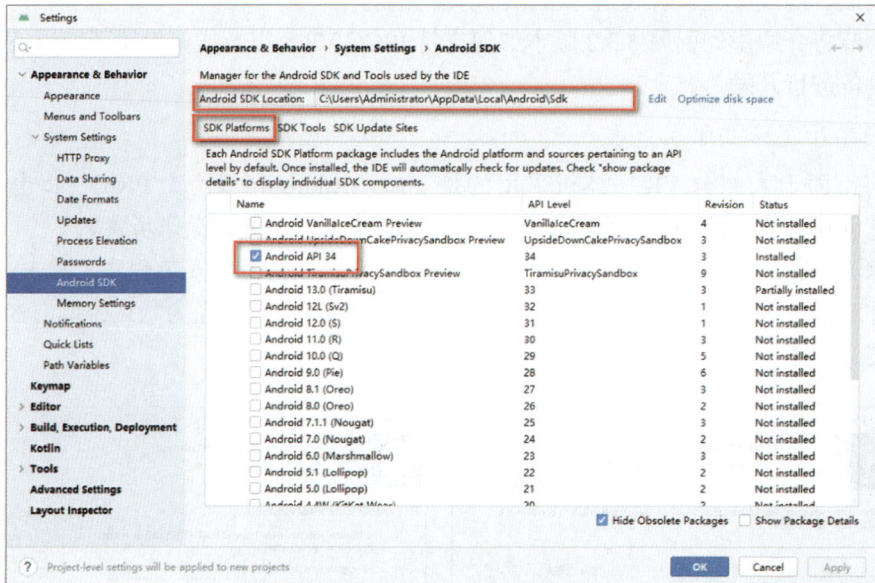

图 10-12　下载安装 Android API 34

步骤 4：切换到 SDK Tools 选项卡，勾选右下角的 Show Package Details 以显示 SDK 工具的所有组件，接着勾选 Android SDK Build-Tools 34.0.0、NDK 25.1.8937393、SDK Command-line Tools(latest) 13.0，单击右下角 Apply 按钮执行安装组件，如图 10-13 和图 10-14 所示。

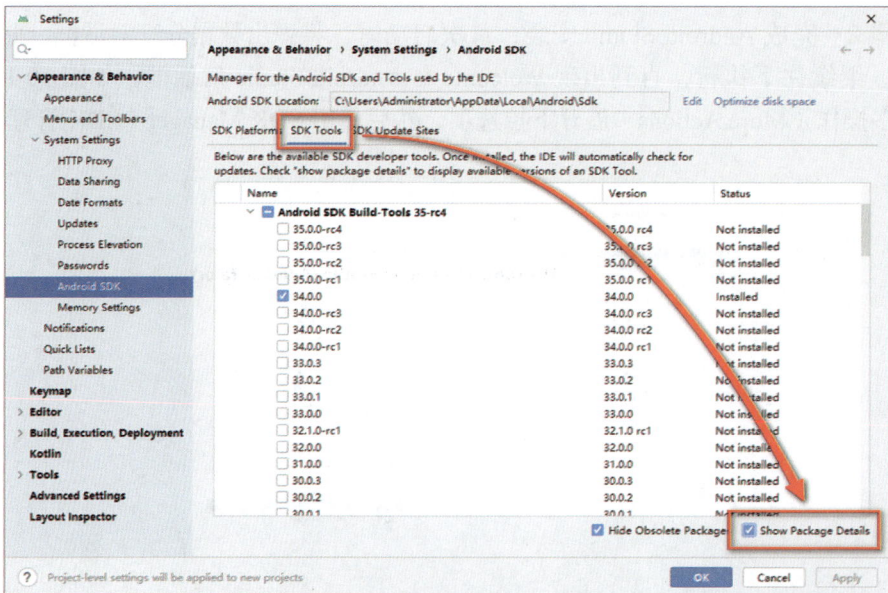

图 10-13　显示所有 SDK 工具组件

Android SDK Build-Tools 35-rc4		
35.0.0-rc4	35.0.0 rc4	Not installed
35.0.0-rc3	35.0.0 rc3	Not installed
35.0.0-rc2	35.0.0 rc2	Not installed
35.0.0-rc1	35.0.0 rc1	Not installed
☑ 34.0.0	34.0.0	Installed
34.0.0-rc3	34.0.0 rc3	Not installed
NDK (Side by side)		
27.0.11718014	27.0.11718014 rc1	Not installed
26.3.11579264	26.3.11579264	Not installed
26.2.11394342	26.2.11394342	Not installed
26.1.10909125	26.1.10909125	Not installed
26.0.10792818	26.0.10792818	Not installed
25.2.9519653	25.2.9519653	Not installed
☑ 25.1.8937393	25.1.8937393	Installed
25.0.8775105	25.0.8775105	Not installed
Android SDK Command-line Tools (latest)		
☑ Android SDK Command-line Tools (latest)	13.0	Installed
Android SDK Command-line Tools	13.0	Not installed
Android SDK Command-line Tools	12.0	Not installed

图 10-14　安装 SDK 组件

步骤 5: 完成上述所有步骤之后，重启计算机以确保完成安卓开发环境的配置。

2. 安装 PICO OpenXR 插件

启动 Epic Games Launcher 程序，进入虚幻商城，搜索 PICO OpenXR 插件，如图 10-15 所示，将插件安装至对应版本的引擎。

图 10-15　安装 PICO OpenXR 插件

3. 设置 Android SDK 和插件启动

启动虚幻引擎，选择 VR 模板创建新项目，将其命名为 MyOpenXR。进入项目后从菜单栏的编辑选项打开项目设置，找到"平台 -Android SDK"，分别指定 SDK、NDK、JAVA 的路径，如图 10-16 所示。

平台 - Android SDK

Android SDK设置（所有项目）

▼ SDKConfig

Location of Android SDK (the directory usually contains 'android-sdk-')	C:/Users/administrator/AppData/Local/Android/Sdk ...
Location of Android NDK (the directory usually contains 'android-ndk-')	C:/Users/administrator/AppData/Local/Android/Sdk/ndk/25.1.8937393 ...
Location of JAVA (the directory usually contains 'jdk')	C:/Program Files/Android/Android Studio/jbr ...
SDK API Level (specific version, 'latest', or 'matchndk' - see tooltip)	matchndk
NDK API Level (specific version or 'latest' - see tooltip)	android-29

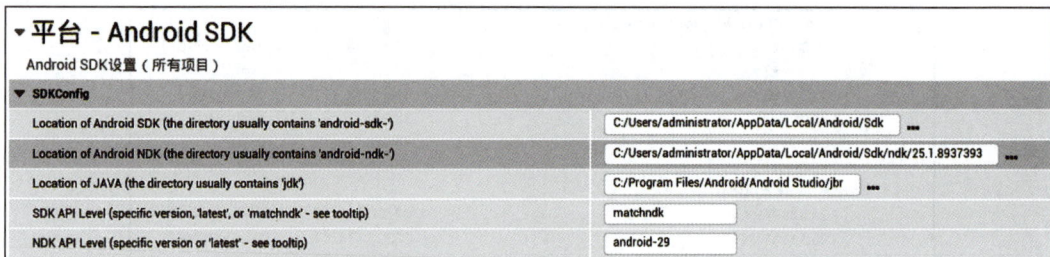

图 10-16　指定 Android SDK 路径

小提示

　　NDK 的路径在前文"安卓开发环境配置"中记录的 SDK 路径下，此位置包含所需 NDK 版本的文件夹。其中 [administrator] 是用户计算机的登录名称，这里强烈建议使用英文名称。

　　完成 Android SDK 的设置后，从引擎菜单栏的编辑选项下打开插件选项卡，在顶部搜索 PICO，然后勾选 PICO For OpenXR 插件，如图 10-17 所示。最后，根据提示重启虚幻引擎。至此，使用 PICO 开发 VR 内容的环境配置全部完成。

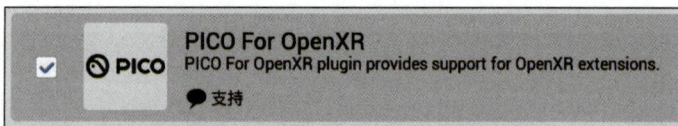

PICO For OpenXR

☑ ⊘ PICO　PICO For OpenXR plugin provides support for OpenXR extensions.

💬 支持

图 10-17　加载 PICO For OpenXR 插件

10.2　VR 项目开发

10.2.1　VR模板基础入门

　　UE5 提供了一套新的 VR 模板，用于为面向台式计算机、主机端以及移动端的 VR 设备开发项目。该模板基于 OpenXR 框架，实现了手部动画、玩家传送（Teleport）、物体抓取（Grab）、玩家转动（Snap Turn）、3D 交互菜单、操作输入等功能。借助虚幻引擎中的 OpenXR 插件，VR 模板的功能逻辑可在多个平台和设备上运行，无需额外的设置。

小提示

　　本小节将使用 PICO Neo3 作为主要的开发设备来介绍 VR 模板的入门知识以及如何使用 VR 模板打造自己的 VR 体验。用户在学习之前，应先准备一套 PICO Neo3 或 PICO 4 虚拟现实设备。

---

1. VR 模板中的重要对象

当使用 VR 模板创建项目时，引擎会自动生成 VR 关卡及资产文件。其中 Pawn、游戏模式决定了 VR 模板的体验规则及设置方式，VR 模板中的重要对象见表 10-4。

表 10-4   VR 模板中的重要对象

对象名称	内容浏览器中的位置	说　　明
VRPawn	内容 → VRTemplate → Blueprints	在 VR 模板中，VRPawn 包含来自运动控制器输入事件的逻辑和手部动画的逻辑
VRGameMode		VRGameMode 将定义 VR 体验的规则，如使用哪个 Pawn 作为控制对象
GrabComponent		此对象是独立的场景组件蓝图，包含物体抓取的基本逻辑，如需为 Actor 启用抓取功能，可以将 GrabComponent 蓝图添加到 Actor 中
VRTeleportVisualizer		此 Actor 蓝图是传送可视化工具，由两个 Niagara 粒子系统组成，用来显示传送的目标位置
ABP_MannequinsXR	内容→ Characters → MannequinsXR → Meshes	此对象是动画蓝图，使用五种状态的手势姿势进行混合来实现手部动画

2. 操作输入

VR 模板中的操作映射基于虚幻引擎的增强输入系统（Enhanced Input System），包含常规的手柄按键输入事件、手部动画输入事件、菜单交互输入事件和左右手持枪射击输入事件，开发者可以根据需求自定义这些输入设备到操作映射的集合，如图 10-18 所示。

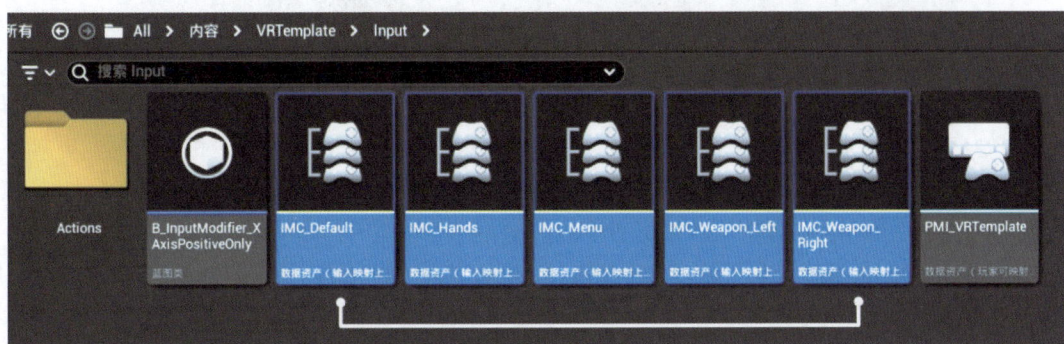

图 10-18   输入设备到操作映射的集合

3. 运动

用户在 VR 环境中的运动通常被称为"移位（Locomotion）"。UE5 的 VR 模板有两种类型的移位方式：传送和快速转动。打开 VRPawn 可以查看两者的实现逻辑，如图 10-19 所示。

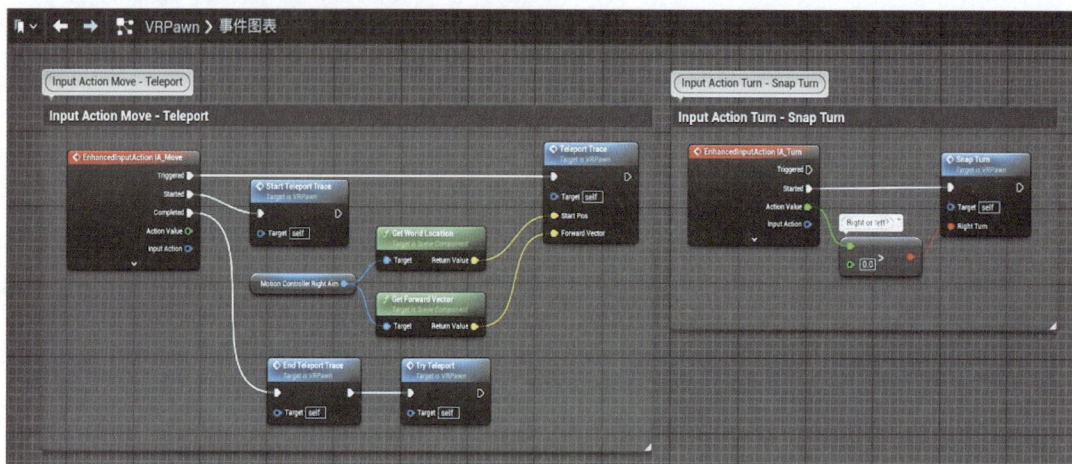

图 10-19　传送和快速转动功能蓝图

　　借助传送功能，用户可以瞬间移动到关卡中的不同位置，具体操作：将运动控制器（右手）上的拇指摇杆或触控板推向想要移动的方向，前方出现抛物线形成落点，传送可视化工具会在关卡中显示将移动到的位置。当拇指松开摇杆或触控板时，即可传送到选定的位置，如图 10-20 所示。

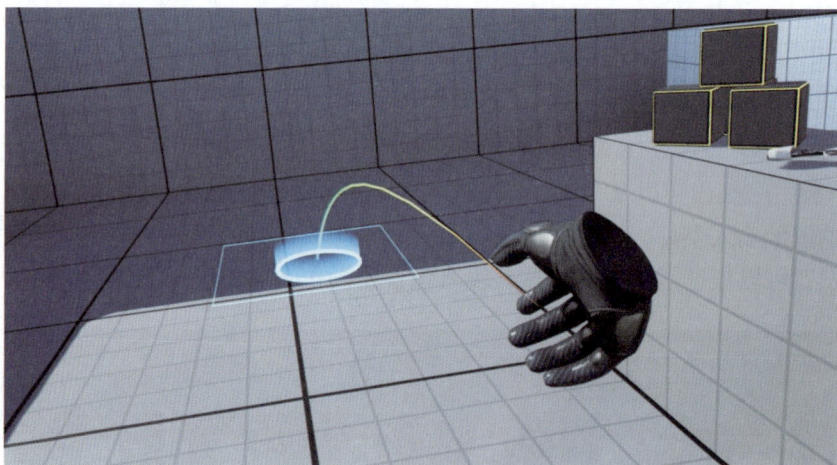

图 10-20　传送可视化效果

　　快速转动功能可以让用户在不移动头部的情况下旋转关卡中的虚拟角色，只需沿想要转动的方向推动运动控制器（左手）拇指摇杆或触控板即可实现。

4. 抓取物体

　　VR 模板允许用户抓取关卡中的物体并将其附着在手上。要想抓取物体，先使用运功控制器伸向可抓取的物体，然后按下握紧（Grip）按钮。这会在运动控制器的 GripLocation 位置周围创建球体追踪（Sphere Trace），若追踪到附加了 GrabComponent 蓝图的 Actor，它就会附着在手上，如图 10-21 所示。当释放同一运动控制器上的握紧按钮时，被抓取的物体将从手上分离。

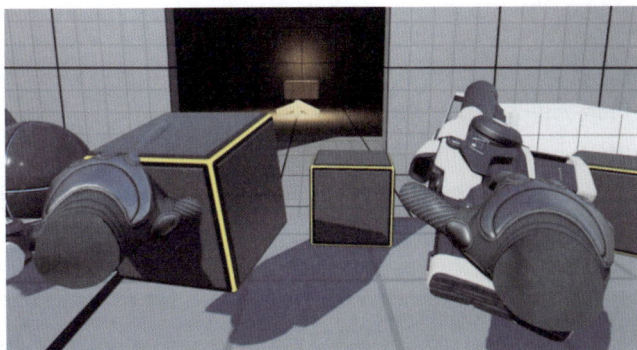

图 10-21　抓取物体效果

> **小提示**
>
> 　　为 Actor 启用抓取功能，只需将 GrabComponent 蓝图作为子节点添加到 Actor 中，并在细节面板中选择抓取类型。同时，组件父节点的碰撞预设修改为 PhysicsActor。

5. 3D 交互菜单

　　按下运动控制器上的菜单按钮可以打开 VR 模板的交互菜单。该菜单使用 UMG 构建，并助控件（Widget）组件将其渲染到场景中，如图 10-22 所示。菜单蓝图在内容浏览器的 VRTemplate → Blueprints 文件夹下，它定义了控制器如何与菜单交互。

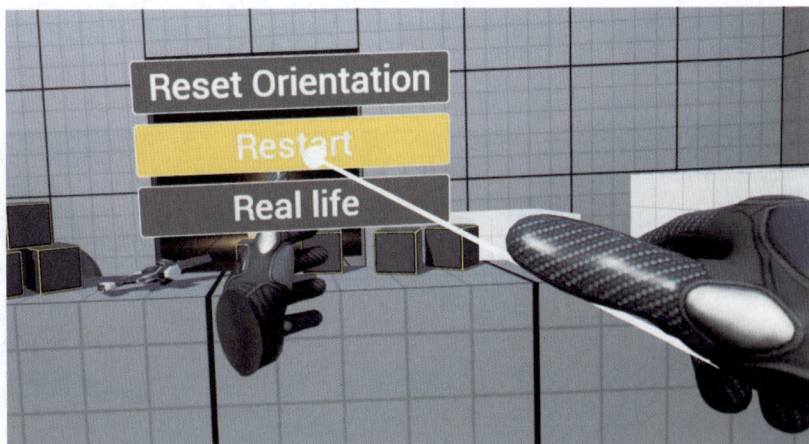

图 10-22　3D 交互菜单

10.2.2　PICO串流预览VR项目

　　由于 PICO 系列的 VR 设备不支持直接使用虚幻引擎编辑器中的 VR 预览（VR Preview）功能，导致每次查看效果都要先将项目打包成 APK 文件，再发送到 PICO 设备中实机运行，这大大降低了开发效率。为此，PICO 官方提供了 PICO 互联工具，通过与 SteamVR 串流实现在引擎中实时预览场景。

PICO 串流
预览 VR
项目

1. 开启 PICO 的开发者模式

在进行串流预览之前，需要为 PICO 设备开启开发者模式，以便使计算机可以在 PICO VR 一体机中读取 / 写入数据，操作步骤如下。

步骤 1：打开 PICO VR 一体机，前往"设置"→"通用"→"关于本机"。将运动控制器发出的射线移至软件版本号并连续单击多次，直至左侧导航栏下方出现开发者选项，如图 10-23 所示。

图 10-23　PICO 开启开发者模式

步骤 2：点击"开发者"，进入"开发者"选项界面，打开右上角的"USB 调试开关"，如图 10-24 所示。

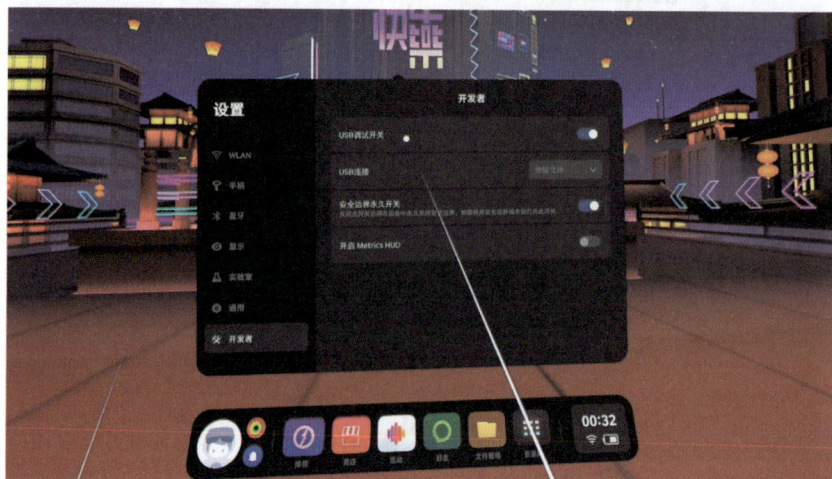

图 10-24　PICO 开启 USB 调试

2. 下载安装 PICO 互联工具

打开网页浏览器，搜索 PICO 并进入其官方网站，在软件产品页面下载"PICO 互联 Windows 版"并安装，如图 10-25 所示。

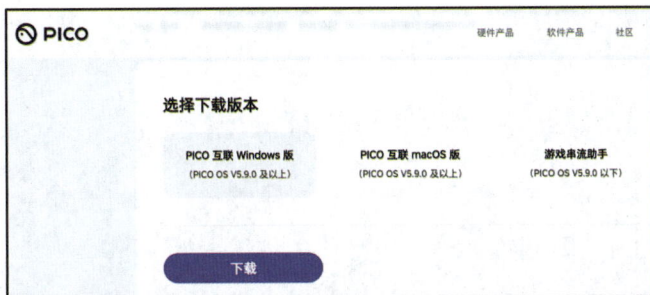

图 10-25　下载 PICO 互联工具

3. 接入 PICO 设备

计算机端完成 PICO 互联的安装后，首次启动需要验证的软件运行环境，用户按提示往下执行即可，直至出现"等待一体机接入"的页面，如图 10-26 所示。

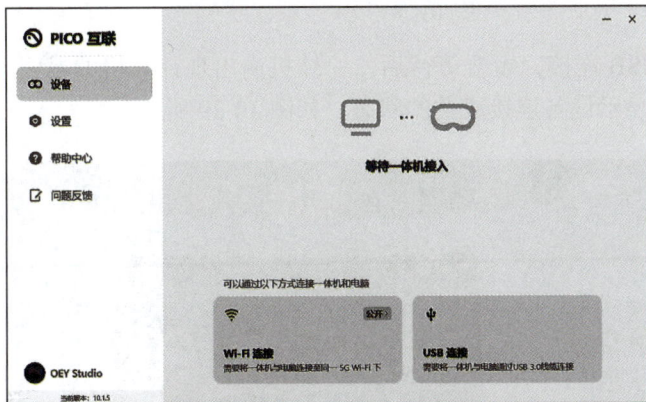

图 10-26　等待 PICO 一体机接入计算机

PICO 一体机接入计算机的方式可以使用 Wi-Fi 连接或 USB 连接。为了保证串流服务的顺畅，这里将 PICO 自带的 USB 线缆连接至计算机，然后回到 VR 一体机中，在资源库界面打开"互联"应用，如图 10-27 和图 10-28 所示。

图 10-27　一体机开启互联

图 10-28　选择互联连接方式

选择右侧的 USB 连接，短暂等待后，一体机内出现计算机的桌面。同时，计算机端的 PICO 互联程序显示设备连接成功的状态，如图 10-29 所示。

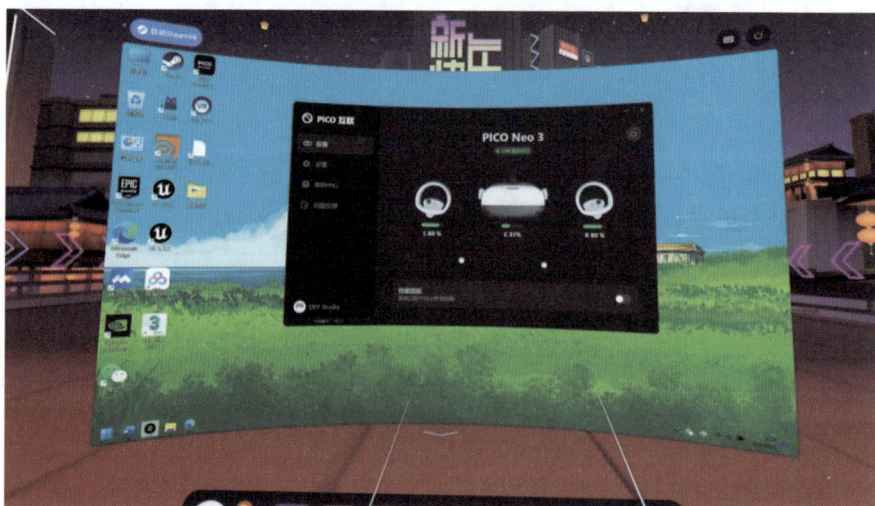

图 10-29　PICO 一体机与计算机互联

小提示

PICO 的互联工具更新十分频繁，若使用时出现软件版本过时的提示，请访问 PICO 官方网站下载最新版本。

4. 串流预览 VR 项目

保持 PICO 与计算机互联的状态，在一体机内使用运动控制器对准屏幕上的"启动 SteamVR"按钮，按下扳机（Trigger）键启动 SteamVR，计算机桌面的右下角弹出 SteamVR 工具窗口，如图 10-30 所示。窗口中三个图标显示为绿色，表示串流成功。

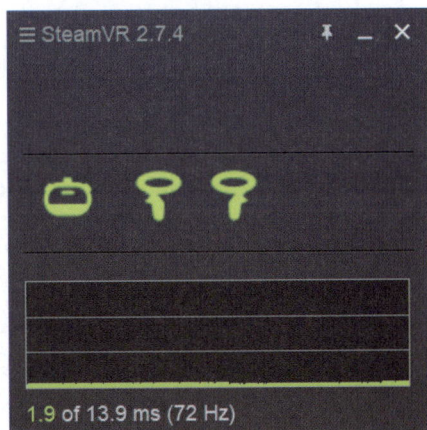

图 10-30 PICO 串流 SteamVR

打开 UE5，进入 VR 模板关卡，单击运行（Play）右边的三个圆点展开下拉菜单。此时，"VR 预览（VR Preview）"选项由原来的灰色变为可选状态，如图 10-31 所示。

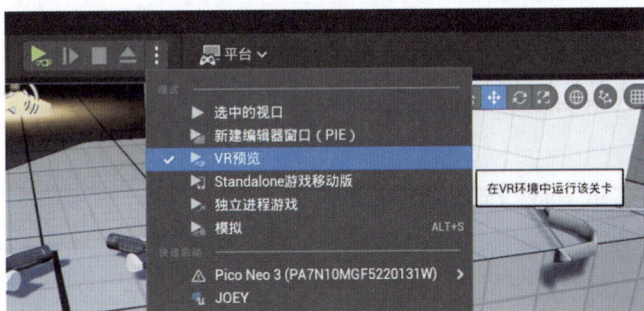

图 10-31 启用 VR 预览

单击"VR 预览"，带上 PICO 的头戴式显示器，屏幕上可看到运行的 VR 场景。转动头部，场景也会随之转动。至此，通过 PICO 与 SteamVR 串流的方式，实现了在虚幻引擎中实时预览 VR 场景。

10.2.3 交互功能开发

交互是虚拟现实体验的核心要素，它不仅提升了用户的沉浸感，还能使用户在虚拟环境中进行更多的操作和体验。为了进一步探索如何在虚幻引擎中实现交互功能，接下来以 VR 模板作为基础，使用蓝图来开发常见的 VR 交互功能。准备工作如下。

交互功能
开发

- 硬件：PICO Neo3 或 PICO 4。
- 软件：虚幻引擎 5.3.2 版本、PICO 互联。
- 项目：以 VR 模板创建新项目，确保配置了安卓开发环境，开启了 PICO For OpenXR 插件。

1. 添加 PICO 的按键映射

由于 VR 模板中的操作输入模块未集成 PICO 设备的按键映射，这将导致无法使用模板的默认交互功能。因此，导航至"内容"→ VRTemplate → Input 文件夹，分别打开

IMC_Default、IMC_Hands、IMC_Menu、IMC_Weapon_Left 和 IMC_Weapon_Right 五个数据资产，根据表 10-5 内相对应的字段来添加 PICO 设备的按键映射。

表 10-5　PICO 的按键映射对照表

字　　段	PICO 设备按键映射
IMC_Default	
IA_Move	PICO Neo3 (R) Thumbstick Y
IA_Turn	PICO Neo3 (L) Thumbstick X
IA_Grab_Left	PICO Neo3 (L) Grip Axis
IA_Grab_Right	PICO Neo3 (R) Grip Axis
IA_Menu_Toggle_Left	PICO Neo3 (L) Menu
IA_Menu_Toggle_Right	PICO Neo3 (R) Menu
IMC_Hands	
IA_Hand_Point_Left	PICO Neo3 (L) Trigger Touch
IA_Hand_Point_Right	PICO Neo3 (R) Trigger Touch
IA_Hand_ThumbUp_Left	PICO Neo3 (L) X Touch / PICO Neo3 (L) Y Touch
IA_Hand_ThumbUp_Right	PICO Neo3 (R) A Touch / PICO Neo3 (R) B Touch
IA_Hand_Grasp_Left	PICO Neo3 (L) Grip Axis
IA_Hand_Grasp_Right	PICO Neo3 (R) Grip Axis
IA_Hand_IndexCurl_Left	PICO Neo3 (L) Trigger Axis
IA_Hand_IndexCurl_Right	PICO Neo3 (R) Trigger Axis
IMC_Menu	
IA_Menu_Interact_Left	PICO Neo3 (L) Trigger Axis
IA_Menu_Interact_Right	PICO Neo3 (R) Trigger Axis
IA_Menu_Cursor_Left	PICO Neo3 (L) Thumbstick 2D-Axis
IA_Menu_Cursor_Right	PICO Neo3 (R) Thumbstick 2D-Axis
IMC_Weapon_Left/Right	
IA_Shoot_Left	PICO Neo3 (L) Trigger Axis
IA_Shoot_Right	PICO Neo3 (R) Trigger Axis

小提示

若使用的 VR 一体机是 PICO 4，则选择 PICO 4 对应的按键映射。其中，（L）和（R）分别代表左手和右手。

2. 自定义持枪动作

为了迎合 VR 体验的多样化需求，在与虚拟物体交互的过程中，通常需要执行特定动作以提升沉浸感。例如，当手持虚拟枪械时，用户可以通过食指施加压力来模拟扳机动作，从而触发射击，如图 10-32 所示。为此，VR 模板中的 GrabComponent 蓝图设计了三种不同的抓取类型，以适应不同的交互场景，如图 10-33 所示。

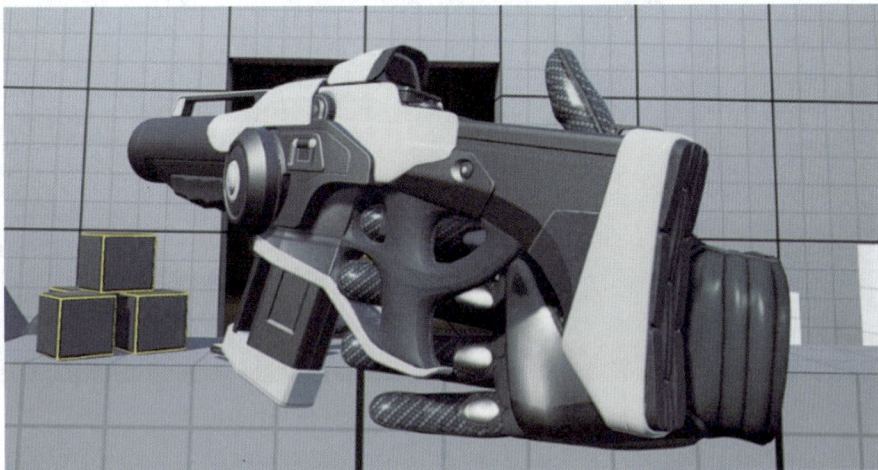

图 10-32　自定义手部手枪动作

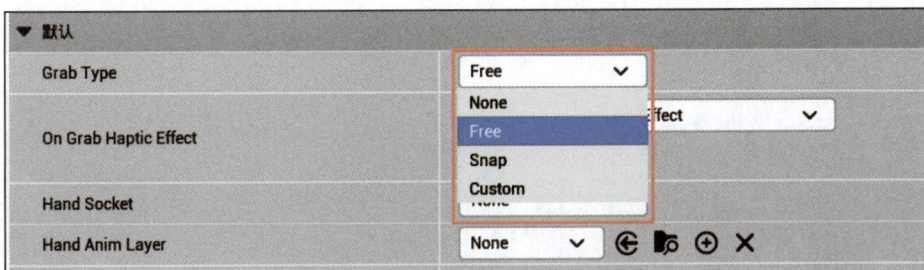

图 10-33　三种抓取类型

抓取类型来自枚举 GrabType Enum 资产，其中定义了它们的功能。

- 自由（Free）：抓取时，Actor 保持在相对于运动控制器抓取它所处的位置和方向，以抓取小立方体为例。
- 对齐（Snap）：抓取时，Actor 具有相对于运动控制器的特定位置和方向，以抓取手枪为例。
- 自定义（Custom）：借助此选项，可以使用 GrabComponent 蓝图中的 OnGrabbed 和 OnDropped 事件为抓取操作添加额外的逻辑。可以创建其他类型的自定义抓取动作和其他复杂行为。

接下来，利用 VR 模板中的手部动画资源，配合 GrabComponent 蓝图，实现手部持枪的特定动作，具体步骤如下。

步骤 1： 打开 ABP_MannequinsXR 动画蓝图，查看动画图表（AnimGraph）。该动画蓝图使用 5 个基础的右手动画进行混合以实现手部动画，并以镜像的方式将数据传递至左手，如图 10-34 所示。

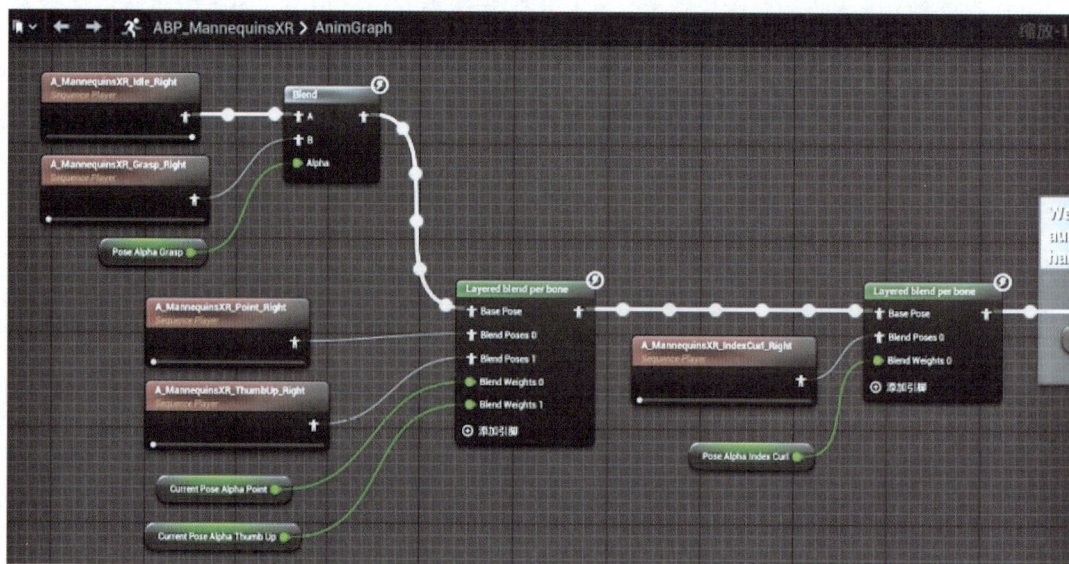

图 10-34 手部动画蓝图

步骤 2：在内容浏览器中右击，选择动画，创建一个动画层接口（Anim-LayerInterface），命名为 VRHand，如图 10-35 所示。双击将其打开，单击右上角的"添加"按钮创建一个名为 Idle 的动画层。同时，在细节面板中为该动画层添加四个浮点类型的输入，分别命名为 Grasp、AlphaPoint、ThumbUp、IndexCurl，如图 10-36 所示。

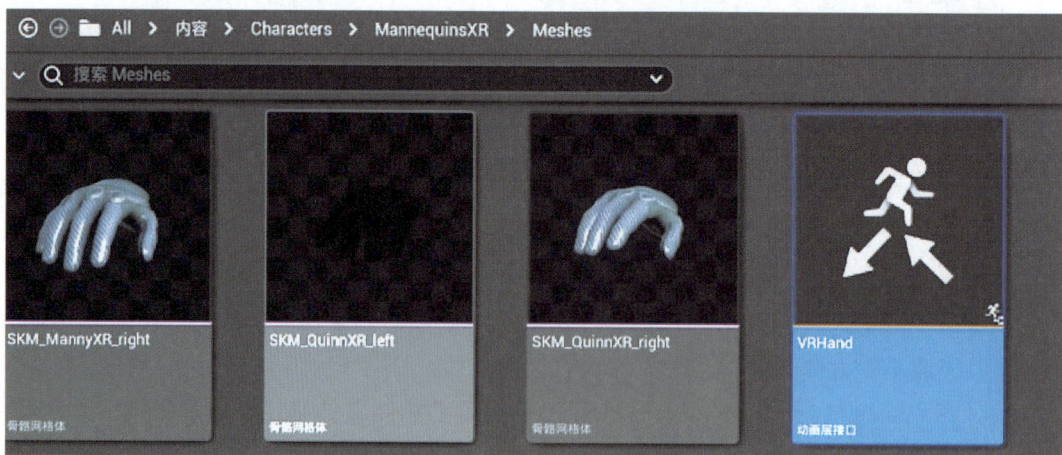

图 10-35 创建 VRHand 动画层接口

步骤 3：回到 ABP_MannequinsXR 动画蓝图，单击工具栏上的"类设置"，找到细节面板中的"接口"选项，在此添加新建的 VRHand 动画层接口，如图 10-37 所示。编译动画蓝图，从左下角我的蓝图面板中将加载进来的动画层 Idle 拖入动画图表，并将暴露出来的参数依次绑定动画蓝图中的 PoseAlphaGrasp、CurrentPoseAlphaPoint、CurrentPoseAlphaThumbUp、PoseAlphaIndexCurl 四个变量，如图 10-38 所示。

图 10-36　动画层添加输入

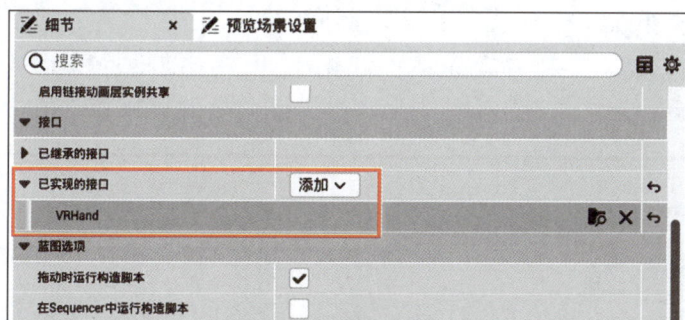

图 10-37　添加动画层接口

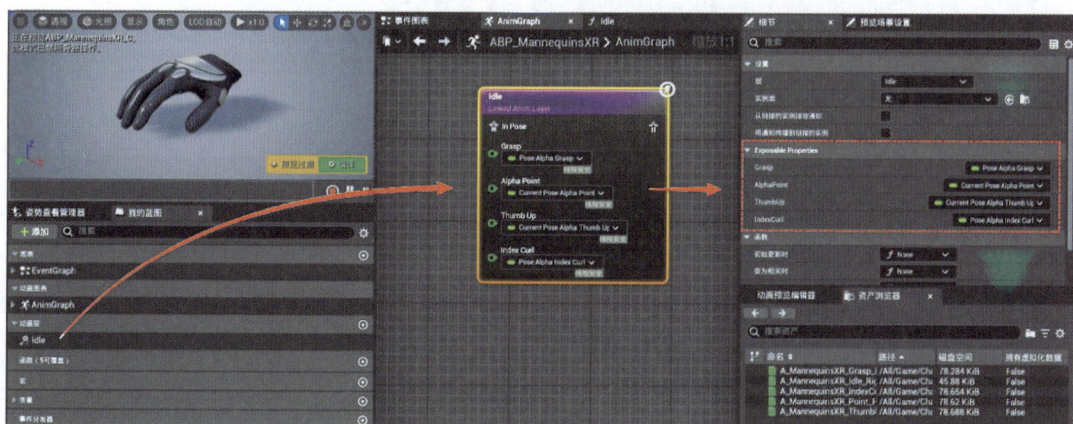

图 10-38　绑定动画层参数

步骤 4： 断开 A_MannequinsXR_Idle_Right 节点，重新连接在动画层 Idle 节点的 in Pose 输入端，如图 10-39 所示。其余节点剪切到动画层 Idle 内部（双击节点打开），重新连接动画混合的逻辑结构，如图 10-40 所示。完成后，编译保存动画蓝图。

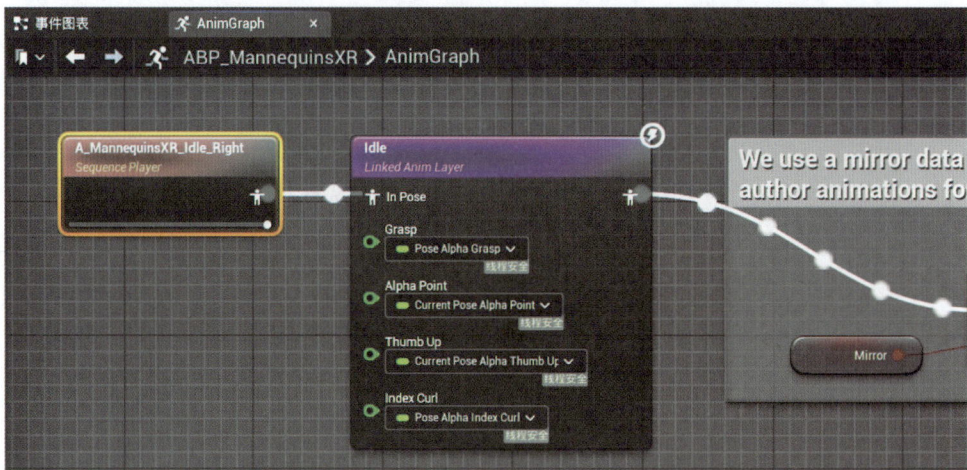

图 10-39　改造动画蓝图逻辑结构 1

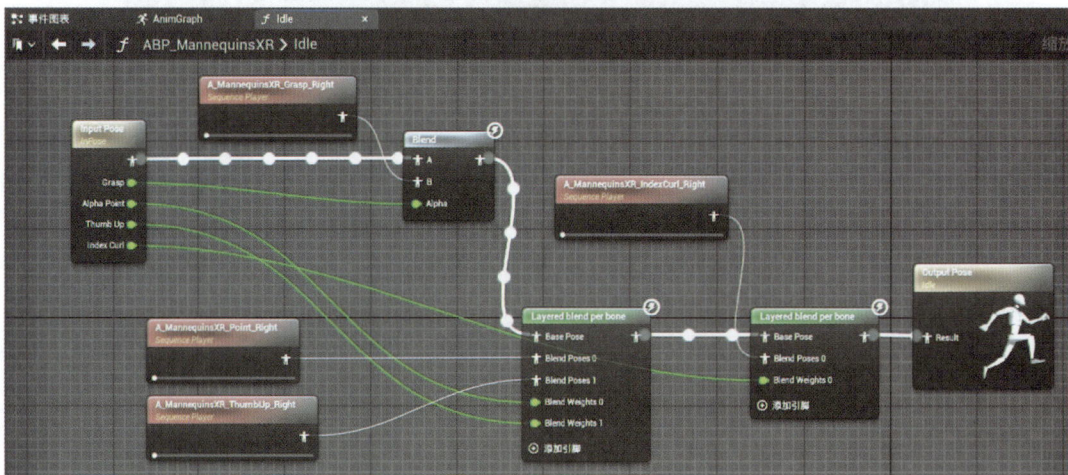

图 10-40　改造动画蓝图逻辑结构 2

步骤 5：选中手部模型的骨骼 SK_MannequinsXR，右击创建新的动画蓝图，将其命名为 ABP_VRHand_Pistol，如图 10-41 所示。

图 10-41　新建 ABP_VRHand_Pistol 动画蓝图

步骤 6：双击打开 ABP_VRHand_Pistol 动画蓝图，与步骤 3 一致，在细节面板添加 VRHand 动画层接口。进入动画层 Idle 内部，使用 ThumbUp_Right 和 IndexCurl_Right 两个动画资源进行混合来模拟食指压动扳机的动画，并且将混合权重（Blend Weights）值限制在 0～0.05，如图 10-42 所示。完成后，编译保存动画蓝图。

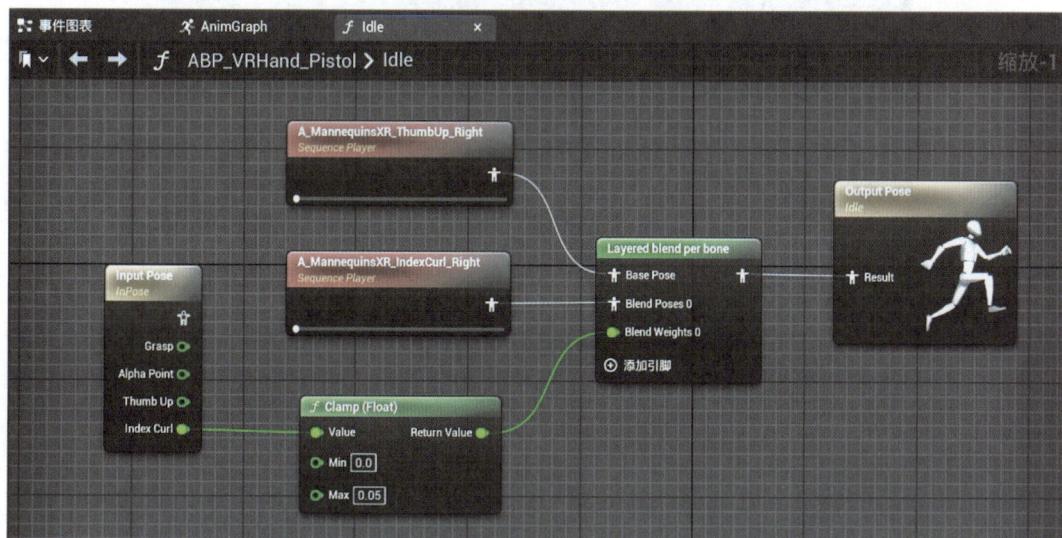

图 10-42　编写 ABP_VRHand_Pistol 动画混合逻辑

步骤 7：来到 GrabComponent 蓝图内部。添加三个函数，分别命名为 TryFindHandMeshOnController、TryCaptureHandMesh、TryReleaseHandMesh。添加五个变量，分别命名为 HandSocket（命名）、HandAnimLayer（动画实例）、CachedHandLocalTransform（变换）、bCaptureHand（布尔）和 CaptureMesh（骨骼网格体组件），如图 10-43 所示。

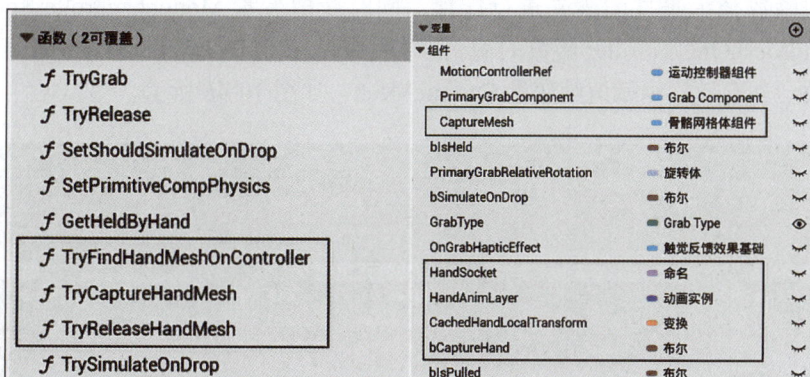

图 10-43　添加三个函数和五个变量

步骤 8：编写 TryFindHandMeshOnController 函数的功能逻辑。双击将其打开，在细节面板添加一个"运动控制器组件类型"的输入和一个"骨骼网格体组件类型"的输出，如图 10-44 所示。使用 GetChildrenComponents 节点获取运动控制器上附加的子组件，然后进行循环遍历，并将结果类型转换到骨骼网格体组件。若转换成功，则返回骨骼网格体组件的值；若转换失败，则循环遍历结束后返回一个空值，如图 10-45 所示。

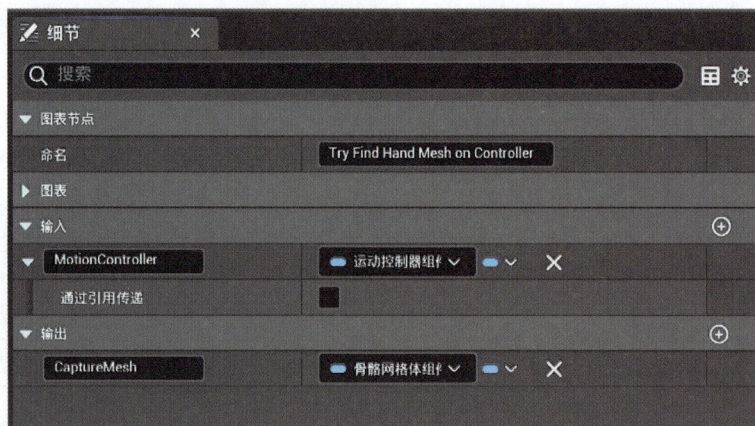

图 10-44　函数添加输入参数和返回值

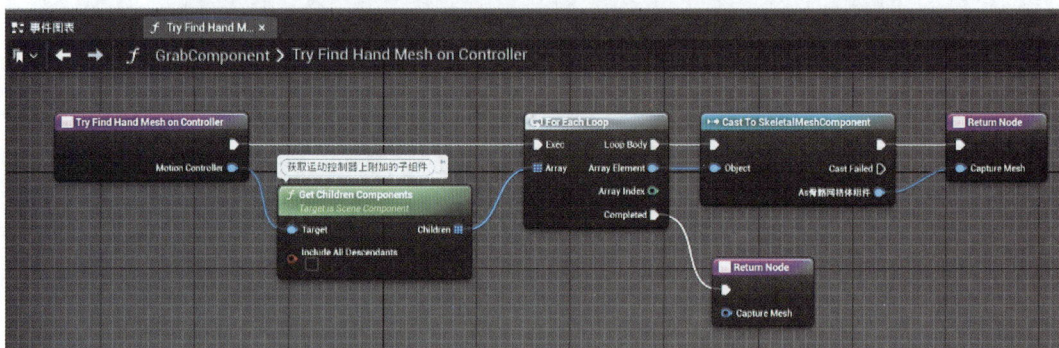

图 10-45　编写 TryFindHandMeshOnController 函数

步骤 9： 编写 TryCaptureHandMesh 函数，该函数主要实现捕捉手部模型。先将步骤 8 中完成的函数拖入事件图表并进行连接，同时获取变量 MotionControllerRef，连接到 TryFindHandMeshOnController 函数的输入参数引脚。接着用 IsVaild 节点判断函数的返回值是否有效。若有效，则赋值给变量 CaptureMesh，如图 10-46 所示。

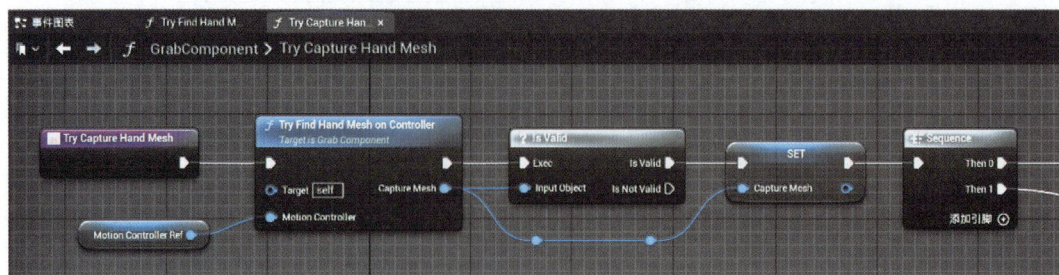

图 10-46　编写 TryCaptureHandMesh 函数 1

接着要执行以下两步。

（1）获取变量 HandAnimLayer，判断这个类是否有效。若有效，使用 Link Anim Class Layers 节点连接这个动画层并覆盖 CaptureMesh 原有的动画逻辑，如图 10-47 所示。

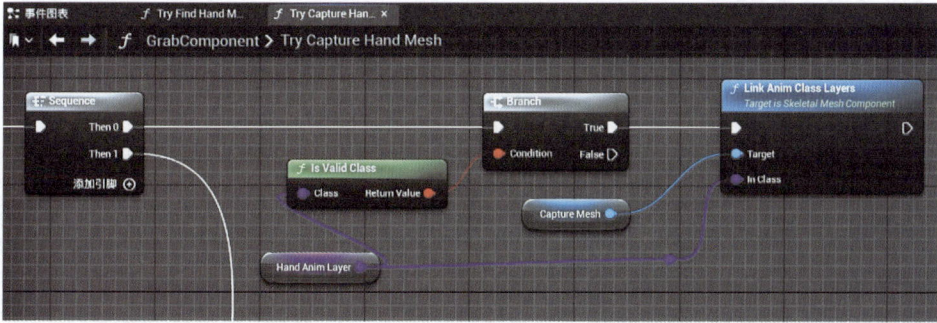

图 10-47　编写 TryCaptureHandMesh 函数 2

（2）使用 Branch 节点来决定是否需要用特定的动作。当布尔变量 bCaptureHand 值为 True 时，先存储手部模型在抓取物体时的相对变换值，以便在释放物体时可以还原手部模型的位置。然后使用 Attach Component to Component 节点实现手部模型附加到物体指定的插槽（Socket）上，如图 10-48 所示。

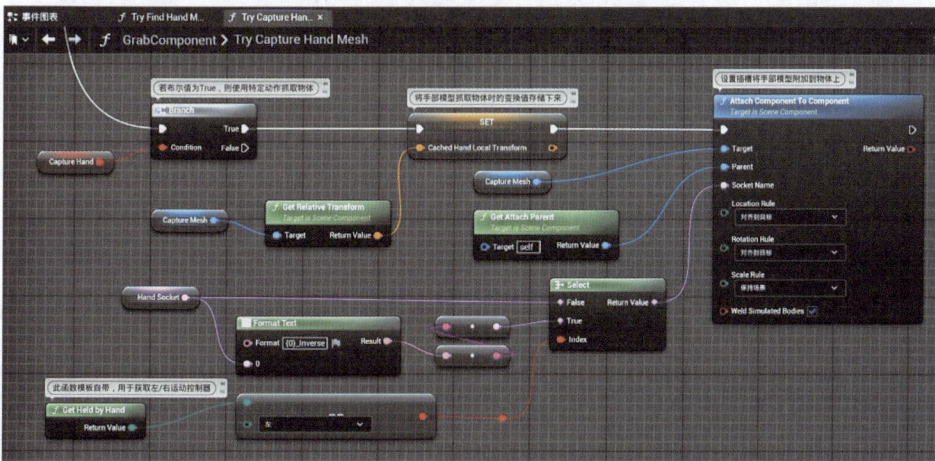

图 10-48　编写 TryCaptureHandMesh 函数 3

步骤 10：将函数 TryCaptureHandMesh 集成到 TryGrab 中，连接在 Call On Grabbed 事件前，如图 10-49 所示。

图 10-49　集成 TryCaptureHandMesh 函数

253

步骤 11： 编写 TryReleaseHandMesh 函数，该函数与抓取时的逻辑相反。在释放物体时，先取消动画层的连接，还原手部模型的动画逻辑，然后将手部模型放回到运动控制器并设置相对变换值，如图 10-50 所示。

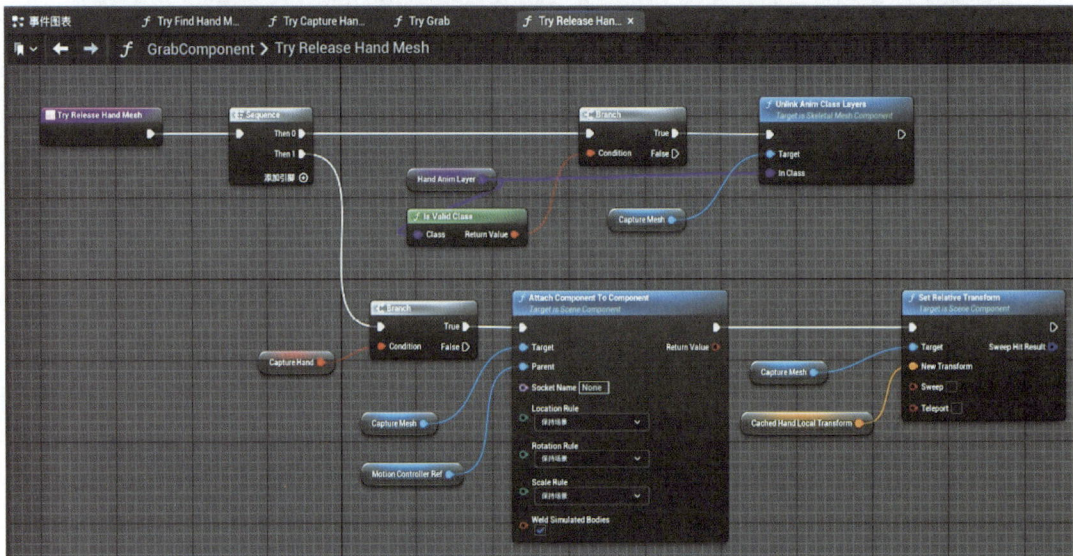

图 10-50　编写 TryReleaseHandMesh 函数

步骤 12： 将函数 TryReleaseHandMesh 集成到 TryRelease 中，连接在 Call On Drop 事件前，如图 10-51 所示。完成后，编译保存蓝图。

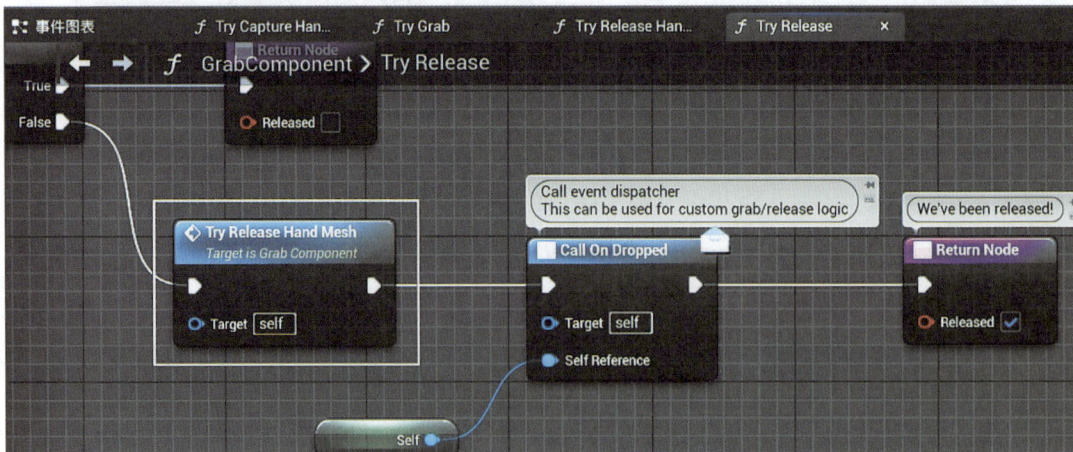

图 10-51　集成 TryReleaseHandMesh 函数

当手持枪时，按下运动控制器的扳机键会触发射击事件，同时还需要将步骤 6 中的动画混合权重值通过变量 PoseAlphaIndexCurl 传入手部动画蓝图，以实现食指压动扳机的动画。因此，在 VRPawn 蓝图的事件图表，右击搜索 IA_Shoot，如图 10-52 所示。将增强输入事件 IA_Shoot_Left 和 IA_Shoot_Right 添加到图表，按下扳机键时，返回的数值设置为手部动画蓝图的变量 PoseAlphaIndexCurl，松开扳机键时，清空该变量的值，设置为 0，如图 10-53 所示。完成后，编译保存蓝图。

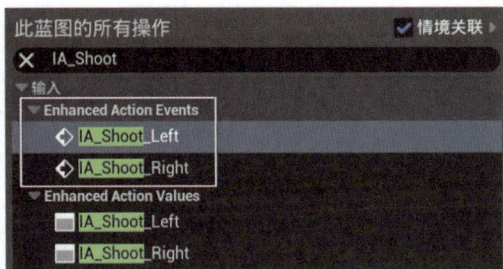

图 10-52　添加 IA_Shoot 增强输入事件

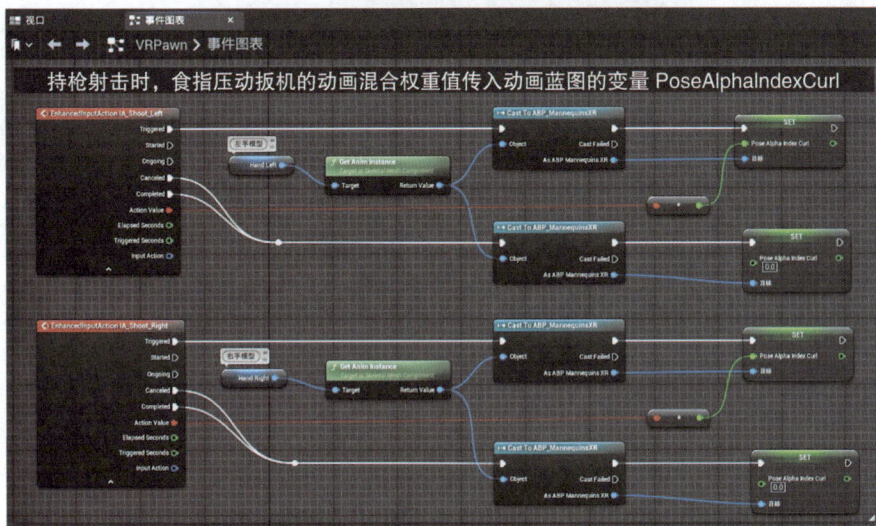

图 10-53　食指动画输入逻辑

步骤 13：导航至"内容"→ FPWeapon → Mesh 文件夹，打开骨骼网格体文件 SK_FPGun。在枪的骨骼树面板选中骨骼 Grip_Bone，右击添加两个插槽，命名为 GripPoint 和 GripPoint_Inverse。接着选中插槽右击添加预览资产，使用手部模型 SKM_MannyXR_left/right 绑定到插槽，右手模型作为 GripPoint 插槽的子项，左手模型作为 GripPoint_Inverse 插槽的子项，如图 10-54 所示。

此处的手部模型仅限预览，通过调整插槽的位置和方向以实现最佳的抓取姿势。当使用特定动作抓取枪时，手部模型会附加到对应的插槽上，同时继承其位置和朝向。插槽的变换值参考如图 10-55 所示。

步骤 14：完成功能逻辑编写后，需设置 HandSocket、HandAnimLayer 和 bCaptureHand 三个变量的初始值。打开 VRTemplate → Blueprints 文件夹下的 Pistol 蓝图，在组件面板选中 GrabComponentSnap 组件，然后在细节面板设置名称变量 HandSocket 为 GripPoint（这是右手插槽的名称，左手会自动适配），设置动画层变量 HandAnimLayer 为 ABP_VRHand_Pistol 动画蓝图，设置布尔变量 bCaptureHand 为 True，如图 10-56 所示。完成后，编译保存蓝图。

图 10-54　为枪模型添加插槽和预览资产

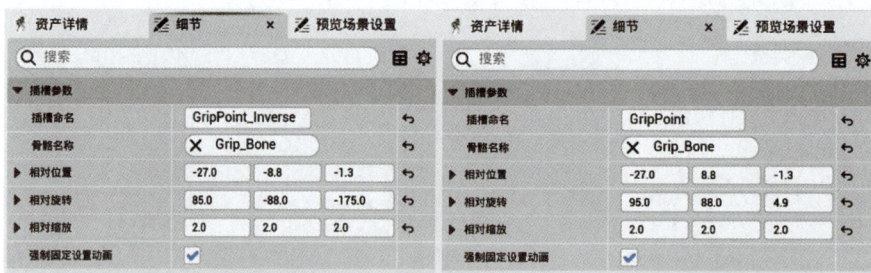

（a）左手插槽变换值参考　　　　　　　　　（b）右手插槽变换值参考

图 10-55　插槽的变换值参考

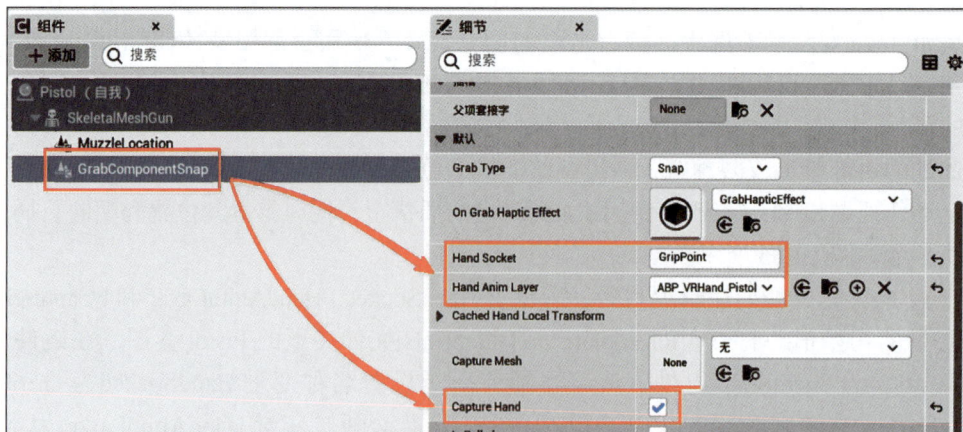

图 10-56　设置变量初始值

步骤 15：还需要对抓取功能做进一步优化。当使用特定动作抓取枪时，如果使用另外一只手同时抓取，在这种情况下，必须先释放枪并还原第一只手的位置。因此，在调用 TryGrab 函数时，应先判断物体是否被持有。若布尔变量 bIsHeld 值为 Ture，则调用

TryRelease 函数释放枪，完成后再执行抓取；若布尔变量 bIsHeld 值为 False，则跳过上述步骤，直接执行后续的抓取逻辑。优化部分如图 10-57 所示。至此，自定义持枪动作已开发完成，编译保存蓝图，并运行项目，戴上 VR 头盔测试效果。

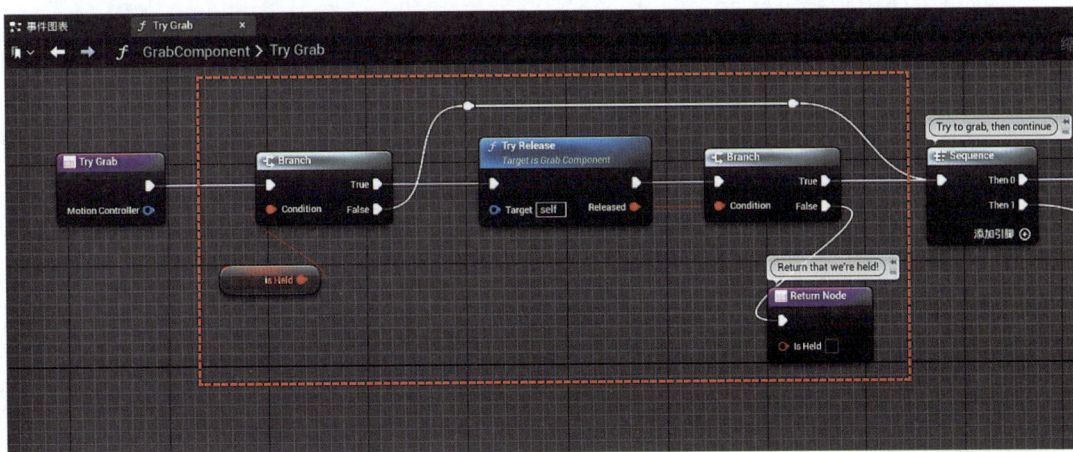

图 10-57　优化抓取功能

10.2.4　性能优化

在使用 UE5 开发 VR 项目的过程中，性能优化至关重要。相较于常规的 PC 端项目，VR 项目对性能的需求更为严苛，因为性能上的任何瑕疵都会直接影响用户的沉浸感和体验质量。为了确保流畅体验，VR 项目通常需要达到 90 FPS 或更高的帧率，这样才能避免用户出现眩晕或不适感。若帧率低于目标值，会导致画面卡顿、延迟等问题。特别是在资源受限的移动 VR 设备上开发时，性能优化工作必须更为细致和严格。接下来，将分享一些性能优化的策略。

1. 渲染优化

- 通过减少绘制调用（Draw Call）次数，可以降低 GPU 的负担。例如，合并静态网格物体、使用实例化渲染等方式可以减少绘制调用次数。
- 使用简化的 3D 模型，减少几何体的复杂度，从而降低 GPU 的负载。虽然 Nanite 技术可通过动态调整几何细节提高性能，但在 VR 项目开发中需谨慎使用（因为目前对移动 VR 设备支持有限）。
- 关闭或降低对性能影响较大的后期处理效果，如运动模糊、景深、辉光、屏幕空间反射等。
- 开启视锥体剔除（Frustum Culling）和遮挡剔除（Occlusion Culling），避免渲染玩家视角中看不见的物体。
- 使用静态光照（Baked Lighting）代替复杂的动态光照。若必须使用动态光源，请减少光源数量，并开启光源的范围限制。
- 如果硬件支持，可以启用 Fixed Foveated Rendering（固定注视渲染）或 Eye-Tracking Foveation（眼动渲染优化），减少非注视区域的计算量。

2. 材质和纹理优化

- 避免采用高复杂度的材质网络，将复杂效果转化为贴图。
- 严格控制纹理的分辨率，建议其大小不超过 1024 × 1024 像素。
- 尽量不使用半透明材质。

3. 代码和逻辑优化

- Tick 事件会持续运行并消耗系统性能，因此仅在绝对必要时使用。尽可能采用定时器（Timer）或基于事件驱动的方法来替代。
- 减少复杂的物理模拟，对非必要物体应该禁用物理属性。
- 使用简单的碰撞体积（如盒体、球型）。

4. VR 特定的优化

- 借助专用的 XR 开发插件，它们提供了许多优化的功能，如多视图渲染和 VR 特定的剔除算法。
- 尽量减少摄像机的瞬间移动，以避免产生眩晕感。

5. 检测性能工具

- 使用 UE5 的内置性能分析工具"GPU 查看器"来识别瓶颈，如图 10-58 所示。
- 借助第三方工具（如 PICO Developer Center）来分析性能，如图 10-59 所示。

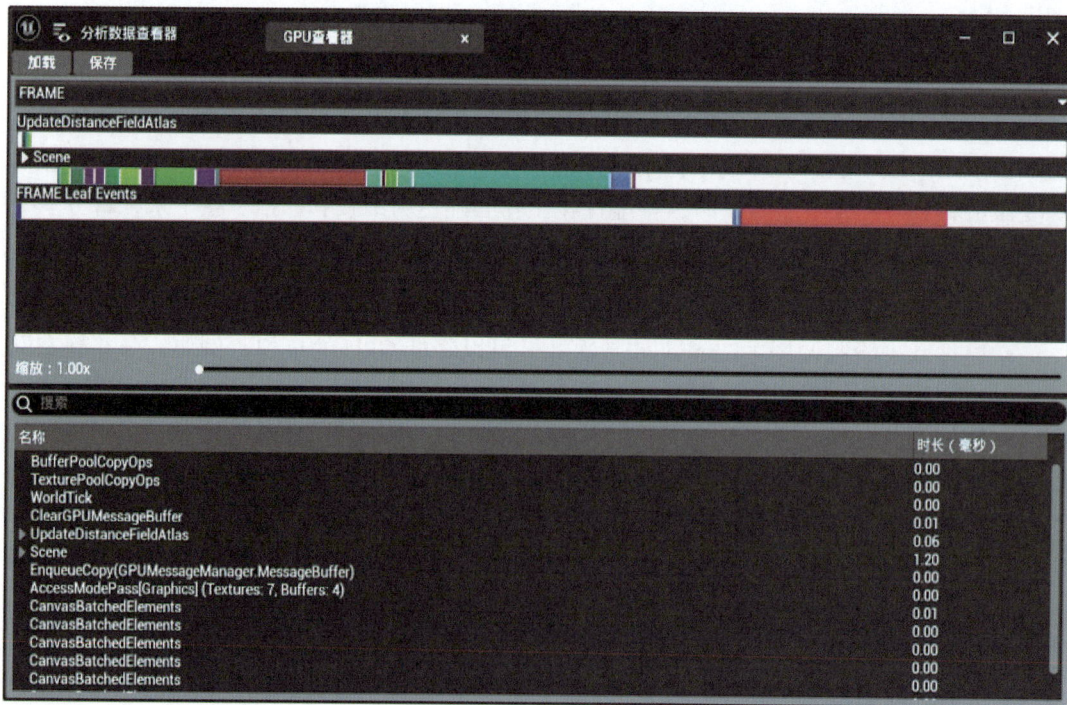

图 10-58　UE5 的 GPU 查看器

综上所述，VR 项目对性能的高要求是为了确保用户的沉浸感和舒适度。因此，优化工作从开发早期就应开始执行，并贯穿整个开发周期。通过渲染、材质、代码逻辑等多个层面的优化，可以显著提升 VR 项目的运行效率和用户体验。

图 10-59　PICO Developer Center 工具

10.2.5　VR项目打包

将 VR 项目打包成可执行应用程序的过程与普通桌面级项目的打包方法大致相同，详细步骤请参阅本书第 1 章关于项目打包的相关内容。然而，还需注意一些额外的事项，具体如下。

1. 前期准备

无论是 PC VR 还是移动端 VR，需确保已经安装了对应平台的支持模块以及所需的 SDK 和开发工具，如 Visual Studio、Android Studio、SteamVR 等。

2. 打包设置

（1）若项目包含多个关卡，打包设置中需要添加所有关卡。导航至"项目设置"→"打包"→"打包版本中选择要包括的地图列表"选项，单击列表旁的 ⊕ 号，即可添加需要打包的关卡，如图 10-60 所示。

图 10-60　设置打包地图列表

（2）确保项目启用了 VR 模式。导航至"项目设置"→"描述"→"设置"，勾选"以 VR 启动"选项，如图 10-61 所示。

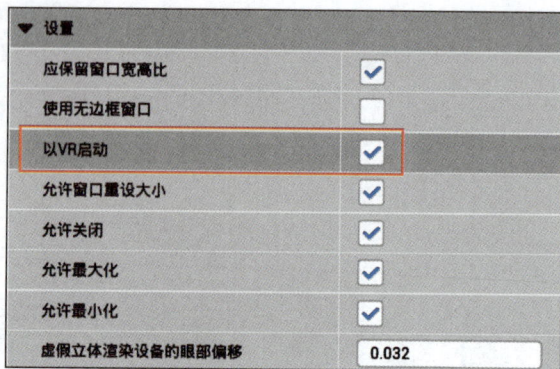

图 10-61　勾选"以 VR 启动"

3. 打包文件

（1）针对 PC 端 VR 项目，在编辑器主工具栏单击"平台"按钮，选择 Windows 打包项目。打包完成后，运行生成的 .exe 文件，并确保 VR 设备已连接和运行，即可体验项目。

（2）针对移动端 VR 项目，选择 Android 打包项目，如图 10-62 所示。打包完成后，将生成的 .apk 文件安装到设备中即可体验项目。

图 10-62　Android 打包选项

◆ 本 章 小 结 ◆

本章为读者提供了全面、系统的 VR 开发指南，涵盖了从理论基础到实践操作的各个方面。通过介绍 VR 技术的基本概念、硬件设备以及项目设计的流程，详细阐述了使用 SteamVR 和 PICO VR 开发项目的先决条件，包括系统和硬件要求、软件安装、设备接入和校准等步骤，为开发者搭建开发环境提供了清晰的指导。在 VR 项目开发部分，从基础的 VR 模板入门讲起，介绍了 UE5 提供的 VR 模板的功能和重要对象，并详细说明了如何使用这些资源来创建 VR 体验。通过具体的实例，如传送和快速转动功能、抓取物体、3D 交互菜单等，展示了如何利用蓝图系统实现 VR 中的交互功能。此外，还介绍了如何通过 PICO 串流预览 VR 项目，提高了开发效率。总体而言，通过学习本章内容，读者应能够理解 VR 技术的核心概念，掌握使用 UE5 开发 VR 项目的基本流程和技巧，实现交互功能，并进行有效的性能优化，最终成功打包和发布 VR 项目。

◆ 巩固与提升 ◆

开发虚拟现实项目。请结合本书所学知识，尝试独立开发一个 VR 项目，类型不限。

第 10 章
工程文件

参 考 文 献

[1] 左未 . Unreal Engine 5 从入门到精通 [M]. 北京：中国铁道出版社，2023.

[2] 崔润 . Unreal Engine 5 完全自学教程 [M]. 北京：人民邮电出版社，2023.

[3] 何伟 . Unreal Engine 4 从入门到精通 [M]. 北京：中国铁道出版社，2018.

[4] 掌田津耶乃 .Unreal Engine 4 蓝图完全学习教程（典藏中文版）[M]. 王娜，李利，译 . 北京：中国青年出版社，2017.

[5] 初树平，张翔 .3ds Max & Unreal Engine 4 VR 三维建模技术实例教程 [M]. 北京：人民邮电出版社，2019.

[6] 虚幻引擎官方 . 虚幻引擎 | 最强大的实时 3D 创作平台 - Unreal Engine [EB/OL]. https://www.unrealengine.com/zh-CN/?lang=zh-CN, 2025-06-30.

[7] 罗丁力，张三 . 大象无形：虚幻引擎程序设计浅析 [M]. 北京：电子工业出版社，2017.